中华人民共和国行政处罚法（最新修订版）

条文案例解读

王学堂　编

中国环境出版集团·北京

图书在版编目（CIP）数据

中华人民共和国行政处罚法（最新修订版）条文案例解读/王学堂编. —北京：中国环境出版集团，2021.9
ISBN 978-7-5111-4796-7

Ⅰ. ①中… Ⅱ. ①王… Ⅲ. ①行政处罚法—法律解释—中国 Ⅳ. ①D922.115

中国版本图书馆 CIP 数据核字（2021）第 144318 号

出 版 人　武德凯
责任编辑　范云平
责任校对　任　丽
封面设计　彭　杉

出版发行　中国环境出版集团
（100062　北京市东城区广渠门内大街 16 号）
网　　址：http://www.cesp.com.cn
电子邮箱：bjgl@cesp.com.cn
联系电话：010-67112765（编辑管理部）
发行热线：010-67125803，010-67113405（传真）

印　　刷　北京市联华印刷厂
经　　销　各地新华书店
版　　次　2021 年 9 月第 1 版
印　　次　2021 年 9 月第 1 次印刷
开　　本　787×960　1/16
印　　张　27.25
字　　数　443 千字
定　　价　96.00 元

我和《行政处罚法》的25年

（代序）

呈现在读者面前的这本《中华人民共和国行政处罚法(最新修订版)条文案例解读》，承载着我和《行政处罚法》的25年情缘。

1996年《行政处罚法》横空出世。当时我在山东老家的人民法庭工作，尽管法院组织了学习和培训，但对于我这样一个办理离婚、债务的民事法庭书记员（当时书记员可以办案，挂法官的名字）来说，与它又有多大关系呢?

但让人想不到的是，现在的我几乎能背诵《行政处罚法》的每一个条文，甚至标点符号。因为这部法律连同其后的《行政许可法》《行政强制法》构成了我们的三大“行政基本法”，是政府工作人员应知应会的常识。

作为“行政三法”的排头兵，《行政处罚法》开创了行政程序法制化的先河，树立了行政机关实施行政处罚必须遵守法定程序、违反法定程序是无效行为甚至违法行为的理念；确立的陈述申辩、告知、回避、听证、送达、裁执分离、“收支两条线”等重要程序，成为我国行政程序的制度基础;《行政许可法》和《行政强制法》中很多规定都源自行政处罚程序，《行政处罚法》也被称为“小行政程序法”。这些条款完善了我国行政程序法律制度，确立了正当程序的原则和依法行政的理念，对推动行政机关形成程序观念具有深远影响。

2007年我到区政府法制办工作后，学习、应用、宣传《行政处罚法》成了日常工作。13 年后，我转换了跑道，专职从事律师工作，仍然专注于行政法领域。行政法教科书中有一句经典语录：行政法伴随一个人从摇篮到坟墓。行政法普遍存在于生活的方方面面，从出生时的户口登记到去世后的安葬处理，从交通事故处置到资本市场监管……无处不在，行政处罚也是如此。从 1990 年《行政诉讼法》实施至今的 30 年是新中国成立以来政府法治发生重大变化和取得重要进展的 30 年，行政诉讼显然是这一历史进程的测量标杆，修改后的《行政诉讼法》更是被媒体誉为“依法治国的抓手和试金石”。

作为一名前政府法制人、现执业律师，学习新修订的《行政处罚法》大有必要。于是，我利用 2021 年春节假期的时间全面研习了最高人民法院指导案例以及《最高人民法院公报》《人民法院案例选》中所有的行政案例。这些案例浓缩了 30 年行政诉讼发展历程：这是老百姓从不会告、不敢告、不愿告，到主动地运用诉讼、捍卫自身权利的 30 年；是行政机关从抵触诉讼、害怕监督，到自觉接受监督的 30 年；是经济和社会转型变迁，政府职能与治理模式不断变化与发展的 30 年；是国家不断推进法治政府建设和依法治国进程的 30 年。

多年来，法学理论界和实务界对案例的研究日趋深入，案例研究作品层出不穷。但这本书绝不能也不应该是简单的案例汇编，因为我们面对的读者是公职人员、行政执法人员，他们本身大多没有法学背景，工作的繁忙又让他们很难系统地学习法律，于是从真实案例中汲取执法智慧、借鉴执法经验、规避执法风险，这才是撰写本书的初衷。从公职人员工作需要出发，最终服务于基层执法工作，是谓“从基层而来，为基层服务”。

这本书有以下几个特点：

一是案例真实权威。法律理论是灰色的，而司法实践之树常青。从1985年开始，《最高人民法院公报》开始刊登具有指导意义的案例，这标志着中国案例指导制度的诞生。1992年，最高人民法院中国应用法学研究所开始主编《人民法院案例选》，供全国法院裁判案件时参考。其后不久，最高人民法院又开始编辑《中国审判案例要览》。这是当时两本影响最大的案例著作。最高人民法院于2010年11月26日发布了《关于案例指导工作的规定》，自此，中国特色的案例指导制度开始建立。作为一名案例研究、撰写者，我以案例为切入点，对《最高人民法院公报》《人民法院案例选》、最高人民法院指导案例以及中国法院裁判文书中的典型行政案例进行了全面认真的分析和梳理。

二是解读权威可用。西方有一句古老的法谚：正义不仅要得到实现，而且应当以看得见的方式实现。法律是人类文化历史的缩影，于是我采用真实案例作为切入点，采用著而不述的方法，通过案例解读法条。案例作为“活的法律”，蕴含了丰富的内容：规则的运用、审查的技巧以及法院法官的思考等。这些案例的内容或准确适用法律，或回应社会关切，或提升执法理念，或总结提炼办案经验等。配合案例，我将立法说明和相关法律适用规定收入书中，便于读者查询和理解。美国著名大法官霍姆斯有句名言：“法律的生命在于经验，不在于逻辑。”经验对于执法人员来说尤其重要，而这些案例无疑是经验中的精华和精选。

三是启示现实操作。案例的运用，既是一门知识，也是一门技艺。这里面有很多案例运用的技术、技巧值得研究。基层公务员不是理论研究者，也不是法学专业人士，于是本书提炼出案例的重点呈现给读者，特别是那些行政机关败诉的案例，告诉大家政府为什么会错，错的后果是什么，更重要的是怎么样防范错误不再发生，这在“有权必有责，用权受监督，失职要问责，违法要追责”的大时代背景下于公职人员就更显重要。

为了方便非法律专业人士阅读，本书在编辑过程中不但减少了篇幅，还对案情进行了大幅删减，对涉及的法律法规进行了全面的更新和标注，以确保其法律效力，便于工作中参考。

2021 年 7 月 15 日，我们已一起见证新修订的《行政处罚法》的实施，期待着她续写往日的荣光！

是为序。

王学堂

2021 年元宵节一稿

2021 年 3 月 7 日二稿

于羊城广州

目　录

第 1 条　立法目的

第一条　为了规范行政处罚的设定和实施，保障和监督行政机关有效实施行政管理，维护公共利益和社会秩序，保护公民、法人或者其他组织的合法权益，根据宪法，制定本法。

【立法说明】

时任全国人大常委会秘书长曹志 1996 年 3 月 12 日在八届全国人大四次会议上所作的《关于〈中华人民共和国行政处罚法（草案）〉的说明》中指出：

制定行政处罚法，是我国行政法制建设中的一件大事，也是加强社会主义民主政治建设的一个重要步骤。行政处罚法的制定，对于规范行政机关有效地依法行政，改进行政管理工作，加强廉政建设，维护社会秩序和公共利益，保护公民的合法权益，促进社会主义市场经济的健康发展，都将起到重要作用。

行政处罚是国家法律责任制度（包括刑事责任、民事责任、行政责任）的重要组成部分，是行政机关依法行政的手段之一。各级政府为了有效地行使行政管理职权，保障法律的贯彻执行，需要有行政处罚手段。但是，由于对行政处罚的一些基本原则没有统一的法律规定，实践中存在一些问题，主要表现在处罚的随意性，特别是有些地方和部门随意罚款，或一事几次罚、几个部门罚等，人民群众很有意见。

造成乱处罚、乱罚款的主要原因是：一、行政处罚的设定权不明确，有些行政机关随意设定行政处罚；二、执罚主体混乱，不少没有行政处罚权的组织和人员实施行政处罚；三、行政处罚程序缺乏统一明确的规定，缺少必要的监督、制约机制，随意性较大，致使一些行政处罚不当。为了从法律制度上规范政府的行政处罚行为，制止乱处罚、乱罚款现象，保护公民、法人或者其他组织的合法权益，需要制定行政处罚法。

全国人大常委会法制工作委员会副主任许安标 2020 年 6 月 28 日在第十三届全国人民代表大会常务委员会第二十次会议上所作的《关于〈中华人民共和国行政处罚法（修订草案）〉的说明》中指出：

行政处罚是行政机关有效实施行政管理，保障法律、法规贯彻施行的重要手段。现行行政处罚法于 1996 年由第八届全国人大第四次会议通过，2009 年和 2017 年先后两次作了个别条文修改，对行政处罚的种类、设定和实施作了基本规定。

该法颁布施行以来，对增强行政机关及其工作人员依法行政理念，依法惩处各类行政违法行为，推动解决乱处罚问题，保护公民、法人和其他组织合法权益发挥了重要作用，积累了宝贵经验，同时执法实践中也提出了一些新问题。

党的十八大以来，以习近平同志为核心的党中央推进全面依法治国，深化行政执法体制改革，建立权责统一、权威高效的行政执法体制；完善行政执法程序，坚持严格规范公正文明执法。为贯彻落实党中央重大改革决策部署，推进国家治理体系和治理能力现代化，加强法治政府建设，完善行政处罚制度，解决执法实践中遇到的突出问题，有必要修改行政处罚法。

修改工作坚持以习近平新时代中国特色社会主义思想为指导，深入贯彻党的十九大和十九届二中、三中、四中全会精神，全面贯彻习近平总书记全面依法治国新理念新思想新战略，适应推进全面依法治国的需要，落实完善行政执法体制、严格规范公正文明执法的改革要求，推进国家治理体系和治理能力现代化。

根据各方面意见，修改工作把握以下几点：一是贯彻落实党中央重大决策部署，立法主动适应改革需要，体现和巩固行政执法领域中取得的重大改革成果。二是坚持问题导向，适应实践需要，扩大地方的行政处罚设定权限，加大重点领域行政处罚力度。三是坚持权由法定的法治原则，增加综合行政执法，赋予乡镇街道行政处罚权，完善行政处罚程序，严格行政执法责任，更好地保障严格规范公正文明执法。四是把握通用性，从行政处罚法是行政处罚领域的通用规范出发，认真总结实践经验，发展和完善行政处罚的实体和程序规则，为单行法律、法规设定行政处罚和行政机关实施行政处罚提供基本遵循。

【参考案例】

连云港某医药设备制造有限公司与连云港市连云区市场监督管理局非诉执行案

复议申请人（原申请执行人）：连云港市连云区市场监督管理局。

被申请人（原被执行人）：连云港某医药设备制造有限公司。

法院认为：行政法是“控权法”，其目的是制约公权、保障私权，而行政法的基本原则即是这种目标和价值的具体化，指的是可以普遍适用于行政法的各个部分，对于行政法制定、执行和适用的各环节都具有指导意义的若干基本规则，是整个行政法律体系建构和运行的根基。其中，合法行政是行政法最重要的基本原则，行政法的其他基本原则都可以被理解为合法行政原则的扩展、延伸或者平衡。行政机关为实现其某一行政目标而采取的手段，应当能够实现该目标，并以必要为限度，在可以实现行政目的的各种手段中，应当选择对当事人权利影响最小的手段，为此付出的成本与获得的效益不能显失均衡。

本案中，结合连云港某医药设备制造有限公司的设立发展、违法成因、动机构成、违法所得、危害后果、认过悔过等情况，再综合考量双方当事人就连云港某医药设备制造有限公司面对高额处罚时撤回听证、未依法采取复议或诉讼途径予以维权的相关意见及理由，连云港经济技术开发区人民法院从上位法《行政处罚法》的层次范畴理解和把握行政法的基本原则及法律法规的条文内涵更加准确与恰当，更加契合最高人民法院《关于适用〈中华人民共和国行政诉讼法〉的解释》第一百六十一条第一款第四项规定的内在精神。

当公权力机关对公民或法人的违法行为作出行政处罚时，应当具体结合其违法实际，注重惩罚与教育相结合，不能摒弃谦抑性原则或理念，连云区市场监管局所作出的案涉处罚决定及理由欠缺谦抑性，系适用法律不当，以高达 4 000 余万元的处罚致使已取得注册证的法人踏入经营严重困难之境地，凸显其执法手段与目的间的失衡，本院不予支持。

（案例索引：江苏省连云港市中级人民法院（2018）苏 07 行审复 1 号行政裁定书）

第2条　处罚的定义

第二条　行政处罚是指行政机关依法对违反行政管理秩序的公民、法人或者其他组织，以减损权益或者增加义务的方式予以惩戒的行为。

【立法说明】

全国人大常委会法制工作委员会副主任许安标2020年6月28日在第十三届全国人民代表大会常务委员会第二十次会议上所作的《关于〈中华人民共和国行政处罚法（修订草案）〉的说明》中指出：现行行政处罚法第八条列举了七项行政处罚种类。一些意见反映，行政处罚法未对行政处罚进行界定，所列举的处罚种类较少，不利于行政执法实践和法律的实施。据此，作以下修改：增加行政处罚的定义，明确行政处罚是指行政机关在行政管理过程中，对违反行政管理秩序的公民、法人或者其他组织，以依法减损权益或者增加义务的方式予以惩戒的行为。

【参考案例】

广州某房产建设有限公司与广州市地方税务局第一稽查局税务处理决定案

2005年1月，广州某房产建设有限公司委托拍卖行将其自有的位于广州市人民中路555号“美国银行中心”的房产拍卖后，按1.382 55亿元的拍卖成交价格，向税务部门缴付了营业税6 912 750元及堤围防护费124 429.5元，并取得了相应的完税凭证。2006年，广州市地方税务局第一稽查局在检查该公司2004年至

2005 年的缴纳情况时，认为上述房产拍卖成交单价 2 300 元/m²，不及市场价的一半，价格严重偏低，遂于 2009 年 9 月，核定该公司委托拍卖的上述房产的交易价格为 311 678 775 元，并以此为标准核定追缴营业税 8 671 188.75 元，加收营业税滞纳金 2 805 129.56 元；决定追缴堤围防护费 156 081.40 元，加收堤围防护费滞纳金 48 619.36 元。

本案一审判决驳回该公司诉讼请求；二审维持一审判决。再审判决撤销一、二审判决，并撤销被诉处理决定中加收营业税滞纳金和堤围防护费滞纳金的部分。

最高人民法院认为：

1. 不违反法律原则和精神的行政惯例应当予以尊重。广州市地方税务局第一稽查局在查处涉嫌税务违法行为时，依据税收征管法规定核定纳税义务人的应纳税额是其职权的内在要求和必要延伸，符合税务稽查的业务特点和执法规律，符合关于税务局和稽查局的职权范围划分的精神，不构成超越职权。

2. 税务机关确定应纳税额时，应当尊重市场行为形成的市场价格；其基于国家税收利益的考虑否定拍卖价格作为计税价格时，行使税收征管法应纳税额核定权时，应当受到严格限制。纳税义务人以拍卖不动产的拍卖价格作为计税依据依法纳税后，在该拍卖行为未被有权机关依法认定为无效或者认定存在违反拍卖法的行为并影响拍卖价格的情况下，税务机关原则上不能根据税收征管法的规定行使应纳税额核定权，但如果拍卖行为中存在影响充分竞价的因素导致拍卖价格过低，如本案中的一人竞拍时，税务机关基于国家税收利益的考虑，有权行使应纳税额核定权。

3. 没有法律、法规和规章的规定，行政机关不得作出影响行政相对人合法权益或者增加行政相对人义务的决定。税务机关根据税收征管法行使应纳税额核定权，应当受到税收征管法关于追缴税款和滞纳金的条件和期限的限制；因不能归责于纳税义务人的原因时，新确定的应纳税额，缴纳义务应当自核定之日发生，征收该应纳税额确定之前的税收滞纳金没有法律依据。

本案是最高人民法院提审改判的第一起税务行政案件，案件多个焦点问题的裁判理由均具有较强的典型意义：

1. 尊重行政机关长期执法活动中形成的专业判断和行政惯例。通过司法确认的方式，认可省级以下税务局及其税务稽查局在具体执法过程中形成的不违反法律原则和精神且符合具体执法规律和特点的惯例，对今后人民法院处理类似问题提供借鉴方法。

2. 体现法院在促进依法行政方面的司法能动性，既保障国家利益不受损，也要防止税收权力的任性。进一步明确拍卖价格作为计税依据的合法性，限定税务机关行使应纳税额核定权行使条件，厘清特定税收专业领域行政机关职权和市场主体自治的界限。

3. 贯彻“法无明文规定不可为”的法治理念，确保当事人合法权益不受行政机关无法律依据的剥夺。行政权的行使应当严格限定在法律明确规定的范围内，在法律没有规定的情况下，行政机关不得作出影响行政相对人合法权益或者增加行政相对人义务的决定。

（2017 年最高人民法院行政审判十大典型案例）

上诉人周某与襄阳市人民政府、襄阳市防汛抗旱指挥部撤销清障令案

上诉人（原审原告）：周某等九人。

被上诉人（原审被告）：襄阳市人民政府。

被上诉人（原审被告）：襄阳市防汛抗旱指挥部。

2018 年 1 月 18 日，襄阳市防汛抗旱指挥部对杨某（2017 年亡故，原告系其近亲属）作出襄汛字〔2018〕24 号《清障令》，限于 25 日前自行拆除违法建筑物、构筑物，恢复河道原貌。8 月 29 日，襄阳东津新区（襄阳经济技术开发区）管理委员会根据襄阳市防汛抗旱指挥部的指令，组织相关人员对砂场进行了强制清除。

二审法院认为：《行政处罚法》（2017 年）第八条对行政处罚的种类作出了规定，24 号《清障令》并不属于法律所明确列举的种类。该《清障令》的主要内容是消除违法情形，恢复原状，本身不具有制裁性，不具备行政处罚“通过对违法行为人的合法权利或者权益造成损害来达到惩罚的目的”这一典型特征，不宜将《清障令》认定为行政处罚，也就不能依据《行政处罚法》对行政处罚有关程序性规定来认定其合法性，但可以参考《行政处罚法》“公正、公开，以事实为依据，

过罚相当”的原则对《清障令》进行审查。《防洪法》及《河道管理条例》未对责令限期拆除具体以何种形式及程序下达作出规定。“清障令”是我国防汛抗旱指挥部要求违法行为人限期自行拆除的通行做法。结合该《清障令》的强制性内容及“保障行洪安全”的执法目的，应将《清障令》视为行政机关为达到执法目的所作出的行政命令或者行政决定。

（案例索引：湖北省高级人民法院（2019）鄂行终914号行政判决书）

第3条　适用范围

第三条　行政处罚的设定和实施，适用本法。

【立法说明】

时任全国人大常委会秘书长曹志1996年3月12日在八届全国人大四次会议上所作的《关于〈中华人民共和国行政处罚法（草案）〉的说明》中指出，行政处罚涉及公民的权利，应当实行法定原则，这包括三个方面：

第一，公民、法人或者其他组织的行为，只有依法明文规定应予行政处罚的，才受处罚，没有依法规定处罚的，不受处罚。

第二，行政处罚的设定，应由法律、行政法规以及本法规定的国家机关在职权范围内依法规定。

第三，行政机关实施行政处罚，必须严格依法进行。其中，最重要的是确定哪些国家机关有权设定哪类行政处罚。

行政处罚的设定权，必须符合我国的立法体制。根据宪法，我国法制体系是统一的，又是分层次的。同时要考虑各类行政处罚的不同情况，区别对待。既要对现行某些不规范的做法适当改变，又要考虑我国法制建设的实际情况。

【司法性文件】

食药监总局办公厅关于食品安全行政处罚法律适用有关事项的通知

（食药监办法函〔2016〕668号）

各省、自治区、直辖市食品药品监督管理局，新疆生产建设兵团食品药品监督管理局：

新修订的《中华人民共和国食品安全法》（以下简称《食品安全法》）（编者注：这里指2015年的第一次修订。2018年进行了第二次修订。）体现了中央有关食品安全工作“四个最严”的要求，提高了对违法行为罚款的起点。近期，有些地方就如何准确理解《食品安全法》有关条款，严格依法行政等问题，希望进一步明确有关法律适用意见。经研究，现将有关事项通知如下：

一、《食品安全法》是规范食品生产经营活动及其监督管理的基本法律，《行政处罚法》是规范行政处罚的种类、设定及实施的基本法律。各级食品药品监督管理部门在食品安全具体执法实践中，应当综合运用《食品安全法》和《行政处罚法》的相关规定，切实做到处罚法定、过罚相当、处罚与教育相结合。

二、《食品安全法》对食品安全严重违法和一般违法行为的行政处罚作出了不同的规定，各省级食品药品监督管理部门要进一步规范行政处罚自由裁量制度，统一执法尺度，避免畸轻畸重。

三、《行政处罚法》（2009年）第二十七条明确了以下四种可以给予行政处罚从轻、减轻的具体情形：主动消除或者减轻违法行为危害后果的；受他人胁迫有违法行为的；配合行政机关查处违法行为有立功表现的；以及其他依法从轻或者减轻行政处罚的。同时，该法还规定违法行为轻微并及时纠正，没有造成危害后果的，不予行政处罚。各级食品药品监督管理部门在行政执法中，可以按照上述从轻、减轻及不予处罚的规定执行。

四、《食品安全法》第三十六条规定，食品生产加工小作坊和食品摊贩等的具体管理办法由省、自治区、直辖市制定。同时，第一百二十七条又规定，对食品生产加工小作坊、食品摊贩等的违法行为的处罚，依照省、自治区、直辖市制定的具体管理办法执行。各省级食品药品监督管理部门应当积极推动地方立法工作步伐，进一步做好食品安全监管工作。

食品药品监督管理总局办公厅

2016年11月29日

【参考案例】

宁波市某茶叶公司与宁波市鄞州区市场监督管理局行政处罚案

上诉人（原审被告）：宁波市鄞州区市场监督管理局。

被上诉人（原审原告）：宁波市某茶叶公司。

2018年12月29日，鄞州区市场监督管理局认为该公司在微信公众号中发布的广告中标有“宁波最大的茶叶、古玩、参茸市场”等，构成在广告中使用“国家级”“最高级”“最佳”等用语的广告违法行为，鉴于其在调查中虚假陈述，依法从重处罚；鉴于其以前未曾发生过相同的违法行为，依法从轻处罚。被上诉人同时具有从重、从轻情节，且无依法减轻处罚情节，本应从重处罚，但考虑社会危害性较小，依据《行政处罚法》《宁波市行政处罚自由裁量行使规则》之规定，按照过罚相当原则，予以从轻处罚。

宁波中院认为：

行政处罚兼具惩罚和教育的双重功能，适度处罚有利于教育被处罚人改正违法行为，增强依法生产经营的自觉性，也有利于树立行政执法的公信力。被上诉人的上述宣传语发在其微信公众号的介绍上，虽属于在互联网媒介上发布广告的行为，但作为微信公众号具有其局限性，只能在微信公众号中，通过搜索被上诉人的微信公众号，点击进入才能看到上述宣传用语，故上述宣传语的广告传播力有限。事实上也仅有39人关注被上诉人微信公众号，社会危害性并不严重。加之，从宁波市市场监督管理局2018年公布的宁波十大典型互联网违法广告案例来看，相关违反《广告法》第九条的违法广告行为的罚款金额均未超过10万元。对该公司处以30万元的罚款，虽符合法律规定，但在当前的经济形势下已显过重。法院从实现行政处罚的社会管理目的，兼顾维护民营经济发展的良好营商环境的目的综合分析后，充分考虑到当前保障民营经济健康发展的需要，作出改变罚款30万元为10万元的决定。

（案例索引：浙江省宁波市中级人民法院（2020）浙02行终85号行政判决书）

陈某与莆田市地方税务局稽查局行政处理案

再审申请人（一审原告、二审上诉人）：陈某。

被申请人（一审被告、二审被上诉人）：莆田市地方税务局稽查局。

2015年4月30日，莆田市地方税务局稽查局决定对陈某作出补缴税款的处理决定：1. 营业税1 070 250元；2. 个人所得税4 281 000元；3. 城市维护建设税53 512.5元；4. 教育费附加32 107.5元；5. 地方教育费附加21 405元；6. 并加收滞纳金171 781.71元。共计人民币5 630 056.71元。

再审法院认为：

一、关于税务机关能否根据实质课税原则独立认定案涉民事法律关系的问题

税务机关是主管税收工作的行政主体，承担管辖权范围内的各项税收、非税收入征管等法定职责。因此，税务机关一般并不履行认定民事法律关系性质职能；且税务机关对民事法律关系的认定一般还应尊重生效法律文书相关认定效力的羁束。但是，税务机关在征收税款过程中必然会涉及对相关应税行为性质的识别和判定，而这也是实质课税原则的基本要求。否定税务机关对名实不符的民事法律关系的认定权，不允许税务机关根据纳税人经营活动的实质内容依法征收税款，将不可避免地影响税收征收工作的正常开展，难以避免纳税义务人滥用私法自治以规避或减少依法纳税义务，从而造成国家法定税收收入流失，有违税收公平原则。而且，税法与民法系平等相邻之法域，前者体现量能课税与公平原则，后者强调契约自由；对同一法律关系的认定，税法与民法的规定可能并不完全一致：依民法有效之契约，依税法可能并不承认；而依民法无效之契约，依税法亦可能

并不否认。因此，税务机关依据税收征收法律等对民事法律关系的认定，仅在税务行政管理、税额确定和税款征缴程序等专门领域有既决力，而当事人仍可依据民事法律规范通过仲裁或民事诉讼等方式另行确认民事法律关系。因而，在坚持税务机关对实质民事交易关系认定负举证责任的前提下，允许税务机关基于确切让人信服之理由自行认定民事法律关系，对民事交易秩序的稳定性和当事人权益并不构成重大威胁。当然，税务机关对实质民事交易关系的认定应当符合事实与税收征收法律规范，税务机关认为其他机关对相应民事法律关系的认定与其认定明显抵触的，宜先考虑通过法定渠道解决，而不宜径行作出相冲突的认定。

本案中税务机关依据实质课税原则，根据当事人民事交易的实质内容自行、独立认定陈某、林某与XL公司之间实际形成民间借贷法律关系，将陈某收取的、XL公司支付的除本金以外的2 140.5万元认定为民间借贷利息收入，符合事实和法律，即依据纳税人民事交易活动的实质而非表面形式予以征税。

二、关于对民间借贷产生的较大金额利息收入征收税款如何体现税收公平原则的问题

根据依法行政的基本要求，没有法律、法规和规章的规定，行政机关不得作出影响行政相对人合法权益或者增加行政相对人义务的决定；在法律规定存在多种解释时，应当首先考虑选择适用有利于行政相对人的解释。依据纳税人经营活动的实质而非表面形式予以征税的情形样态复杂，脱法避税与违法逃税的法律评价和后果并不相同，且各地对民间借贷的利息收入征收相关税款的实践不一。税务机关有权基于实质课税原则核定、征缴税款，但加收滞纳金仍应严格依法进行。根据《税收征收管理法》的规定，加收滞纳金的条件为纳税人未按规定期限缴纳税款且自身存在计算错误等失误，或者故意偷税、抗税、骗税的。因此，对于经核定依法属于税收征收范围的民间借贷行为，只要不存在恶意逃税或者计算错误等失误，税务机关经调查也未发现纳税人存在偷税、抗税、骗税等情形，而仅系纳税义务人对相关法律关系的错误理解和认定的，税务机关按实质课税的同时并不宜一律征缴滞纳金甚至处罚。本案莆田市地方税务局稽查局依据实质课税原则认定案涉系民间借贷关系而非房屋买卖关系，并因此决定征缴相应税款并无不当，且决定加收相应滞纳金亦有一定法律依据。但是，考虑到有关民间借贷征税立法不具体，以及当地税务机关实施税收征收管理的实际情况，莆田市地方税务局稽

查局仍宜参考《税收征收管理法》中“因税务机关的责任，致使纳税人、扣缴义务人未缴或者少缴税款的，税务机关在三年内可以要求纳税人、扣缴义务人补缴税款，但是不得加收滞纳金”的规定精神，在实际执行被诉税务处理决定时予以充分考虑，并在今后加大对税法相关规定的宣传和执行力度。

（案例索引：最高人民法院（2018）最高法行申209号行政裁定书）

第 4 条　处罚法定

第四条　公民、法人或者其他组织违反行政管理秩序的行为，应当给予行政处罚的，依照本法由法律、法规、规章规定，并由行政机关依照本法规定的程序实施。

【参考案例】

四川省德阳市 ZY 房地产有限公司与四川省市场监督管理局行政处罚案

再审申请人（一审原告、二审上诉人）：四川省德阳市 ZY 房地产有限公司。

被申请人（一审被告、二审被上诉人）：四川省市场监督管理局。

2010 年 9 月 25 日，德阳市国土资源局旌阳分局在《德阳日报》上刊登《拍卖公告》，对德阳市区 NT 化工地块进行拍卖，拍卖的底价为 285 万元/亩（拍卖完成前保密）。竞买人为四川 LC 房地产开发有限责任公司与陈某组成的联合竞买人，福建 SX 投资发展集团有限公司，四川 ZY 公司和德阳市 NT 化工有限责任公司。2010 年 10 月 26 日，四川 LC 公司法定代表人周某与四川 ZY 公司法定代表人辜某商量，让四川 ZY 公司不与其竞争，辜某表示同意。现场拍卖开始前，周某再次与辜某协商，要求辜某在竞价过程中不参与竞争，不把价格抬高，并承诺在竞拍成功后将给予回报，辜某表示同意。2010 年 10 月 28 日，四川 ZY 公司象征性地举牌两次。最终四川 LC 公司和陈某组成的联合竞买人以 301 万元/亩的价格竞拍成功（总价 305 593 260 元）。2010 年 11 月，周某与辜某商议，提出可按 370 万元/亩的价格转让拍卖前谈好的 20 亩土地使用权给四川 ZY 公司，或直接给付400万元费用。辜某选择接受400万元费用，周某通过转账方式分三次向辜某共支付400万元。

2011年8月，中共四川省纪律检查委员会（以下简称四川省纪检委）收到群众的举报。原四川省工商局于2018年9月5日给予四川ZY公司从轻处最高应价（305 593 260元）2%的罚款，即罚款612万元。

北京市高级人民法院认为：

拍卖活动应当遵守有关法律、行政法规的规定，遵循公开、公平、公正、诚实信用的原则。因此，恶意串通行为本身即构成对拍卖交易秩序的危害。在行政监管执法实践中，市场监管部门对恶意串通竞买行为进行处罚，并不应以该行为实际上已经造成有形的、可量化的损害为前提，只要其收集的证据足以证明恶意串通行为确实存在，即可推定国家利益或他人合法权益所受损害已经发生。要求有权机关收集并计算拍卖当事人因个别竞买人的恶意串通行为而受到的实际损害数额，缺乏必要性、可操作性，亦违背执法实践。本案中，在案证据证明由于恶意串通竞买行为的存在，导致涉案土地使用权在此次拍卖中并未经过充分竞争，正常的竞拍价格亦未形成。因此，只要收集的证据足以证明恶意串通行为确实存在，即可推定国家利益或他人合法权益所受损害已经发生。

《拍卖法》《拍卖监督管理办法》中均未对收取好处费这一具体情节作出规定。由此，是否收取好处费，并不影响恶意串通行为的认定。本案中，四川ZY公司及其他竞买人共同实施了恶意串通竞买行为，帮助四川LC公司、陈某成功以略高于拍卖底价的低价竞得NT化工地块国有建设用地使用权，造成损害国家土地使用权出让利益的后果。

全国人大常委会法制工作委员会《关于提请明确对行政处罚追诉时效“二年未被发现”认定问题的函的研究意见》（法工委复字〔2004〕27号）载明：群众举报后被认定属实的，发现时效以举报时间为准。本案中，涉案违法行为确系四川省纪检委根据举报信提供的线索开展调查过程中予以发现，因此，涉案违法行为的发现时间应当以举报时间为准。四川ZY公司的涉案违法行为发生于2011年7月，四川省纪检委接到举报时间为2011年8月，四川省纪检委接到举报后对四川ZY公司的违法行为进行了调查并被认定属实，并未超过二年的追诉时效。

（案例索引：北京市高级人民法院（2020）京行申436号行政裁定书）

第5条　适用原则

第五条　行政处罚遵循公正、公开的原则。

设定和实施行政处罚必须以事实为依据，与违法行为的事实、性质、情节以及社会危害程度相当。

对违法行为给予行政处罚的规定必须公布；未经公布的，不得作为行政处罚的依据。

【立法说明】

时任全国人大常委会秘书长曹志1996年3月12日在八届全国人大四次会议上所作的《关于〈中华人民共和国行政处罚法（草案）〉的说明》中指出：行政处罚法对实施行政处罚的原则作了规定。主要有，第一，处罚与教育相结合的原则。行政处罚的目的，重在纠正违法行为，教育公民、法人或者其他组织自觉遵守法律。第二，依法原则。行政机关实施行政处罚，必须以法律为准绳，严格遵守法定程序。第三，公正、公开的原则。给予行政处罚，必须查明事实，以事实为根据，与违法行为的事实、性质、情节以及社会危害程度相当。有关行政处罚的规定要公布，使公民和组织能够知道；实施行政处罚要公开，以便人民群众进行监督。

【参考案例】

苏州某食品有限公司与苏州市工商局商标侵权行政处罚案

原告：苏州某食品有限公司。

被告：江苏省苏州工商行政管理局（以下简称苏州工商局）。

原告苏州某食品有限公司系一家专业从事生产、加工（焙）烘烤制品并销售自产产品的外商独资企业。2010 年 6 月 11 日，苏州工商局对该公司作出了责令停止侵权行为并罚款人民币 50 万元的行政处罚决定。

江苏省高级人民法院二审认为：被上诉人苏州工商局认定该公司的行为侵犯注册商标专用权，并作出责令停止侵权行为的行政处罚正确，但其作出罚款 50 万元的行政处罚显失公正。

行政处罚显失公正一般是指行政处罚虽然在形式上不违法，但处罚结果明显不公正，损害了公民、法人或者其他组织的合法权益。《行政处罚法》（2009 年）第四条第二款规定，实施行政处罚必须以事实为依据，与违法行为的事实、性质、情节以及社会危害程度相当。因此，行政主体在实施行政处罚时，应当遵循该条规定的过罚相当原则。如果行政机关作出的行政处罚明显违背过罚相当原则，使行政处罚结果与违法程度不相适应，则应当认定属于行政处罚显失公正。

《商标法》第五十三条规定，工商行政管理部门在处理侵犯注册商标专用权纠纷时，认定侵权行为成立的，责令立即停止侵权行为，并可处以罚款。对该条款的正确理解应当是工商行政机关对商标侵权行为作出行政处罚时，在责令立即停止侵权行为的同时，可以对是否并处罚款作出选择。因此，工商行政机关在行使该自由裁量权时，应当根据《行政处罚法》的过罚相当原则，综合考虑处罚相对人的主观过错程度，违法行为的情节、性质、后果及危害程度等因素，决定是否对相对人并处罚款。本案中，苏州工商局未考虑该公司主观上无过错，侵权性质、行为和情节明显轻微，尚未造成实际危害后果等因素，同时对该公司并处 50 万元罚款，使行政处罚的结果与违法行为的社会危害程度之间明显不适当，其行政处罚缺乏妥当性和必要性，应当认定属于显失公正的行政处罚。

江苏省高级人民法院认为：工商行政机关依法对行政相对人的商标侵权行为实施行政处罚时，应遵循过罚相当原则行使自由裁量权。也就是说，在保证行政管理目标实现的同时，兼顾保护行政相对人的合法权益，行政处罚以达到行政执法目的和目标为限，并尽可能使相对人的权益遭受最小的损害。工商行政机关如果未考虑应当考虑的因素，违背过罚相当原则，导致行政处罚结果显失公正的，人民法院有权依法判决变更。据此，于 2012 年 7 月 31 日作出判决，变更江苏省苏州工商行政管理局作出的行政处罚决定为“责令停止侵权行为”。

（2013 年第 10 期《最高人民法院公报》）

杭州市西湖区某个体工商户与杭州市西湖区市场监督管理局行政处罚案

原告：杭州市西湖区某个体工商户。

被告：杭州市西湖区市场监督管理局。

2015 年 11 月 5 日，西湖区市场监督管理局现场检查发现原告店铺西侧墙上印有两块“杭州最优秀的炒货特色店铺”“杭州最优秀的炒货店”内容的广告；店铺西侧柱子上印有一块“杭州最优炒货店”字样的广告牌；店铺展示柜内放置有两块手写的商品介绍板，上面分别写了“中国最好、最优品质荔枝干”和“2015 年新鲜出炉的中国最好、最香、最优品质燕山栗子”的内容，展示柜外侧的下部贴有一块广告，上面写了“本店的栗子，不仅是中国最好吃的，也是世界上最高端的栗子”；对外销售栗子所使用的包装袋上印有“杭州最好吃的栗子”和“杭州最特色炒货店铺”的内容。2016 年 3 月 22 日西湖区市场监督管理局对该店作出罚款 20 万元的行政处罚决定。

法院认为：罚款是行政处罚的种类之一，对广告违法行为处以罚款，除了应适用《广告法》的规定，还应遵循《行政处罚法》的规定。《行政处罚法》规定了过罚相当原则、处罚与教育相结合原则，从轻、减轻的情形。其中从轻处罚是指在最低限以上适用较低限的处罚，减轻处罚是指在最低限以下处罚。具体到本案，被告适用了从轻处罚，将罚款数额裁量确定为《广告法》规定的最低限，即 20

万元。法院作为司法机关，对行政机关的裁量一般予以认可，但是，本案20万元罚款是否明显不当，应结合《广告法》禁止使用绝对化用语所需要保护的法益，以及案件的具体违法情形予以综合认定。

《广告法》是一部规范广告活动，保护消费者合法权益，促进广告业健康发展，维护社会经济秩序的法律。该法明确禁止使用“国家级”“最高级”“最佳”等绝对化用语。在广告中使用绝对化用语，不仅误导消费者，不当刺激消费心理，造成广告乱象，而且贬低同行，属于不正当的商业手段，扰乱市场秩序。原告的广告违法行为既要予以惩戒，同时也应过罚相当，以起到教育作用为度。

根据案涉违法行为的具体情况来考量违法情节及危害后果。首先，原告系个体工商户，在自己店铺和包装袋上发布了相关违法广告，广告影响力和影响范围较小，客观上对市场秩序的扰乱程度较轻微，对同行业商品的贬低危害较小。其次，广告针对的是大众比较熟悉的日常炒货，栗子等炒货的口感、功效为大众所熟悉，相较于不熟悉的商品，广告宣传虽会刺激消费心理，但不会对消费者产生太大误导，商品是否真如商家所宣称“最好”，消费者自有判断。综合以上因素，法院认为原告的案涉违法行为情节较为轻微，社会危害性较小，对此处以20万元罚款，在处罚数额的裁量上存在明显不当，将罚款数额变更为10万元。

（案例索引：杭州市西湖区人民法院（2016）浙0106行初240号行政判决书）

第 6 条　处罚与教育相结合

第六条　实施行政处罚，纠正违法行为，应当坚持处罚与教育相结合，教育公民、法人或者其他组织自觉守法。

【参考案例】

濮阳县市场监督管理局与濮阳县八公桥镇某干鲜菜门市行政处罚案

上诉人（一审被告）：濮阳县市场监督管理局（以下简称县监管局）。

被上诉人（一审原告）：濮阳县八公桥镇某干鲜菜门市。

2018 年 11 月 16 日，濮阳市市场监督管理局委托郑州谱尼测试技术有限公司对某干鲜菜门市经营的韭菜进行了抽样检验。2019 年 7 月 1 日，县监管局对该干鲜菜门市作出没收违法所得 80 元，罚款 5 万元的处罚。

河南省濮阳市中级人民法院二审认为：

一、行政处罚应当遵循过罚相当的原则。过罚相当原则是指行政机关对违法行为人适用行政处罚，所科罚种和处罚幅度要与违法行为人的违法过错程度相适应，既不能轻过重罚，也不重过轻罚，避免出现畸轻畸重的不合理、不公正的情况。本案中，该干鲜菜门市经营的韭菜因被抽检出腐霉利检测结果超标，该干鲜菜门市从菜市场上购进韭菜 20 公斤并进行销售，采购数量较小，且其仅是干鲜菜个体经营者，要求其在菜市场采购时索要检验合格证明，既不现实也不符合菜市场的交易习惯。经营者在菜市场购买蔬菜更主要是依照日常经验判断农产品的新鲜度、完好性，以确定农产品是否合格，已尽到进货查验义务。该干鲜菜门市经营者在进货时不可能知道韭菜存在不合格的情况，其对销售的韭菜存在腐霉利超标并无过错，县监管局并未对韭菜生产者进行处理，仅对无过错的该干鲜菜门市处罚5万元有违行政处罚过罚相当的原则。

二、《行政处罚法》规定，实施行政处罚，纠正违法行为应当坚持处罚与教育相结合的原则，教育公民、法人或其他组织自觉守法。本案对该干鲜菜门市经营韭菜的抽样时间是2018年11月16日，检验报告的出具时间是2018年12月10日，市场监管部门行政执法过程中，并未及时对韭菜是否含有超标物质作出检测，亦未及时对含有超标物质的韭菜进行处置，而是等待二十多天得到检测结果后作出处罚决定，任由经营者将韭菜销售一空，县监管局作出行政处罚行为显然不是以纠正违法行为为目的，而是以罚款为目的，本案行政处罚执法目的不当。

三、本案违法行为显著轻微可不予处罚。从本案行政执法过程来看，因县监管局并未给予该干鲜菜门市及时纠正违法行为的机会，且无证据证明该干鲜菜门市经营的韭菜造成了危害后果，故可不予处罚。

（案例索引：河南省濮阳市中级人民法院（2020）豫09行终23号行政判决书）

上诉人自贡市市场监督管理局与大安区某酒类经营部行政处罚案

上诉人（原审被告）：自贡市市场监督管理局。

被上诉人（原审原告）：大安区某酒类经营部。

2019年3月28日，自贡市市场监督管理局对该酒类经营部作出行政处罚：1. 没收“六个土”牌核桃饮料3 285件（240 mL × 20罐/件）；2. 收缴“六个土”牌核桃饮料手提袋2 898个；3. 罚款35万元。

二审法院认为：行政处罚的目的并不在于罚款本身，而是通过惩戒性的措施教育行政管理相对人自觉守法。本案中，该酒类经营部的负责人系大学生毕业创业，属国家政策扶持的对象，有关行政机关应加强引导力度，为大学生自主创业构建绿色通道，对其违法行为应本着择其最善的原则进行处罚，足以达到有序管理和制止违法的目的。综上，判决变更罚款人民币35万元为罚款人民币2 000元。

（案例索引：四川省自贡市中级人民法院（2020）川03行终25号行政判决书）

扫码获取

· 作者零距离
· 法律思维课
· 新法敲重点

第7条　被处罚人权利

第七条　公民、法人或者其他组织对行政机关所给予的行政处罚，享有陈述权、申辩权；对行政处罚不服的，有权依法申请行政复议或者提起行政诉讼。

公民、法人或者其他组织因行政机关违法给予行政处罚受到损害的，有权依法提出赔偿要求。

【参考案例】

平山县劳动就业管理局不服平山县地方税务局行政处理决定案

原告：河北省平山县劳动就业管理局（以下简称就业局）。

被告：河北省平山县地方税务局（以下简称地税局）。

原告就业局是承担着部分政府行政职能的就业管理机构。1994 年 1 月至 1996 年 10 月，该局收取劳务管理费、劳务服务费、县内临时工管理服务费、临时工培训费和劳务市场收入等共计 578 698.40 元。1996 年 11 月 29 日，被告地税局向就业局发出限期申报纳税通知书，12 月 2 日和 7 日又两次发出限期缴纳税款 31 394.71 元的通知，就业局均未按期履行。12 月 13 日，地税局以平地税字第 1 号税务处理决定，对就业局作出处以应缴未缴的营业税、城市建设税、教育费附加 31 394.71 元的 3 倍罚款计 94 184.13 元。

平山县人民法院认为：第八届全国人民代表大会第四次会议通过的《行政处罚法》已于 1996 年 10 月 1 日起施行。被告地税局作为县级以上人民政府的税务行政管理机关，有权对自己在管辖范围内发现的税务违法行为进行处罚，但是这种处罚必须依照行政处罚法的规定进行。行政机关在作出行政处罚决定前，应当依照行政处罚法规定，将作出行政处罚决定的事实、理由及法律依据告知当事人，并告知当事人依法享有陈述和申辩、申请行政复议和提起行政诉讼的权利；依照行政处罚法的规定，收集有关证据，制作调查笔录。这些工作，地税局都没有做。行政处罚法规定，作出数额较大的罚款处罚决定之前，应当告知当事人有要求听证的权利。关于多少为数额较大，国家税务总局在《税务行政处罚听证程序实施办法（试行)》中作出对法人或者组织罚款 1 万元以上为数额较大的界定。这个实施办法已经于 1996 年 10 月 1 日起施行，地税局在对就业局作出处理决定 30 日以后才收到文件。在该办法下达前，法律虽然没有明确数额较大的界限，但是也没有明确 9 万余元的罚款不属于数额较大，地税局认为实施办法下达得晚，该处理决定不适用行政处罚法有关听证程序规定的辩解，不予支持。依照行政处罚法的规定，地税局违背该法规定的程序作出的行政处罚不能成立。就业局诉称自己不是纳税义务人，向其征税是错误的；地税局辩称原告就是属于纳税义务人，应当依法纳税，是行政执法实体方面的争议。已经查明，该行政处理决定从程序上违法，依法应予撤销，法院无须再就行政执法实体方面的争议继续施行审理。

（1997 年第 2 期《最高人民法院公报》）

宁波某控股集团股份有限公司
与国家税务总局宁波市税务局第三稽查局行政处罚案

再审申请人（一审原告、二审被上诉人）：宁波某控股集团股份有限公司。

被申请人（一审被告、二审上诉人）：国家税务总局宁波市税务局第三稽查局（以下简称稽查三局）。

浙江省高级人民法院再审认为：行政机关作出对行政相对人不利的行政处理决定之前，应当依据正当程序原则的要求，事先告知相对人，并听取相对人的陈述和申辩，以充分保障行政相对人的合法权益。本案中，被申请人稽查三局作出的被诉税务处理决定，系决定追缴再审申请人已申报并实际取得的25 615 391.31元出口退税款，该处理决定明显对该公司的权益产生重大不利影响。稽查三局在作出上述处理决定的过程中，应当按照正当程序原则的要求，依法告知，并充分保障该公司的陈述、申辩权利。但稽查三局在原审法定期间内提交的证据显示，其在作出该处理决定前，未因影响重大利益举行听证，亦未充分保障原告公司陈述、申辩的权利。

稽查三局作出被诉税务处理决定，应依法及时进行送达，其时隔9个月才进行送达，程序明显违法。

（案例索引：浙江省高级人民法院（2020）浙行再6号行政判决书）

林某与长春市盐务管理局行政处罚案

上诉人（原审原告）：林某。

上诉人（原审被告）：长春市盐务管理局。

二审法院认为：《行政诉讼法》规定："法律、法规规定应当先向行政机关申请复议，对复议决定不服再向人民法院提起诉讼的，依照法律、法规的规定处理。"国务院《盐业管理条例》规定："当事人对盐业行政主管部门作出的行政处罚决定不服的，可以在接到处罚决定之日起十五日内向上一级盐业行政主管部门申请复议。上一级盐业行政主管部门应当在收到复议申请之日起两个月内作出复议决定。申请人对复议决定不服的，可以在接到复议决定之日起十五日内向人民法院起诉。期满不起诉又不履行的，由作出处罚决定的机关申请人民法院强制执行。"本案中，上诉人林某收到被诉行政处罚决定后，没有申请行政复议，直接向原审法院提起行政诉讼，不符合法律、法规规定。国务院《盐业管理条例》规定的行政复议申请期限为15日，但是上诉人长春市盐务管理局对上诉人林某作出的行政处罚决定中告知上诉人林某可以选择行政复议或提起行政诉讼，行政复议申请期限为60日，行政诉讼的起诉期限为6个月，故由此导致上诉人林某超过国务院《盐业管理条例》规定的行政复议申请期限，应视为非因上诉人林某自身原因导致。

（案例索引：吉林省长春市中级人民法院（2017）吉01行赔终85号行政裁定书）

第8条　民事和刑事责任

第八条　公民、法人或者其他组织因违法行为受到行政处罚，其违法行为对他人造成损害的，应当依法承担民事责任。

违法行为构成犯罪，应当依法追究刑事责任的，不得以行政处罚代替刑事处罚。

【司法性文件】

最高人民法院印发《关于加强和改进行政审判工作的意见》的通知（节选）

（法发〔2007〕19号，2007年4月24日）

高度重视“以罚代刑”的问题。当前在行政程序中，“以罚代刑”的现象比较突出。各级人民法院在行政审判中发现违法行为已经构成犯罪的，应当及时移送刑事侦查机关处理；对于行政机关可能存在“以罚代刑”、放纵犯罪问题的，要向行政机关或者有关部门及时提出司法建议。

【参考案例】

云南省剑川县人民检察院诉剑川县森林公安局怠于履行法定职责环境行政公益诉讼案

（指导案例 137 号，最高人民法院审判委员会讨论通过，2019 年 12 月 26 日发布）

2013 年 1 月，剑川县居民王某受 YX 公司的委托在国有林区开挖公路，被剑川县红旗林业局护林人员发现并制止，剑川县林业局接报后交剑川县森林公安局进行查处。剑川县森林公安局于 2 月 27 日决定对王某及 YX 公司给予如下行政处罚：1.责令限期恢复原状；2.处非法改变用途林地每平方米 10 元的罚款，即 22 266.00 元。2013 年 3 月 29 日 YX 公司交纳了罚款后，剑川县森林公安局即对该案予以结案。其后直到 2016 年 11 月 9 日，剑川县森林公安局没有督促 YX 公司和王某履行“限期恢复原状”的行政义务，所破坏的森林植被至今没有得到恢复。

2016 年 11 月 9 日，剑川县人民检察院向剑川县森林公安局发出检察建议，建议依法履行职责，认真落实行政处罚决定，采取有效措施，恢复森林植被。2016 年 12 月 8 日，剑川县森林公安局回复称自接到《检察建议书》后，即刻进行认真研究，采取了积极的措施，并派民警到王某家对剑林罚书字（2013）第 288 号处罚决定第一项责令限期恢复原状进行催告，鉴于王某死亡，执行终止。对 YX 公司，剑川县森林公安局没有向其发出催告书。

云南省剑川县人民法院于 2017 年 6 月 19 日作出（2017）云 2931 行初 1 号行政判决：一、确认被告剑川县森林公安局怠于履行剑林罚书字（2013）第 288 号处罚决定第一项内容的行为违法；二、责令被告剑川县森林公安局继续履行法定职责。

法院生效裁判认为：本案中，剑川县森林公安局在查明 YX 公司及王某擅自改变林地的事实后，以剑川县林业局名义作出对 YX 公司和王某责令限期恢复原状和罚款 22 266.00 元的行政处罚决定符合法律规定，但在 YX 公司缴纳罚款后三年多时间里没有督促 YX 公司和王某将破坏的林地恢复原状，也没有代为履行，致使 YX 公司和王某擅自改变的林地至今没有恢复原状，且未提供证据证明有相关合法、合理的事由，其行为显然不当，是怠于履行法定职责的行为。行政处罚决定没有执行完毕，剑川县森林公安局依法应该继续履行法定职责，采取有效措施，督促行政相对人限期恢复被改变林地的原状。

第 9 条　处罚的种类

第九条　行政处罚的种类：

（一）警告、通报批评；

（二）罚款、没收违法所得、没收非法财物；

（三）暂扣许可证件、降低资质等级、吊销许可证件；

（四）限制开展生产经营活动、责令停产停业、责令关闭、限制从业；

（五）行政拘留；

（六）法律、行政法规规定的其他行政处罚。

【立法说明】

本条是这次修订的重点条款。

时任全国人大常委会秘书长曹志 1996 年 3 月 12 日在八届全国人大四次会议上所作的《关于〈中华人民共和国行政处罚法（草案）〉的说明》中指出：行政处罚的种类较多，按其性质划分，大体可分为四类：一是行政拘留等涉及人身权利的人身自由罚；二是吊销许可证或执照、责令停产停业等行为罚；三是罚款、没收非法财产等财产罚；四是警告等申诫罚。这些行政处罚，对当事人权益的影响程度是不同的。

全国人大常委会法制工作委员会副主任许安标 2020 年 6 月 28 日在第十三届全国人民代表大会常务委员会第二十次会议上所作的《关于〈中华人民共和国行政处罚法（修订草案）〉的说明》中指出：现行行政处罚法第八条列举了七项行政处罚种类。一些意见反映，行政处罚法未对行政处罚进行界定，所列举的处罚种类较少，不利于行政执法实践和法律的实施。据此，作以下修改：一是增加行政处罚的定义，明确行政处罚是指行政机关在行政管理过程中，对违反行政管理秩序的公民、法人或者其他组织，以依法减损权利或者增加义务的方式予以惩戒的行为。二是将现行单行法律、法规中已经明确规定，行政执法实践中常用的行政处罚种类纳入本法，增加规定通报批评、降低资质等级、不得申请行政许可、限制开展生产经营活动、限制从业、责令停止行为、责令作出行为等行政处罚种类。

2020 年 10 月 13 日全国人民代表大会宪法和法律委员会《关于〈中华人民共和国行政处罚法（修订草案）〉修改情况的汇报》中指出：修订草案第九条列举了六项行政处罚种类。有些常委委员、部门、地方和专家提出，有的常用的行政处罚种类尚未纳入，有些行政处罚种类与其他行政管理措施的边界不够清晰，建议进一步完善行政处罚种类的规定。宪法和法律委员会经研究，建议适当调整行政处罚种类：一是增加“责令关闭”的行政处罚种类；二是删去“不得申请行政许可”“责令停止行为”“责令作出行为”的行政处罚种类。

9.1 警告

【参考案例】

吕某与成都市公安局高新技术产业开发区分局西区派出所治安行政处罚案

原告：吕某。

被告：成都市公安局高新技术产业开发区分局西区派出所（以下简称高新公安分局西区派出所）。

2009 年 4 月 14 日被告受理原告吕某扰乱单位秩序的治安案件并进行登记，于 2009 年 4 月 15 日口头传唤，对原告制作了询问笔录。询问笔录内容反映，2009 年 4 月 8 日原告吕某进京上访，先后到国家信访局、国土资源部、最高人民法院、最高人民检察院，后在北京天安门广场东侧被民警挡获。被告于当日作出了未编号的《公安行政处罚决定书》，决定书载明，被处罚人姓名及基本情况、处罚的事实和法律依据、“现决定（未处理）”“履行方式：书面警告”，并告知其申请行政复议或者提起诉讼的权利和期限。该处罚决定书未加盖公章。2009 年 8 月 27 日被告对其该未编号且未加盖公章的《公安行政处罚决定书》补盖公章后送达给原告。

成都高新区人民法院经审理认为：被告高新公安分局西区派出所于 2009 年 4 月 15 日作出《公安行政处罚决定书》。从其内容来分析，有被处罚人的姓名及基本情况、处罚事实、法律依据、救济权利和期限的告知。该《公安行政处罚决定书》载明“现决定（未处理）”“履行方式：书面警告”。被告高新公安分局西区派出所于 2009 年 4 月 15 日作出《公安行政处罚决定书》，先后通过受案登记、口头传唤原告并制作了询问笔录等程序性准备行为。从该治安行政处罚行为外在客观判断，符合行政行为的成立要件。但该行政处罚决定书未编号以及没有具体处罚内容，不符合《行政处罚法》（1996 年）第三十九条“行政机关依照本法第三十八条的规定给予行政处罚，应当制作行政处罚决定书。行政处罚决定书应当载明下列事项：……（三）行政处罚的种类和依据；（四）行政处罚的履行方式和期限”。由于该治安行政处罚决定书缺失行政处罚实体内容即行政处罚种类，导致该行政处罚决定书无法实际执行，致使无法产生应有的行政处罚法律后果。确认高新公安分局西区派出所于 2009 年 4 月 15 日作出的《公安行政处罚决定书》无效。

（案例索引：成都市高新区人民法院（2010）高新行初字第 12 号行政判决书）

关于群众反映的涉及李文亮医生有关情况调查的通报

2020 年 2 月 7 日，国家监委成立调查组，就群众反映的涉及李文亮医生的有关情况依法开展调查。现将调查情况通报如下：

2019 年 12 月 31 日 13 时 38 分，武汉市卫生健康委员会（以下简称市卫健委）发布的《关于当前我市肺炎疫情的情况通报》中说道，“已发现 27 例病例”“上述病例系病毒性肺炎”，并称“到目前为止调查未发现明显人传人现象，未发现医务人员感染”。多家媒体对此进行了报道。按照武汉市关于不明原因肺炎疫情防控工作安排，武汉市公安机关依据传染病防治、治安管理等法律法规，以及市卫健委的情况通报，对在网上出现的转发、发布 SARS 等传染病信息情况进行了调查处理。2020 年 1 月 3 日 13 时 30 分左右，武汉市公安局武昌分局中南路派出所与李文亮医生联系后，李文亮医生在同事陪同下来到该派出所。派出所副所长杨某安排负责内勤的民警胡某与李文亮医生谈话。经谈话核实后，谈话人员现场制作了笔录。李文亮医生表示，在微信群中发有关 SARS 信息的行为是不对的，以后会注意的。谈话人员对李文亮医生制作了训诫书。李文亮医生亦持有 1 份训诫书，于 14 时 30 分许离开派出所。谈话人员为内勤民警胡某和 1 名辅警，胡某在训诫书上签上了自己的名字和当天值班民警徐某的名字。实际上，徐某并未参加谈话。

由于中南路派出所出具训诫书不当，执法程序不规范，调查组已建议湖北省武汉市监察机关对此事进行监督纠正，督促公安机关撤销训诫书并追究有关人员责任，及时向社会公布处理结果。

国家监委调查组

2020 年 3 月 19 日

9.2 通报批评

【参考案例】

蒋某与深圳市财政委员会行政管理案

原告：蒋某。

被告：深圳市财政委员会。

在布吉中学 LED 显示屏采购项目中，经评审，某甲公司、某丙公司、某丁公司为抽签候选供应商。经抽签，确定某丁公司为中标供应商。在该项目采购结果公示期间，某乙公司提出质疑。经核查后发现原评审结果确实存在错误，即评审专家（蒋某等 7 人）未严格按评分标准核算某乙公司关于“ISO 9001”“ISO 14001”资质证书项的得分，应给予计分 2 分而非 0 分，也未严格按评分标准核算某甲公司所提供 6 项“同类项目业绩”项的评分，应计分 0 分而非 4 分。经核算纠正，某甲公司综合得分由原来排名第一变为第五，不具备抽签候选供应商资格，某丁公司中标无效，涉案项目重新组织招标。2018 年 3 月 9 日，被告深圳市财政委员会作出决定：记入评审专家诚信档案，列为不良行为记录并在评审专家网络管理平台予以通报。

法院认为：在政府采购中，评审专家应当按照法律、法规规定的评审办法和评审标准，提供独立、客观、公正的评审意见。本案中，原告作为评审专家，未尽客观、审慎评审之责任，其打出的评分明显错误，导致中标结果发生改变，应当依照政府采购条例的规定承担相应法律责任。至于原告评分错误是故意还是过失，不影响原告违法行为的成立，判决驳回原告的全部诉讼请求。

（案例索引：广东省深圳市盐田区人民法院（2018）粤 0308 行初 1649 号行政判决书）

广西 HN 水电建设有限责任公司与巴马瑶族自治县水利局行政处罚案

原告：广西 HN 水电建设有限责任公司（以下简称 HN 公司）。

被告：巴马瑶族自治县水利局（以下简称巴马县水利局）。

2016 年 6 月，被告巴马县水利局对第六批中央财政小型农田水利重点县工程广西河池市巴马瑶族自治县 2016 年那桃灌片工程施工进行招标，原告 HN 公司进行投标并中标。

（2018）桂 1227 号刑初 38 号刑事判决书认定，案外人王某作为个体老板，不具备水利工程建设资质，为承揽 3 个灌片共 12 标段工程的施工，由其出资并指定报价、标段，指使陈某等人采取支付“不投费”“投标费用”或“管理费”等方式串通 62 家具有二、三级水利建设工程资质的公司单位围标。陈某是 HC 公司、HN 公司两家公司南宁办事处的承包人，陈某以两家公司名义对外开展业务，因两个公司中标，其得到投标费 5.4 万元、管理费 69.28 万元。2018 年 9 月 26 日，本院分别对王某、陈某等人判处相应刑罚的刑事判决。该刑事判决已经生效。

2019 年 10 月 25 日，被告巴马县水利局以法院（2018）桂 1227 号刑初 38 号刑事判决作为调查依据作出巴水罚决字（2019）8 号《行政处罚决定书》，对原告作出处罚决定：1. 取消在巴马市场二年内参加依法必须进行招标的水利项目的投标资格；2. 列入不良行为记录名单，并予通报批评。

法院认为：根据《招标投标法》第二十五条的规定，首先，除招标的科研项目允许个人参加投标外，其余的投标人应是法人或者其他组织，本案的招标项目是水利项目，投标人只能是法人或其他组织，而非个人；其次，陈某按合同约定以原告HN公司的名义对涉案工程进行投标，各类投标文件、投标保证金等均以原告名义实施；最后，陈某在涉案招标项目中的投标行为是代表原告HN公司，陈某代表原告HN公司在涉案招标项目中参与了串通投标并最终中标。因此，被告巴马县水利局认定原告系涉案违法行为的适格处罚对象正确。

（案例索引：广西壮族自治区巴马瑶族自治县人民法院（2020）桂1227行初3号行政判决书）

9.3 罚款

【参考案例】

王某与温江公安分局治安行政处罚案

申诉人（一审原告，二审上诉人）：王某。

被申诉人（一审被告，二审被上诉人）：成都市公安局温江区分局（以下简称温江公安分局）。

王某申诉温江公安分局治安行政处罚一案，四川省成都市中级人民法院于2012年3月14日作出（2012）成行终字第43号行政判决，已发生法律效力。王某不服，向四川省高级人民法院申请再审，该院作出（2013）川行监字第34号驳回申诉通知书。王某仍不服，再次向最高人民法院申诉，最高人民法院于2015年1月19日作出（2014）行监字第187号行政裁定，指令进行再审。

2011年8月19日17时30分许，王某3人在成都“金海岸”茶楼2楼一包间内打麻将时，被温江公安分局查获，同时查获赌资人民币575元，对王某涉案赌资人民币235元当场予以扣押。后温江公安分局将王某传唤至该局进行询问查证，当日即对扣押的赌资予以收缴。于次日决定对王某行政拘留15日，并处罚款

1 000 元。温江公安分局在处罚决定作出前，告知了王某拟作出行政处罚决定的事实、理由及依据，并告知其依法享有陈述权和申辩权。后温江公安分局于 8 月 20 日凌晨将王某送往拘留所，并及时将对王某的处罚相关情况告知其家属。

王某认为温江公安分局以其进行赌博对其进行处罚缺乏事实依据，根据公通字〔2005〕30 号《公安部关于办理赌博违法案件适用法律若干问题的通知》的规定，王某与亲友间进行带有财物输赢的打麻将是娱乐活动，不应予以处罚。一审法院认为，根据当时有效的《四川省禁止赌博条例》第二条规定："凡以财物作赌注比输赢的活动，都是赌博行为……"，故温江公安分局以王某进行赌博对其进行处罚并无不当。

最高人民法院认为，温江公安分局对王某作出的拘留 15 日、并罚款 1 000 元的行政处罚决定，可能存在违法或者显失公正的情形。经审判委员会讨论决定，裁定：指令四川省高级人民法院再审本案。

四川省高级人民法院认为，公安机关依法对行政相对人实施行政处罚时，应遵循过罚相当原则行使自由裁量权，实施行政处罚必须以事实为依据，与违法行为的事实、性质、情节以及社会危害程度相当；所科处罚种类和处罚幅度要与违法行为人的违法过错程度相适应，违背过罚相当原则，导致行政处罚结果严重不合理的，应依法纠正。本案中，温江公安分局查获 3 人赌资 575 元，其中王某 235 元。温江公安分局对王某行政拘留 15 日，并处罚款 1 000 元，该处罚畸重，属适用法律错误，依法应予撤销。

（案例索引：四川省高级人民法院（2017）川行再 6 号行政判决书）

9.4 没收违法所得

【参考案例】

上诉人刘某与信阳市市场监督管理局行政处罚案

上诉人（原审原告）：刘某。

上诉人（原审被告）：信阳市市场监督管理局（以下简称信阳市市场监管局）。

信阳市市场监管局对浉河区东双河茶叶市场的卖茶叶商户进行专项检查，信阳市食品药品检验所对原告销售的四川茶叶现场抽样，原告的妻子在食品安全抽样检验抽样单和现场笔录上签名。经检验，所检项目铅不符合标准。经调查，原告自认从四川雅安购回，进价200元/500g，售价220元/500g，物流费100元。信阳市市场监管局据此认定原告该批不合格茶叶货值金额是11 000元，违法所得900元。2019年7月26日，信阳市市场监管局以原告销售茶叶中含有“严重超出标准限量的重金属”，涉嫌构成犯罪为由，将该案移送公安机关，后因原告销售的茶叶铅含量构不上严重超标，案件被公安机关退回。2019年12月4日，信阳市市场监管局作出没收违法所得900元，并处罚11万元的行政处罚。

二审法院认为：信阳市市场监管局对刘某销售茶叶的货值金额和违法所得认定，完全依据刘某及其妻子自认的茶叶数量、进价和销售价，进而得出处罚所依据货值金额和违法所得，其既没有调查供应茶叶的供货人，也没有调查购买茶叶的消费者，更没有调查该批茶叶购销收支情况，违背了行政处罚时调查收集证据必须全面、客观、公正的原则，而据此对刘某作出11万元罚款，属主要证据不充分。

（案例索引：河南省信阳市中级人民法院（2020）豫15行终231号行政判决书）

9.5 没收非法财物

【参考案例】

李某不服互助土族自治县工商局行政处罚决定案

原告：李某。

被告：青海省互助土族自治县工商行政管理局。

为了保障粮油供应和市场粮油价格的基本稳定，青海省工商行政管理局、物价局、税务局、公安厅根据国务院办公厅的通知精神，于1994年8月1日联合发布了《关于加强粮油市场管理的通告》，互助土族自治县人民政府于 1994 年 10 月 15 日作出《关于进一步加强粮油收购及市场管理工作的通知》，规定在以县为单位完成粮油收购任务之前，除国有粮食部门外，其他任何单位和个人不得收购、贩运粮油。

李某从事个体粮油经营，于 1994 年 10 月至 11 月在多地收购油菜。互助县工商行政管理局于 11 月 21 日依据前述青海省工商行政管理局等三局一厅的《通告》及互助县政府《通知》的规定，决定：1.将查扣的 2 826 公斤油菜籽予以没收；2.按其收购加工的 9 454.8 公斤油菜籽总金额 31 579.03 元的 20%予以罚款。

海东地区中级人民法院二审认为：互助土族自治县工商行政管理局仅依据李某的陈述认定其收购油菜籽的事实并进行处罚，主要证据不足，事实不清。上诉人无照收购油菜籽，从事政策不允许的经营活动，违反了国务院《城乡个体工商户管理暂行条例》（编者注：该条例已废止，现收购活动为合法经营）的规定，被上诉人应适用条例进行处罚，而不应直接引用三局一厅的《通告》和县政府的《通知》，而且《通知》中设定没收的处罚无法律依据，原判认定事实不清，适用法律法规不当。

（1997 年第 3 辑《人民法院案例选》）

杨某不服新晃侗族自治县公安局治安处罚裁决案

原告：杨某。

被告：新晃侗族自治县公安局（以下简称新晃县公安局）。

1997 年 3 月底到 4 月初的某天中午（具体时间原、被告都说不清楚），杨某在其开办的电器修理店修某台放像机时，发现随该机送来三本试机用的录像带，隔壁成衣店曾某即把借来的放像机拿到杨某的店里来，并用原告的彩电放这三本录像带。杨某、曾某、姚某等 5 人和邻居的几个小孩一同观看，当时杨某的妻子、孩子都在场。大约放了十多分钟，杨某和曾某把机子搬到隔壁成衣店中继续播放，原看录像的人都转到成衣店内继续观看。约放了 20 分钟，因电压不稳、图像不清晰而停放。1997 年 5 月 11 日，新寨乡派出所根据举报对杨某进行传唤和讯问，同时从曾某住房中扣押了一本片名为《惊天龙虎豹》和一本无片名的录像带。

5 月 12 日被告新晃县公安局对杨某作出（1997）第 220 号治安管理处罚裁决，认定：杨某传播淫秽录像，给予罚款 3 000 元、没收彩电一台的处罚。此后，新晃县公安局在 5 月 12 日、13 日、16 日、17 日、19 日又向有关证人进行调查取证。怀化地区公安处对被告扣押送鉴定的《惊天龙虎豹》和无片名的录像带于 6 月 12 日才作出是“淫秽物品”的鉴定结论。新晃县公安局 6 月 8 日将裁决书送达杨某。

新晃县人民法院经审理认为：被告新晃县公安局于 1997 年 5 月 12 日，对原告杨某作出（1997）第 220 号治安管理处罚裁决后，5 月 12—19 日还多次向有关当事人及证人进行调查取证。此时怀化地区公安处对被告扣押的《惊天龙虎豹》和无片名的录像带进行鉴定的结论尚未作出。被告新晃县公安局对原告杨某的治安管理处罚裁决是在调查尚未终结时作出的，违反了法定程序；同时，本案被告新晃县公安局在诉讼中未能向法庭提供证据证明原告杨某在 1997 年 3 月底至 4 月初的某天中午在其修理店、隔壁成衣店播放的录像带，就是被告扣押后送地区公安处鉴定为“淫秽物品”的录像带，对原告播放录像的具体时间讲不清楚。据此，被告新晃县公安局作出的处罚裁决违反法定程序，事实不清，证据不足，应予撤销。

（2000 年第 1 辑《人民法院案例选》）

郑某与中华人民共和国闸口海关行政收缴纠纷案

上诉人（原审原告）：郑某。

被上诉人（原审被告）：中华人民共和国闸口海关。

2013 年 1 月 12 日，郑某持护照经拱北口岸旅客无申报通道出境，未书面向海关申报，被截查。

广东省高级人民法院二审认为：上诉人经拱北口岸旅客大厅无申报通道出境，其随身携带有筹码 47 枚，这些筹码由澳门赌场制造，主要功能为赌博记数，本质属性为赌具，属于《禁止进出境物品表》中规定的禁止进出境物品。由于涉案筹码面值较小，属于“携带数量零星的国家禁止进出境的物品进出境”的情形，被上诉人决定收缴上诉人的筹码，并无不妥。根据《海关行政处罚实施条例》的规定，被诉收缴决定不适用《行政处罚法》规定的程序，因此上诉人主张违反《行政处罚法》（2009年）第三十一条、第三十四条第二款的规定，理由不成立。被诉收缴决定作出前，已给予上诉人陈述意见的机会，收缴清单也告知上诉人有请求救济的权利，符合正当程序要求。综上，案经本院审判委员会讨论，判决驳回上诉，维持原判。

（案例索引：广东省高级人民法院（2013）粤高法行终字第602号行政判决书）

9.6 暂扣许可证件

【参考案例】

张某与厦门市公安局湖里分局交警大队道路交通安全行政处罚案

原告：张某。

被告：厦门市公安局湖里分局交警大队。

2014年7月23日0时50分左右，原告张某驾驶车辆在嘉禾路厦门大桥收费站被湖里交警大队拦下进行检查，湖里交警大队发现张某涉嫌酒驾，由协警林某手持酒测仪对张某进行了酒精检测。同日，原告收到被告作出的行政强制措施凭证。原告向厦门市湖里区人民法院提起行政诉讼，请求法院依法撤销该行政强制措施。2014年12月12日，湖里公安分局主动撤销上述强制措施并将驾驶证归还原告。2015年3月11日，被告在《厦门日报》刊登行政处罚告知书，要求张某7日内作出陈述和申辩。3月13日，张某向湖里交警大队提交申辩材料。8月14日，湖里交警大队根据民警开具的行政强制措施凭证（现场笔录）、酒精呼气检测凭证、民警出具的查获经过等证据，认定被处罚人张某实施酒后驾驶机动车的违法行为，给予张某罚款1 000元、暂扣机动车驾驶证6个月的行政处罚。

法院认为：公安机关交通管理部门及其交通警察有权依法实施道路交通安全

管理，同时也应当依据法定的职权和程序进行执法。对涉嫌酒驾者进行体内酒精检测，公安机关交通管理部门及其交通警察既是有权的执法主体，同时也是法定的义务主体。协警本身在道路交通执法过程中不具有进行酒精检测的执法主体资格，应有民警在检测现场对检测过程进行监督、指导，以确保酒精检测结果真实、准确。本案中，根据在案证据，系由协警对原告张某进行酒精检测，执法主体不适格，程序违法，依法应予撤销。

（2017 年第 7 辑《人民法院案例选》）

朱某诉鄞县工商局暂扣律师执业证案

原告：朱某。

被告：浙江省鄞县工商行政管理局（以下简称鄞县工商局）。

1997 年 3 月 6 日，原告朱某委托本所工作人员徐某（已考取律师资格但未取得律师执业证）到被告鄞县工商局查阅企业档案。朱某考虑徐某没有律师执业证，就把自己的律师执业证交给他，让其与鄞县工商局商量一下，如不允许就回来另行安排。徐某到被告处后，出示介绍信及原告律师执业证，并说明原告不能来的原因。鄞县工商局工作人员以“人证不符”，暂扣了原告律师执业证，并出具一张“因人证不符，暂扣朱某律师的律师执业证壹份，以对朱律师负责”的字条并在下面签名，盖上了“鄞县工商行政管理局企业登记管理科”的章。

鄞县人民法院经审理认为：《律师法》规定，律师违反执业的由省、自治区、直辖市以及设区的市人民政府司法行政部门作出处罚。鄞县工商行政管理局没有法律赋予他对律师的违法行为作出处罚的权力，故其作出的暂扣律师执业证的行为是超越职权的行为，应予撤销。在诉讼中，被告主动将律师执业证送还原告，原告诉讼目的已达到，自愿申请撤回起诉。

（1997 年第 4 辑《人民法院案例选》）

9.7 降低资质等级

【参考案例】

成都某建设监理有限公司与南充市住房和城乡建设局行政处罚案

上诉人（一审原告）：成都某建设监理有限公司。

被上诉人（一审被告）：南充市住房和城乡建设局（以下简称市住建局）。

2017年8月24日，南充市安全生产监督管理局根据调查报告以及南充市人民政府的结案批复，决定给予某监理公司处人民币70万元罚款的行政处罚。9月8日，市住建局以南充市安全生产监督管理局作出的行政处罚决定书为依据，报请四川省住房和城乡建设厅同意，将某监理公司所对应的不良行为登载于全省工程建设领域项目信息和信用信息公开共享专栏，在处罚决定栏内载明："《建设工程安全生产管理条例》第五十七条规定，处降低资质等级处罚。"2017年11月28日，市住建局向某监理公司寄送了《关于不良行为记录告知函》，告知上述内容。

二审法院认为：被上诉人市住建局对上诉人发送的《关于不良行为记录告知函》中关于上诉人不良行为扣分记录，对上诉人的权利义务产生了实际影响，故被上诉人向上诉人作出的不良行为扣分记录可诉。裁定指令四川省高坪区人民法院继续审理。

（案例索引：四川省南充市中级人民法院行政裁定书（2018）川13行终132号）

原告北京市世界LS联盟国际食品质量认证中心与北京市工商行政管理局经济技术开发区分局决定案

原告：北京市世界LS联盟国际食品质量认证中心（以下简称国际食品认证中心）。

被告：北京市工商行政管理局经济技术开发区分局（以下简称开发区工商局）。

2018年3月8日，被告开发区工商局对原告国际食品认证中心作出《决定书》，认定原告之名称为不适宜企业名称，现予以纠正。同时通过北京市企业信用信息公示系统将该企业名称以统一社会信用代码进行替代。

法院认为：本案中，原告国际食品认证中心企业名称中使用“中心”，而非具有显著企业标志的“公司”字样，易使普通公众认为其为非营利组织，极易误导普通公众和交易相对人，且“世界LS联盟国际食品质量认证”含有夸大影响、傍名牌以及其他可能对公众造成欺骗或者误解的文字。原告国际食品认证中心登记类型为集体所有制（股份合作制），属于自然人投资，与世界组织、国家机关以及相关监管活动并无任何实质性关联。原告名称足以构成《企业名称登记管理规定》第九条规定的“可能对公众造成欺骗或者误解”的情形。

《国家工商总局关于提高登记效率积极推进企业名称登记管理改革的意见》规定，对于被认定为不适宜的企业名称，企业登记机关应当责令企业限期变更名称，拒不改正的，根据《企业信息公示暂行条例》的规定，在国家企业信用信息公示系统以该企业的统一社会信用代码代替其名称向社会公示，同时标注××企业名称已被登记机关认定为不适宜。企业按照要求变更名称后，以变更后的名称公示，取消标注。

本案中，开发区工商局未给予原告自行改正的机会，在认定不适宜企业名称之后径行在企业信用信息公示系统中以其统一社会信用代码代替企业名称向社会公示，同时标注“企业名称已被登记机关认定为不适宜”，违反了国家工商总局上述执法程序的要求，构成程序违法。按照正当程序原则，行政机关在作出对行政相对人不利的行政行为前，应当听取行政相对人的陈述和申辩意见。本案中，开发区工商局在作出《决定书》之前，并未履行听取行政相对人陈述、申辩意见的程序，违反了上述正当程序原则，应属不当。

（案例索引：北京市大兴区人民法院（2018）京0115行初191号行政判决书）

9.8 吊销许可证件

【参考案例】

蔡某与无锡市公安局交通巡逻警察支队行政处罚案

原告：蔡某。

被告：无锡市公安局交通巡逻警察支队。

2004 年 8 月 10 日 17 时 17 分许，原告蔡某驾驶亚星大客车，由西往东经过江阴市人民西路与通渡路十字路口东侧地段时，发生交通事故。8 月 17 日，江阴市公安局依法立案侦查。9 月 2 日，江阴市公安局交通巡逻警察大队认定蔡某对该起重大交通事故负主要责任。9 月 16 日，无锡市公安局交通巡逻警察支队决定吊销蔡某的驾驶证。

无锡市崇安区人民法院经审理认为：《立法法》规定，法律的效力高于行政法规、地方性法规、规章。根据《道路交通安全法》，违反道路交通安全法律、法规的规定，发生重大交通事故构成犯罪的，依法追究刑事责任，并由公安机关交通管理部门吊销机动车驾驶证，故发生重大交通事故，构成犯罪，依法追究刑事责任，是公安机关交通管理部门吊销机动车驾驶证的前提条件。根据《刑事诉讼法》“未经人民法院依法判决，对任何人都不得确定有罪”之规定，在人民法院对蔡某涉嫌交通肇事罪作出判决之前，原告蔡某的行为尚处于涉嫌犯罪阶段，不能认定已构成犯罪。综上，被告依据《道路交通安全法》第一百零一条对蔡某作出吊销机动车驾驶证的行政处罚决定认定的事实，证据不足。

（2005 年第 4 辑《人民法院案例选》）

9.9 限制开展生产经营活动

【参考案例】

上海某文化发展有限公司与上海市静安区市场监督管理局列入企业经营异常名录决定案

原告：上海某文化发展有限公司。

被告：上海静安区市场监督管理局（以下简称静安市场监管局）。

2018 年 10 月 17 日，静安市场监管局执法人员至上海某文化发展有限公司登记的住所地静安区某幢 201 室开展随机检查，发现该场所的实际使用人为某律师事务所，现场未查见原告在该址经营且无法与原告取得联系，后经进一步调查取证，该局认定原告未在登记的地址经营且通过该址无法取得联系，遂于同年 11 月 11 日将原告列入经营异常名录并通过市场主体信用信息公示系统对外公示。

上海市闵行区人民法院经审理后认为：本案中，根据静安市场监管局提供的抽查记录表、现场笔录、现场照片等证据材料，能够证明原告存在未在登记的住所实际经营且无法通过该住所取得联系的情形，静安市场监管局适用前述规定将原告列入经营异常名录，认定事实清楚，适用法律正确，程序亦无不当。原告主张其虽未在登记住所实际经营但仍在同一园区内经营办公，故不构成违法，该辩解意见理由难以成立，法院不予采纳。

本案系《企业经营异常名录管理暂行办法》施行以来，上海地区首起被列入名录的企业不服该市场监管措施提起行政诉讼的案件。一方面，企业被列入经营异常名录后，在参加招投标、申请银行贷款等方面将会受到限制，人民法院将此类以信用惩戒为特征的监管举措纳入行政诉讼受案范围，体现了司法对行政行为应有的审查和监督之义。另一方面，法院通过裁判的方式依法支持监管部门对“不在对外公示的住所和营业场所实际经营”这一行为进行信用约束和惩戒，有助于提醒和督促市场主体及时履行有关信息公示和披露的法定义务，从而引导各市场主体共同营造依法治理、诚实守信的法治化营商环境。

（2019年上海市行政审判典型案例暨争议实质解决案例）

苏某与广东省博罗县人民政府划定禁养区范围通告案

原告：苏某。

被告：广东省博罗县人民政府。

2006年年底，苏某与广东省博罗县农业科技示范场签订了《承包土地合同书》，在涉案土地上经营养殖场，养殖猪苗。2012年3月22日，博罗县人民政府发布了《关于将罗浮山国家级现代农业科技示范园划入禁养区范围的通告》（以下简称《通告》），要求此前禁养区内已有的畜禽养殖场（点）于当年6月30日前自行搬迁或清理，违者将依据有关法律、法规进行处理，直至关闭。

此后，博罗县环境保护局、畜牧局均以《通告》为由不予通过养殖场的排污许可证、动物防疫合格证的年审；县国土资源局以养殖场未按规定申请办理用地手续，未取得县人民政府批准同意擅自兴建畜禽养殖房为由，要求养殖场自行关闭并拆除畜禽养殖房，恢复土地原状；县住房和城乡建设局对养殖场发出了《行政处罚告知书》，以养殖场的建筑未取得建设工程规划许可证为由，拟给予限期拆除的处罚。

广东省高级人民法院二审认为，罗浮山国家级现代农业科技示范园承担着农业科技推广的任务，需要严格的环境保护条件。科技示范园附近的河道连接着当地饮用水水源地，在科技示范园内进行畜禽养殖有可能造成空气和水质污染。博罗县人民政府有权依据畜牧法、《畜禽养殖污染防治管理办法》和《广东省环境保护条例》的相关规定，根据环境保护的需要，将其管辖的罗浮山国家级现代农业科技示范园划定为畜禽禁养区。

但法院同时认为，苏某经营养殖场的行为发生在《通告》作出之前，已经依法领取了税务登记证、排放污染物许可证和个体工商户营业执照，其合法经营行为应当受到法律保护。根据《行政许可法》第八条的规定，虽然博罗县人民政府有权根据环境保护这一公共利益的需要划定畜禽禁养区，但亦应当对因此遭受损失的苏某依法给予补偿。县人民政府发布《通告》要求养殖场自行搬迁或清理，未涉及对苏某的任何补偿事宜显然不妥。环保、国土、住建等部门对苏某及其养殖场作出行政处罚、不予年审等行为的依据均是《通告》，县人民政府不能以此为由否定苏某的合法经营行为。苏某可另行提出有关行政补偿的申请。

（2014 年人民法院环境保护行政案件十大案例）

上诉人荔浦市市场监督管理局与宜昌市某工贸有限责任公司行政管理案

上诉人（一审被告）：荔浦市市场监督管理局。

被上诉人（一审原告）：宜昌市某工贸有限责任公司。

2019 年 1 月 25 日，荔浦市市场监督管理局作出了《关于禁止经营使用不合格果蜡的通知》（以下简称《通知》），并且向辖区的各果蜡经营、使用单位下发。该通知于 2019 年 2 月 25 日送达给了该公司法定代表人叶某。同时，被告荔浦市市场监督管理局向宜昌市市场监督管理局发出了案件线索移送书。

二审法院认为：本案中，上诉人对被上诉人生产的果蜡进行抽样送检后，检测出马来松香酯，不仅将该检测结果通过该《通知》予以公布，而且在该《通知》中明确"马来松香酯不是产品的原材料，产品添加非食用物质，不符合食品安全国家标准"，并且该《通知》要求"相关经营单位立即停止销售不符合食品安全标准的果蜡产品，对已销售的产品应立即予以召回。同时，各洗果场不得使用不符合食品安全标准的果蜡"。据此，该《通知》显然不仅仅是对抽样检测结果进行公布，实际上确认了被上诉人的涉案果蜡不符合食品安全国家标准，产生了相关经营单位立即停止销售、立即予以召回、不得使用的约束力。因此，该《通知》对被上诉人的权利义务产生了实质影响，可能侵犯其合法权益，属于可诉的行政行为。

被诉《通知》事实上已经明确被上诉人生产的果蜡检测出马来松香酯，属于不符合食品安全国家标准的产品，可能对被上诉人的涉案果蜡销售造成影响。因此，上诉人亦应将该《通知》送达给被上诉人，保障其寻求救济的程序性权利。

（案例索引：广西壮族自治区桂林市中级人民法院（2020）桂 03 行终 182 号行政判决书）

9.10 责令停产停业

【参考案例】

再审申请人汉寿县某砖厂与湖南省汉寿县人民政府取缔关闭砖厂行政处罚案

再审申请人（一审原告、二审上诉人）：汉寿县某砖厂。

被申请人（一审被告、二审被上诉人）：湖南省汉寿县人民政府。

2016年5月11日，汉寿县人民政府发布汉政通告〔2016〕22号《汉寿县人民政府关于依法关闭取缔非法黏土砖厂的通告》。

2016年9月11日，汉寿县政府致函国网湖南省电力有限公司汉寿县供电分公司，主要内容为根据《湖南省矿产资源管理条例》第三十二条的规定，恳请汉寿县供电分公司于2016年11月1日起对36家无证开采的黏土砖厂采取断电措施。2016年11月19日，百禄桥镇政府、肖家湾村民委员会与肖某签订《关于拆除某砖厂的协议》，约定：肖某于2016年11月20日前自行拆除砖厂后，经验收合格，县政府奖补10万元，镇政府奖补10.68万元，拆除费用由肖某承担。2016年11月27日，某砖厂被拆除。

最高法院认为：全面停止黏土实心砖生产，是国家产业政策调整的基本导向，人民法院应当支持行政机关为落实国家产业政策调整依法实施的关闭、取缔、强制拆除黏土实心砖砖厂等行政行为。但是，落实国家全面停止黏土实心砖生产政策，也要区分不同情况，依法作出处理：对于责令停止生产时尚拥有合法的生产经营手续的，应当依照《行政许可法》第八条第二款的规定，撤回已经生效的行政许可，并对由此给公民、法人或者其他组织造成的财产损失依法给予补偿；对于责令停止生产时已经不具有合法生产经营手续的，则应当依法予以取缔；需要强制拆除砖窑等设施的，则应当依据《行政强制法》的规定，依法予以强制拆除。

本案中，某砖厂被拆除时，其采矿许可证已经过期，取土生产黏土砖的行为属于无证开采矿产资源的违法行为，汉寿县人民政府对某砖厂作出取缔并予以关闭的行政处罚，具有事实根据和法律依据。但是，《责令停止违法行为通知书》发出后，没有证据证明汉寿县人民政府在作出取缔行政处罚决定的过程中，听取某砖厂的陈述申辩；也没有证据证明，汉寿县人民政府按照行政处罚一般程序取缔某砖厂，依法制作处罚决定书，并告知其申请行政复议、提起行政诉讼的权利和期限。汉寿县人民政府对某砖厂作出取缔的行政处罚，违反法定程序。

本案中，法律并未授予任何行政机关对违法采矿予以取缔的行政处罚行为有权自行强制执行，汉寿县人民政府或者百禄桥镇政府并无强制执行的法定职权。自行强制拆除某砖厂轮窑，超越职权。百禄桥镇政府在实施强制拆除前，亦未催告履行、作出强制执行决定，未给予某砖厂陈述权和申辩权，严重违反行政强制执行的法定程序。鉴于百禄桥镇政府实施的强制拆除行为系事实行为，并无可撤销内容，依法应当确认违法。

取缔违法生产经营活动的行政处罚决定，当然包含对违法行为所使用的专门工具的销毁，否则取缔将成为无强制执行内容的处罚，亦无法彻底根除违法取土烧制黏土砖行为。轮窑、制砖机等机器设备等违法生产活动的专用工具，亦不属于应予赔偿的合法权益损失范围。

本案中，百禄桥镇政府实施强制拆除某砖厂的行为，是被诉强制拆除行为的适格被告；没有证据证明汉寿县人民政府实施强制拆除行为，汉寿县人民政府不是强制拆除行为的适格被告，故将汉寿县人民政府作为强制拆除行为的被告认定错误，本院予以指正。

综上，判决确认湖南省汉寿县人民政府取缔关闭、强制拆除汉寿县某砖厂的行政行为违法。

（案例索引：最高人民法院（2020）最高法行再10号行政判决书）

9.11 责令关闭

【参考案例】

再审申请人郑某与江苏省建湖县人民政府不履行法定职责案

再审申请人（一审原告、二审上诉人）：郑某。

被申请人（一审被告、二审被上诉人）：江苏省建湖县人民政府。

2015 年 10 月 15 日，建湖县环保局向某纸业公司颁发排放污染物许可证。郑某主张其在建湖县境内承包的鱼塘出现鱼大量死亡现象，认为与某纸业公司非法排污有关，建湖县人民政府没有履行法定职责，提起本案行政诉讼。

最高人民法院再审认为：

本案建湖县环保局并未报请建湖县人民政府批准关闭某纸业公司。而且，责令关闭是一种永久性的、严厉的行政处罚。环境行政执法不仅要坚持处罚法定，还应遵循处罚与教育相结合原则，合理处罚。本案建湖县环保局发现某纸业公司违法行为后，于 2014 年 4 月 28 日作出行政处罚决定，责令其拆除私自铺设的暗管，并处罚款 3 万元；同年 6 月 6 日发出通知要求该公司停产整治。2015 年 2 月 2 日，某纸业公司取得盐城市环保局试生产许可。2015 年 7 月 30 日，通过了盐城市环保局的项目竣工环境保护验收。建湖县环保局责令停产整治命令事实上起到了制止和纠正违法的目的。郑某要求关闭某纸业公司，事实和法律依据不足。如郑某因某纸业公司违法行为遭受损失，可另行依法定渠道寻求救济。

（案例索引：最高人民法院（2017）最高法行申 62 号行政裁定书）

9.12　责令限制从业

【参考案例】

刘某诉国家新闻出版广电总局不良从业行为记录案

2014 年 6 月 20 日，广东省韶关市武江区人民法院作出（2014）韶武法刑初字第 40 号刑事判决，其中认定：刘某、胡某两人在胡某担任《南方日报》地方新闻中心主任助理兼《南方日报》记者期间，利用胡某的职务便利，共同收取魏某共计人民币 31.5 万元，为魏某谋取利益，两人的行为均已构成受贿罪。刘某、胡某两人还以非法占有为目的，伙同他人利用媒体采访新闻的权利，以所谓“新闻曝光”或“删除处理网络信息”为由，勒索他人财物共计人民币 17.8 万元，数额巨大，两人的行为又构成敲诈勒索罪。法院最终判决刘某犯受贿罪和敲诈勒索罪，决定判处有期徒刑 14 年，并处没收财产人民币 10 万元，罚金人民币 5 万元。

基于上述事实，国家新闻出版广电总局于 2015 年 6 月 25 日作出决定，将刘某列入新闻采编不良从业行为记录，终身禁止从事新闻采编工作。

北京市第一中级人民法院认为：从形式上看，被诉决定与行政处罚类似，但结合新闻采编从业行政许可管理制度的具体规定来看，本案被诉决定并不产生剥夺刘某从事新闻采编工作资格的法律效果，故不应当属于行政处罚。刘某受到的刑事处罚致使其落入相关行政许可法律规范所确定的不予许可的人员范围，从而导致相关许可资格的丧失，即从刑事处罚生效之日起，刘某即已丧失了从事新闻采编工作的资格。被诉决定仅是对刘某所处的既定法律状态进行阐明与告知，本身并不单独产生剥夺刘某从事新闻采编工作资格之法律效果，故不属于行政处罚。

如上所述，被诉决定并非行政处罚，而仅是对刘某所处的既定法律状态予以确认与宣告。被诉决定实际上会对刘某权益造成一定影响，刘某提起本案诉讼具有值得保护的诉讼利益，将被诉决定纳入上述兜底性条款所确立的受案范围符合该条法律规定的立法本意。

（2018 年第 7 辑《人民法院案例选》）

9.13 行政拘留

【参考案例】

司某立与山东省东明县公安局治安行政处罚案

原告：司某立。

被告：山东省东明县公安局。

2013 年 2 月 8 日 15 时许，原告司某之子司某驾车行至东明县长兴集乡长兴集村时，与路边卖烟花爆竹的李某某摊位发生刮擦，因修车双方发生争吵，李某某的亲戚张某到场后，与司某发生争吵后相互殴打，司某闻讯后过去与张某发生矛盾，是否殴打双方说法不一致。2 月 8 日，被告东明县公安局接到报案后，次日受理了该案，并对原告之子司某作出行政拘留 15 日、罚款 1 000 元的行政处罚。3 月 10 日，东明县公安局以情节比较复杂为由批准延长了 30 天办案期限。3 月 25 日，被告对原告司某立作出行政拘留 10 日、罚款 500 元的处罚。3 月 26 日，被告根据原告申请对原告作出暂缓执行行政拘留决定。

山东省东明县人民法院于 2014 年 1 月 28 日作出（2014）东行初字第 33 号行政判决：撤销被告东明县公安局作出的东公行罚决字（2013）00214 号治安行政处罚决定。宣判后，被告东明县公安局不服，提起上诉。山东省菏泽市中级人民法院于 2014 年 4 月 21 日作出（2014）菏行终字第 43 号行政判决：驳回上诉，维持原判。

法院生效裁判认为：关于本案中被上诉人司某立是否存在结伙殴打原审第三人张某的违法事实，经查，从上诉人东明县公安局提交的证据看，证人证言彼此存有矛盾，不能排除合理怀疑。此外，上诉人主张被上诉人与司某结伙殴打原审第三人，但对司某的治安行政处罚并未适用《治安管理处罚法》第四十三条第一款有关“结伙殴打他人”的规定，仅适用了该法第四十三条第二款“殴打六十周岁以上的人”的规定，并未对司某结伙殴打他人的事实予以认定，而被诉处罚决定却认定被上诉人与司某结伙殴打他人的违法事实，与上诉人对司某的治安行政处罚决定存有矛盾。因此，上诉人提交的证明被上诉人结伙殴打原审第三人的证据并不充分，上诉人作出被诉治安行政处罚决定的证据不足。

关于被诉治安行政处罚决定的程序问题。本案中，上诉人对被上诉人作出的行政拘留10日、罚款500元的行政处罚，属于较重行政处罚，且上诉人因“案件情节复杂”延长了办案期限，符合上述法律规定中应当集体讨论的情形。但是，上诉人并未提供被诉处罚决定经过“集体讨论”的任何证据，属程序严重违法。

（2016年第5辑《人民法院案例选》）

9.14 其他行政处罚

【参考案例】

上诉人汝州市公安交通警察大队与黄某行政处罚案

上诉人（原审被告）：汝州市公安交通警察大队。

被上诉人（原审原告）：黄某。

2016年4月13日21时10分，黄某在汝州市中大街实施了饮酒后驾驶机动车的违法行为，被汝州市公安交通警察大队执勤民警查获，民警对其使用酒精测试仪进行测试，检测结果是77 mg/100 mL。后民警口头传唤黄某至汝州市公安交通警察大队接受讯问处理。期间，汝州市公安交通警察大队制作的公安交通管理行政处罚告知笔录上显示：因黄某实施饮酒驾驶机动车的违法行为，拟对其作出暂扣驾驶证6个月，并处罚款1 500元的罚款。黄某对该公安交通管理行政处罚告知笔录签字认可，表明不陈述、不申辩。同日，汝州市公安交通警察大队对黄某罚款1 500元，同时根据《机动车驾驶证申领和使用规定》对黄某记12分。

河南省平顶山市中级人民法院认为，针对黄某饮酒后驾驶机动车的违法行为，汝州市公安交通警察大队在2016年4月13日作出豫公交决字（2016）第410482-2900186433号公安交通管理行政处罚决定，罚款1 500元，暂扣机动车驾驶证6个月，认定事实清楚、程序合法，适用法律正确，但汝州市公安交通警察大队依照《机动车驾驶证申领和使用规定》对黄某记12分，在作出记分行为前没有告知黄某享有陈述、申辩权，违反了正当程序原则，应予撤销。

（案例索引：河南省平顶山市中级人民法院（2017）豫04行终46号行政判决书）

甘某与某南大学开除学籍决定案

申请再审人（一审原告、二审上诉人）：甘某。

被申请人（一审被告、二审被上诉人）：某南大学。

最高法院认为：高等学校学生应当遵守《高等学校学生行为准则》《普通高等学校学生管理规定》，并遵守高等学校依法制定的校纪校规。学生在考试或者撰写论文过程中存在的抄袭行为应当受到处理，高等学校也有权依法给予相应的处分。但高等学校对学生的处分应遵守《普通高等学校学生管理规定》第五十五条的规定，做到程序正当、证据充足、依据明确、定性准确、处分恰当。特别是在对违纪学生作出开除学籍等直接影响受教育权的处分时，应当坚持处分与教育相结合原则，做到育人为本、罚当其责，并使违纪学生得到公平对待。违纪学生针对高等学校作出的开除学籍等严重影响其受教育权利的处分决定提起诉讼的，人民法院应当予以受理。人民法院在审理此类案件时，应依据法律法规、参照规章，并可参考高等学校不违反上位法且已经正式公布的校纪校规。

甘某作为在校研究生提交课程论文，属于课程考核的一种形式，即使其中存在抄袭行为，也不属于该项规定的情形。因此，某南大学开除学籍决定援引《某南大学学生管理暂行规定》第五十三条第（五）项和《某南大学学生违纪处分实施细则》第二十五条规定，属于适用法律错误，应予撤销。一、二审法院判决维持显属不当，应予纠正。鉴于开除学籍决定已生效并已实际执行，甘某已离校多年且目前已无意返校继续学习，撤销开除学籍决定已无实际意义，但该开除学籍决定的违法性仍应予以确认。综上，判决确认某南大学《关于给予硕士研究生甘某开除学籍处分的决定》违法。

（案例索引：最高人民法院（2011）行提字第12号行政判决书）

上诉人安徽某建设公司与芜湖市政府第一招标采购代理处合同纠纷案

上诉人（原审原告）：安徽某建设公司。

被上诉人（原审被告）：芜湖市政府第一招标采购代理处（以下简称芜湖招标代理处）。

2011 年 1 月 7 日，芜湖招标代理处受芜湖市 HA 房地产开发有限责任公司委托，对芜湖市长江湾小区二期工程进行公开招标。某建设公司参加了该次招投标活动，2011 年 3 月 7 日，某建设公司与芜湖招标代理处签订了一份《投标诚信保证合同》，并按合同约定向芜湖招标代理处交付了投标诚信保证金 500 万元。“诚信合同”还约定，本次招标文件中《芜湖市招标采购活动投标人诚信制度》（以下简称《诚信制度》）的内容为“诚信合同”的组成部分，若投标人存在《诚信制度》规定的不诚信行为，将以收缴诚信保证金的方式给予处理。2011 年 3 月 8 日，某建设公司获得了预中标资格。2011 年 4 月 6 日，芜湖招标代理处给某建设公司出具《招投标活动保证金收款通知书》，以芜湖市招标办《投诉处理决定书》为收款依据，通知某建设公司其交纳的本次招标项目诚信保证金不予返还。

芜湖招标代理处出具的《收款通知书》中“处罚行为”一栏载明：中标单位某建设公司项目经理张某有在建项目的管理任务，违反了《诚信制度》有关条款，按照相关法律法规，诚信保证金不予返还。“收款依据”一栏载明：芜湖市招标办出具的《投诉处理决定书》中心管委办（2011）32 号。“备注”栏载明：该项目招标文件、《投标人诚信承诺书》规定，我处不予退还中标单位所缴纳的诚信保证金，请贵单位凭本通知书办理相应账务处理手续。

本院认为：第一，从《诚信制度》的制定机关及其功能看，其是政府部门行使监督管理职能的一种具体方式。该制度是由芜湖市招标办制订，并经该市招标委员会通过后对外发布的，目的是规范市场主体的投标行为，促进招投标活动公开、公平、公正地开展，发挥招投标活动的有效功能。第二，从“诚信合同”签订过程看，双方当事人地位不平等。投标企业虽有是否参与投标的选择权，但只要参加投标，就必须接受交纳诚信保证金及相应数额的条件，并无协商的余地，不符合《民法通则》规定的民事活动应当遵循自愿、公平和等价有偿的原则。第三，从收取诚信保证金的主体看，并非合同相对人。《诚信制度》规定，如果投标企业有该制度规定的不诚信行为之一，其交纳的诚信保证金归国家所有，即合同当事人一方违约，并不是向合同的相对方承担合同责任，而是向合同外的第三人承担责任。虽然芜湖招标代理处称其代理的是财政资金或国有控股企业投资建设的建设工程项目招标事务，但与诚信保证金归国家所有，两者利益主体不完全一致。第四，从《收款通知书》内容看，具有处罚性。该《收款通知书》虽由芜湖招标代理处出具，但其清楚表明收款依据是其上级主管机关取消某建设公司预中标资格的行政处理决定，处罚的是“某建设公司的项目经理有在建项目的管理任务，违反了诚信制度有关条款”的行为，并未提及双方订立的“诚信合同”。第五，从投标不诚信行为所侵害的客体来看，并非“诚信合同”相对方的利益，而是建筑市场招投标活动秩序。据此，芜湖招标代理处将某建设公司交纳的诚信保证金收归国有，并非其行使合同当事人的民事权利，而是代其主管机关行使行政监管职能。而诚信保证金归国家所有，其实质是没收，属行政处罚的范畴。

综上，本案所涉“诚信合同”虽具有民事合同的外在形式，但其实质却是政府部门对招投标活动的一种监管方式，不予返还诚信保证金具有行政处罚的性质。故本案当事人之间的争议应属行政争议，不属民事法律调整的范畴。经本院审判委员会讨论决定，裁定驳回安徽某建设公司的起诉。

（案例索引：安徽省高级人民法院（2013）皖民四终字第00258号民事裁定书）

上诉人北京某机房设备有限公司与财政部行政处理案

上诉人（一审原告）：北京某机房设备有限公司。

被上诉人（一审被告）：中华人民共和国财政部。

二审法院认为：本案中，被诉决定书中确定的处罚内容，除没收违法所得外，相关法律规范并没有规定需要履行告知听证的程序，故财政部未予告知不违反法律规定。但同时需要指出的是，若在作出本案被诉决定书前，财政部针对没收违法所得决定履行了告知某公司享有申请听证的权利，而某公司又实际申请听证的情况下，基于本案各项拟处罚内容的相对人都是某公司、拟处罚的事实基础也均相同的情形，财政部在实际组织听证过程中，可以对其余决定一并进行听证。由于财政部在本案中并没有告知及组织听证，且没收违法所得决定因程序违法等原因被撤销后，某公司事实上确实丧失了若财政部遵守法定程序而带来的对其余决定一并组织听证的利益，但该事实上可能享有利益的丧失并不足以导致应认定被诉决定书的其余决定违法，或应予以撤销。

本案在对某公司进行处罚的过程中，在该公司提出陈述、申辩的情况下，财政部应当对其陈述、申辩履行复核的程序，但财政部未提供有效证据证明其履行了复核程序。鉴于本案一、二审审理程序中，财政部通过提交答辩状、当庭陈述等方式，进一步说明了其未予采纳某公司陈述、申辩的理由，结合本案已认定某公司存在恶意串通的事实等情况，财政部没有履行复核程序，未对某公司的陈述、申辩权造成实质损害，对此应确认财政部作出除没收违法所得决定以外的其余决定程序轻微违法，但不撤销该部分处罚。而在此本院需要着重指出的是，行政相对人就拟将对其作出的行政处罚所进行的陈述和申辩，是行政相对人享有的法定的、重要的程序性权利。相对于陈述、申辩的程序性权利，处罚机关负有进行听取并复核的法定义务。复核过程中处罚机关应判断行政相对人的陈述和申辩能否成立，在必要情况下甚至可通过适当形式将是否采纳陈述和申辩意见的结果告知行政相对人，并根据情况说明理由。上述复核过程应当制作相应的载体，应诉时应作为履行行政处罚程序的证据向人民法院提交。因此，财政部在今后的行政处罚执法过程中，应正视行政相对人所享有的陈述权和申辩权，充分保障上述权利的行使和自身复核等义务的履行。

综上，判决确认中华人民共和国财政部作出的《行政处罚决定书》（财库〔2016〕202 号）中处以人民币 2 790 元的罚款、列入不良行为记录名单、在一年内禁止参加政府采购活动的行政处罚决定违法。

（案例索引：北京市高级人民法院（2017）京行终 4824 号行政判决书）

第 10 条　法律的处罚设定权

第十条　法律可以设定各种行政处罚。

限制人身自由的行政处罚，只能由法律设定。

【立法说明】

时任全国人大常委会秘书长曹志 1996 年 3 月 12 日在八届全国人大四次会议上所作的《关于〈中华人民共和国行政处罚法（草案）〉的说明》中指出：行政处罚的设定权，必须符合我国的立法体制。根据宪法，我国法制体系是统一的，又是分层次的。同时要考虑各类行政处罚的不同情况，区别对待。既要对现行某些不规范的做法适当改变，又要考虑我国法制建设的实际情况。

根据以上原则，草案对行政处罚的设定权问题，作如下规定：第一，行政处罚基本上由法律和行政法规设定。其中，人身罚由于涉及公民的人身自由权，应由法律规定，现在也是这么办的。行政法规可以设定除限制人身自由以外的行政处罚。

行政处罚法规定，法律可以设定各种行政处罚。限制人身自由的行政处罚，只能由法律规定。法律可以设定行政处罚法中规定的 13 种行政处罚，同时还可以设定行政处罚法中没有现定的其他行政处罚。行政处罚法还明确规定了限制人身自由的行政处罚，只能由法律设定，这是法律的专有权力，行政法规或者地方性法规都无权规定限制人身自由的行政处罚。

【参阅案例】

收容教育废止之路：全国人大常委会首次回应公民的合宪性审查申请

2020年4月2日，国务院总理李克强签署第726号国务院令，废止包括《卖淫嫖娼人员收容教育办法》在内的多个行政法规。这一动作，被视作2013年废止劳动教养制度的“姊妹篇”，在中国法治进程、人权保障方面具有标志性意义。随着726号令的签署，实施近30年的《卖淫嫖娼人员收容教育办法》终于成为历史。

2014年前后，一系列扫黄行动让卖淫嫖娼这一地下产业走进公众视野。不少人此时才知道，性工作者被抓后面临的不仅是罚款、拘留，还有可能被收容6个月到2年。收容他们的依据，源自1991年全国人大常委会发布的一份“决定”以及国务院随后制定的《卖淫嫖娼人员收容教育办法》。

在此一年前，全国人大常委会废止了标志性的劳动教养制度，引发不少法律人关注。在法律界，收容遣送、劳动教养、收容教育三个制度一直被认为是“法外之刑”。前两项制度的废除，让不少人看到废除收教制度的希望。有关收容教育的法律规定与《宪法》《立法法》《行政处罚法》《行政强制法》等多部国内法律存在冲突，也违背比例原则、一事不再罚原则、尊重和保障人权原则等若干法律原则。

1991年，全国人大常委会制定《关于严禁卖淫嫖娼的决定》，明确：对于卖淫嫖娼人员，可以由公安机关会同有关部门强制集中进行法律、道德教育和生产劳动，使之改掉恶习，期限为6个月至2年。1993年，国务院根据授权进一步制定《卖淫嫖娼人员收容教育办法》。当时有法律人士认为，收容教育有了较完整的法律依据。

但对收容教育制度的争论也逐渐开始。除了在法律层面存在争议，实践之中收容教育制度也存在“教育”效果不明显、自由裁量权过大创造“寻租”空间等问题。

法规备案审查室是全国人大常委会法工委在2004年5月成立的工作机构，负责对法规的审查要求与审查建议进行先期研究，确认是否进入启动程序，然后交由各专门委员会进行审查。全国人大法工委备案审查室工作人员介绍，2018 年 8 月，全国人大常委会法工委、全国人大监司委、公安部、司法部等有关部门组成联合调研组，到近 3 年来新收容教育人数最多的省份江苏省，就收容教育制度的存废问题开展调研。在实地调研中，调研组了解到，收容教育还存在人员男女性别比例严重失调的现象，被收容的多为女性，嫖娼人员往往以罚代“拘”。

2018 年年末，法工委在提交给全国人大常委会的备案审查工作报告中明确提出，“我们建议有关方面适时提出相关议案，废止收容教育制度”。2019 年 12 月 28 日，十三届全国人大常委会第十五次会议以 168 票赞同、0 票反对、0 票弃权通过了《全国人民代表大会常务委员会关于废止有关收容教育法律规定和制度的决定》，自 2019 年 12 月 29 日起施行。

2020 年 4 月 2 日，国务院总理李克强签署第 726 号国务院令，公布《国务院关于修改和废止部分行政法规的决定》。其中就包括 1993 年 9 月 4 日国务院令第 127 号公布的《卖淫嫖娼人员收容教育办法》。从这天起，实施 30 年的收容教育制度彻底终结。这也是全国人大常委会法制机构第一次对公民提出的合宪性审查申请作出回应。

（2020 年 4 月 6 日《南方都市报》）

第 11 条　行政法规的处罚设定权

第十一条　行政法规可以设定除限制人身自由以外的行政处罚。

法律对违法行为已经作出行政处罚规定，行政法规需要作出具体规定的，必须在法律规定的给予行政处罚的行为、种类和幅度的范围内规定。

法律对违法行为未作出行政处罚规定，行政法规为实施法律，可以补充设定行政处罚。拟补充设定行政处罚的，应当通过听证会、论证会等形式广泛听取意见，并向制定机关作出书面说明。行政法规报送备案时，应当说明补充设定行政处罚的情况。

【立法说明】

2020 年 10 月 13 日全国人民代表大会宪法和法律委员会在《关于〈中华人民共和国行政处罚法（修订草案）〉修改情况的汇报》中指出：修订草案第十二条第三款对地方性法规补充设定行政处罚作了规定。有些常委委员、地方和社会公众提出，适当扩大地方性法规设定行政处罚的权限是必要的，建议进一步明确范围、完善程序，增加约束性要求。同时，司法部建议对行政法规补充设定行政处罚也作出相应规定。宪法和法律委员会经研究，建议增加规定："法律对违法行为未作出行政处罚规定，行政法规为实施法律，可以补充设定行政处罚。拟补充设定行政处罚的，应当通过听证会、论证会等形式广泛听取意见，并向制定机关作出书面说明。行政法规报送备案时，应当说明补充设定行政处罚的情况。"

2021 年 1 月 12 日，法制工作委员会召开会议，邀请部分全国人大代表和行政执法机关、乡镇街道、专家学者、企业等就《行政处罚法》修订草案中主要制度规范的可行性、出台时机、实施的社会效果和可能出现的问题等进行评估。与会人员普遍认为，完善行政处罚制度，是法治政府建设的重要内容，修改行政处罚法是必要和及时的。修订草案坚持以习近平法治思想为指导，巩固行政执法领域重大改革成果，回应人民群众期待和实践需求，健全行政处罚实体和程序规则，制度规范可行。修订草案充分吸收了各方面意见，已经比较成熟，建议尽快通过实施。与会人员还对修订草案提出了一些具体修改意见，宪法和法律委员会进行了认真研究，对有的意见予以采纳。

扫码获取

· 作者零距离

· 法律思维课

第 12 条　地方性法规的设定处罚权

第十二条　地方性法规可以设定除限制人身自由、吊销营业执照以外的行政处罚。

法律、行政法规对违法行为已经作出行政处罚规定，地方性法规需要作出具体规定的，必须在法律、行政法规规定的给予行政处罚的行为、种类和幅度的范围内规定。

法律、行政法规对违法行为未作出行政处罚规定，地方性法规为实施法律、行政法规，可以补充设定行政处罚。拟补充设定行政处罚的，应当通过听证会、论证会等形式广泛听取意见，并向制定机关作出书面说明。地方性法规报送备案时，应当说明补充设定行政处罚的情况。

【立法说明】

时任全国人大常委会秘书长曹志 1996 年 3 月 12 日在八届全国人大四次会议上所作的《关于〈中华人民共和国行政处罚法（草案）〉的说明》中指出：地方性法规可以在一定范围内对某些行政处罚作出规定，作为补充。已经有法律、行政法规的，地方性法规只能结合本地具体情况，在法律、行政法规规定的给予行政处罚的行为、种类和幅度的范围内予以具体化。已经制定的法律、行政法规规定的行政处罚的种类中没有罚款的，地方性法规和规章不能增加规定罚款的行政处罚。

全国人大常委会法制工作委员会副主任许安标 2020 年 6 月 28 日在第十三届全国人民代表大会常务委员会第二十次会议上所作的《关于〈中华人民共和国行政处罚法（修订草案）〉的说明》中指出，现行行政处罚法第十一条规定：“地方性法规可以设定除限制人身自由、吊销企业营业执照以外的行政处罚。”“法律、行政法规对违法行为已经作出行政处罚规定，地方性法规需要作出具体规定的，必须在法律、行政法规规定的给予行政处罚的行为、种类和幅度的范围内规定。”多年来，一些地方人大同志反映，现行行政处罚法中有关地方性法规设定行政处罚的规定限制过严，地方保障法律法规实施的手段受限，建议扩大地方性法规的行政处罚设定权限。为充分发挥地方性法规在地方治理中的作用，增加规定：地方性法规为实施法律、行政法规，对法律、行政法规未规定的违法行为可以补充设定行政处罚。地方性法规拟补充设定行政处罚的，应当通过听证会、论证会等形式听取意见，并向制定机关作出说明。

2020 年 10 月 13 日全国人民代表大会宪法和法律委员会《关于〈中华人民共和国行政处罚法（修订草案）〉修改情况的汇报》中指出：修订草案第十二条第三款对地方性法规补充设定行政处罚作了规定。有些常委委员、地方和社会公众提出，适当扩大地方性法规设定行政处罚的权限是必要的，建议进一步明确范围、完善程序，增加约束性要求。同时，司法部建议对行政法规补充设定行政处罚也作出相应规定。宪法和法律委员会经研究，建议增加规定：“法律对违法行为未作出行政处罚规定，行政法规为实施法律，可以补充设定行政处罚。拟补充设定行政处罚的，应当通过听证会、论证会等形式广泛听取意见，并向制定机关作出书面说明。行政法规报送备案时，应当说明补充设定行政处罚的情况。”并对地方性法规补充设定行政处罚的规定作相应完善。

【参阅案例】

河北省人大常委会“露天焚烧秸秆没有当事人的，由农业经营主体承担责任”规定修改完善

根据公民审查建议，对河北省人大常委会《关于促进农作物秸秆综合利用和禁止露天焚烧的决定》中有关“露天焚烧秸秆没有当事人的，由农业经营主体承担责任，可以对农业经营主体主要负责人处罚款”的规定，进行审查研究。经沟通，河北省人大常委会表示将对该规定进行修改完善。

——全国人民代表大会常务委员会法制工作委员会关于 2018 年备案审查工作情况的报告

杭州一辆电动自行车牵动全国人大常委会

根据2016年浙江省一位公民提出的审查建议，对有关地方性法规在法律规定之外增设“扣留非机动车并托运回原籍”的行政强制的问题进行审查研究，经与制定机关沟通，相关地方性法规已于2017年6月修改。

——全国人民代表大会常务委员会法制工作委员会关于十二届全国人大以来暨2017年备案审查工作情况的报告

2015 年 10 月，浙江省杭州市居民潘洪斌骑行的一辆电动自行车被杭州交警依据《杭州市道路交通安全管理条例》扣留。潘洪斌认为，该条例在道路交通安全法的有关规定之外，增设了扣留非机动车并托运回原籍的行政强制手段，违反了法律规定。因此，潘洪斌于2016年4月致信全国人大常委会提出审查建议，建议对《杭州市道路交通安全管理条例》进行审查，请求撤销该条例中违反行政强制法设立的行政强制措施。

虽然此事只是缘起于一辆电动自行车，但涉及地方性法规的合法性、公民财产权利的保护。事关重大，不可不察。全国人大常委会法制工作委员会根据审查建议，就《杭州市道路交通安全管理条例》有关规定的相关问题进行了监督纠正。

党的十八届四中全会决定要求，加强备案审查制度和能力建设，把所有规范性文件纳入备案审查范围，依法撤销和纠正违宪违法的规范性文件，禁止地方制发带有立法性质的文件。规范性文件的备案审查是我国一项宪法性制度。对法规和司法解释进行备案审查是全国人大常委会监督宪法和法律实施的一个重要方式。2004年，全国人大常委会法工委设立了法规备案审查室作为专门备案审查工作机构。

近年来，全国人大常委会法工委坚决贯彻落实党中央精神，按照全国人大常委会部署，对工作中发现的法规、司法解释中同宪法或者法律相抵触的问题，依法履行职责，不断增强纠错刚性和力度，提高监督实效。2016 年，全国人大常委会工作报告指出，要认真做好对各方面提出的审查建议的研究处理、反馈等工作，维护国家法制统一和宪法权威。

因此，由一辆电动自行车牵涉出来的地方条例是否违反上位法的问题，引起了全国人大常委会的高度重视。

收到审查建议后，全国人大常委会法工委向杭州市人大常委会发函，请其就有关问题作出说明。杭州市人大常委会责成有关部门对审查建议进行研究后，书面反馈了意见。全国人大常委会法工委对条例制定机关反馈的意见进行了认真研究，认为条例关于扣留非机动车并强制托运回原籍的规定与行政强制法的规定不一致。

结论是与上位法规定“不一致”，说明公民潘洪斌发现的问题和提出的建议有道理。全国人大常委会法工委就上述问题与杭州市人大常委会进行沟通，要求制定机关进行研究，对条例规定进行修改。

2016 年 11 月，杭州市人大常委会、浙江省人大常委会法工委有关负责人专程到北京报告条例制定和执行中的有关情况，听取对条例的审查研究意见。之后，杭州市人大常委会和有关部门着手研究条例修改方案，决定将条例的修改列入 2017 年立法计划，同时委托专家学者对本届人大任期内制定的全部地方性法规的合法性问题进行全面审查。

全国人大常委会法工委按照有关规定向提出审查建议的公民潘洪斌进行了书面反馈。立法法明确规定，全国人民代表大会有关的专门委员会和常务委员会工作机构应当按照规定要求，将审查、研究情况向提出审查建议的国家机关、社会团体、企业事业组织以及公民反馈，并可以向社会公开。

2016 年，全国人大常委会共接收公民、组织提出的审查建议 92 件，对其中属于全国人大常委会备案审查范围的逐件进行了审查研究，并提出研究意见，对不属于全国人大常委会审查范围的都及时移交有权审查的机关处理。

潘洪斌，杭州市的一位公民，没有因为电动自行车被查扣就选择放弃，而是积极行使法律赋予公民提请审查建议的权利，通过致信全国人大常委会，争取到了修改地方条例的机会，积极维护自身和潜在被处罚人的合法权益。

综观全过程，公民潘洪斌、全国人大常委会、地方人大常委会在法律框架下形成良性互动，规范行使着权利和权力。

（2017 年 2 月 26 日新华社）

李慧娟与“洛阳种子案”

2001 年 5 月 22 日，洛阳市汝阳县种子公司委托伊川县种子公司代为繁殖一种玉米杂交种子，双方约定了收购种子的价格等具体内容，并约定无论种子市场形势好坏，伊川县种子公司生产的合格种子必须无条件全部供给汝阳县种子公司，汝阳县种子公司也必须全部接收。2003 年年初，汝阳县种子公司向洛阳市中级人民法院提起诉讼，称伊川县种子公司没有履行双方签订的合同，将繁殖的种子卖给了别人，给他们造成了巨大的经济损失，请求法院判令伊川县种子公司赔偿。洛阳市中级人民法院依法对此案进行了审理。在审理过程中，伊川县种子公司同意赔偿，但在赔偿损失的计算方法上却与汝阳县种子公司存在巨大差异。汝阳县种子公司认为，玉米种子的销售价格应依照《种子法》的相关规定，按市场价执行；伊川县种子公司则认为，应当依据《河南省农作物种子管理条例》及省物价局、农业厅根据该《条例》制定的《河南省主要农作物种子价格管理办法的通知》的相关规定，按政府指导价进行赔偿。“市场价”和“政府指导价”两者差距甚大，达 60 多万元。

时年 30 岁拥有中国政法大学刑法学硕士学位的法官李慧娟担任该案的审判长。对其中涉及法律适用的问题，经过洛阳中院审委会讨论通过后，李慧娟在判决书中解释说：“《种子法》实施后，玉米种子的价格已由市场调节，《河南省农作物种子管理条例》作为法律阶位较低的地方性法规，其与《种子法》相冲突的条款自然无效，而河南省物价局、农业厅联合下发的《通知》又是依据该条例制定的一般性规范性文件，其与《种子法》相冲突的条款亦为无效条款。

2003 年 5 月 27 日，洛阳中院对此案作出一审判决，基本支持原告汝阳县种子公司的诉讼请求，判令被告伊川县种子公司赔偿原告汝阳县种子公司经济损失近 60 万元及其他费用。后双方均不服，上诉至河南省高级人民法院。

2003年7月15日，洛阳市人大常委会向河南省人大常委会就该案种子经营价格问题发出请示。10月13日，河南省人大常委会法制室发文答复表示，经省人大主任会议研究认为，《河南省农作物种子管理条例》第36条关于种子经营价格的规定与《种子法》没有抵触，应继续适用。答复还指出："洛阳中院在其民事判决书中宣告地方性法规有关内容无效，这种行为的实质是对省人大常委会通过的地方性法规的违法审查，违背了我国的人民代表大会制度，侵犯了权力机关的职权，是严重违法行为"，要求洛阳市人大常委会"依法行使监督权，纠正洛阳中院的违法行为，对直接负责人员和主管领导依法作出处理，通报洛阳市有关单位，并将处理结果报告省人大常委会"。同一天，河南省人大常委会办公厅还向河南省高级法院发出通报，称"1998年省高级法院已就沁阳市人民法院在审理一起案件中错误地审查地方性法规的问题通报全省各级法院，洛阳中院却明知故犯"，"请省法院对洛阳中院的严重违法行为作出认真、严肃的处理"，"并将处理结果报告省人大常委会"。2003年11月7日，根据省、市人大常委提出的处理要求，洛阳中院党组拟出一份书面决定，准备撤销李慧娟的审判长职务，免去李某的助理审判员资格。

不久以后，李慧娟通过中国女法官协会向最高人民法院反映情况。此事件开始受到众多媒体关注。

2004年3月30日，最高人民法院对河南省高院就"河南省汝阳县种子公司与河南省伊川县种子公司玉米种子代繁合同纠纷"一案的请示作出答复（[2004]民二他字第6号）。最高院答复称《立法法》规定：法律的效力高于行政法规、地方性法规、规章。行政法规的效力高于地方性法规、规章；最高人民法院《关于适用〈中华人民共和国合同法〉若干问题的解释（一）》第四条规定：合同法实施以后，人民法院确认合同无效，应当以全国人大及其常委会制定的法律和国务院制定的行政法规为依据，不得以地方性法规、行政规章为依据。据此人民法院在审理案件过程中，认为地方性法规与法律、行政法规的规定不一致的，应当适用法律、行政法规的相关规定。2004年4月1日，河南省第十届人大常委会第八次会议通过《河南省实施〈中华人民共和国种子法〉办法》（以下简称《实施办法》），第二十八条宣布："本办法自2004年7月1日起施行，……《河南省农作物种子管理条例》同时废止。"在《实施办法》中，原《河南种子条例》）第三十六条"种子的收购和销售必须严格执行省内统一价格，不得随意提价”的规定被废止。

由于事件在舆论和专家、学者、法律界人士的关注下逐渐发生戏剧性的转折和趋向明朗化，提请洛阳市人大常委会讨论的法定程序就一直没有进行。李慧娟也一直没有收到法院送达的任何书面处理意见。

(2004年2月6日《中国青年报》)

第 13 条　国务院部门规章的处罚设定权

第十三条　国务院部门规章可以在法律、行政法规规定的给予行政处罚的行为、种类和幅度的范围内作出具体规定。

尚未制定法律、行政法规的，国务院部门规章对违反行政管理秩序的行为，可以设定警告、通报批评或者一定数额罚款的行政处罚。罚款的限额由国务院规定。

【参考案例】

再审申请人如东某化工有限公司与江苏省市场监督管理局行政处罚案

再审申请人（一审原告、二审上诉人）：如东某化工有限公司（以下简称某公司）。

被申请人（一审被告、二审被上诉人）：江苏省市场监督管理局。

最高法院认为：

第一，关于质检办特函 1015 号文的合法性。原国家质检总局根据《特种设备安全法》第八条第二款的授权，制定了特种设备安全技术规范即《特种设备使用管理规则》，并于 2017 年 8 月 1 日起施行。该规则系《特种设备安全法》的配套技术规范，具有强制性。根据《特种设备安全法》《特种设备安全监察条例》等规定，特种设备的检验不仅应当遵守法律、行政法规的规定，还应当遵守特种设备安全技术规范。特种设备安全监督管理部门以及特种设备生产使用单位应当严格执行。原质检总局办公厅为更好地贯彻落实《特种设备使用管理规则》，于 2017 年 7 月 28 日下发质检办特函 1015 号文，该通知主要系对《特种设备使用管理规则》有关执行和实施问题作出解释和说明，系有权机关就其根据法律授权制定的强制性技术规范作出的解释性文件。

第二，关于苏政办发 30 号文的合法性。苏政办发 30 号文中规定的“2017 年年底前，10 蒸吨/小时及以下燃煤锅炉全部淘汰或实施清洁能源替代”系江苏省政府基于环境保护的目的，依据江苏省大气环境质量实际情况作出的统筹规划。江苏省人民政府作为江苏省的地方人民政府，有权根据本行政区域内的大气环境质量，制定关于燃煤锅炉的质量标准，符合相关法律法规规定。

第三，关于通质技监发 205 号文的合法性。通质技监发 205 号文规定“2018 年 1 月 1 日后，检验机构对南通地区 10 蒸吨以下（含 10 蒸吨）燃煤锅炉应不再进行检验”，亦符合上述文件通知及《特种设备使用管理规则》的规定。本案中，某公司申请定期检验的燃煤锅炉型号为 0.5 蒸吨/小时，其申请定期检验的时间为 2018 年 2 月。如东特检所收到某公司的申请后作出《关于锅炉检验申请的回复》，告知某公司对涉案锅炉不再进行检验，同时告知某公司若将锅炉燃料改为清洁能源并按文件要求提交相应材料，如东特检所可按某公司要求在约定日期进行检验并无不当。据此，裁定驳回再审申请人某公司的再审申请。

（案例索引：最高人民法院（2020）最高法行申 3758 号行政裁定书）

第 14 条　地方政府规章的处罚设定权

第十四条　地方政府规章可以在法律、法规规定的给予行政处罚的行为、种类和幅度的范围内作出具体规定。

尚未制定法律、法规的，地方政府规章对违反行政管理秩序的行为，可以设定警告、通报批评或者一定数额罚款的行政处罚。罚款的限额由省、自治区、直辖市人民代表大会常务委员会规定。

【参考案例】

西藏自治区人民政府规章关于不当扣除村民委员会成员报酬的规定被纠正

西藏自治区人大常委会法工委对自治区人民政府制定的《西藏自治区陆生野生动物造成公民人身伤害或者财产损失补偿办法》进行了审查。审查发现,《办法》第二十三条“村（居）民委员会负责人弄虚作假或者不依照本办法规定向乡（镇）人民政府、街道办事处报送申请补偿表的，扣除国家给予的 6 个月的报酬”的规定有失妥当。

经研究，法工委认为，该规定存在以下问题：

第一，从权利和义务的对等性来看，村民委员会获得报酬是由于履行了《村民委员会组织法》中规定的工作职责，而损害补偿的相关工作是协助政府所做的工作，不宜以协助工作中的失职而扣除其履行村委会成员职责所获得的工作报酬。

第二，《公务员法》第八十四条规定，“任何机关不得违反国家规定自行更改公务员工资、福利、保险政策，擅自提高或者降低公务员的工资、福利、保险待遇。任何机关不得扣减或者拖欠公务员的工资”，可见，法律明确保障国家公务员获得工资不被任意克扣的权利，村民委员会成员作为村民自治组织，在协助从事公务时，参照适用公务员的相关规定，村民委员会成员获得报酬的权利也应当获得类似的保障。

第三，村民委员会的一切活动依据是《村民委员会组织法》，其中并没有涉及扣除村民委员会成员补贴的内容，地方政府规章直接规定此项内容有失妥当。据此，自治区人大常委会法工委建议制定机关对该办法进行修改。

制定机关已按照自治区人大常委会的有关建议，对《办法》进行了修改。

（来源：中国人大网）

湖南《岳阳市城区禁止燃放烟花爆竹管理办法》关于执法主体、行政处罚的规定被纠正

2017 年 10 月，湖南省人大常委会法工委对岳阳市人民政府报送备案的《岳阳市城区禁止燃放烟花爆竹管理办法》（以下简称《办法》）进行了审查。审查发现，《办法》第九条规定，“对未经许可举办焰火晚会或者其他大型焰火燃放活动，或者获得许可但未按照指定的时间、地点和燃放作业单位违反焰火燃放安全规程燃放的，由城管行政执法部门责令停止燃放，对责任单位处两万元以上五万元以下罚款”。该条规定的执法主体与国务院《烟花爆竹安全管理条例》第四十二条关于违法行为处罚主体的规定不一致。另外，《办法》第十条规定，“提供婚丧喜庆服务的酒店、宾馆等经营者未履行告知、劝阻或者报告义务，致使在其市容环境卫生责任区内发生燃放烟花爆竹或者施放电子礼炮行为的，由城管行政执法部门对提供婚丧喜庆服务的酒店、宾馆等经营者处以五百元以上一千元以下罚款”。国务院《城市市容和环境卫生管理条例》和《烟花爆竹安全管理条例》对该违法行为没有设定行政处罚，《办法》属于超越权限增设行政处罚。省人大常委会法工委备案审查处形成书面审查研究意见，提请省人大常委会法制委、法工委主任办公会议研究通过后，向岳阳市人大常委会发函，建议其督促岳阳市人民政府尽快予以修改。

岳阳市人民政府根据审查研究意见对相关条款进行了修改，修改后的《办法》

由岳阳市人民政府法制办重新报备。

（来源：湖南人大网）

某盐业进出口有限公司苏州分公司与江苏省苏州市盐务管理局盐业行政处罚案

（指导案例5号，最高人民法院审判委员会讨论通过，2012年4月13日公布）

2007年11月12日，某盐业进出口有限公司苏州分公司（以下简称某公司）从江西等地购进360吨工业盐。苏州盐务局认为某公司进行工业盐购销和运输时，应当按照《江苏盐业实施办法》的规定办理工业盐准运证，某公司未办理工业盐准运证即从省外购进工业盐涉嫌违法。2009年2月26日，苏州盐务局经听证、集体讨论后认为，某公司未经江苏省盐业公司调拨或盐业行政主管部门批准从省外购进盐产品的行为，违反了《盐业管理条例》第二十条，《江苏盐业实施办法》第二十三条、第三十二条第（二）项的规定，并根据《江苏盐业实施办法》第四十二条的规定，对某公司没收违法购进的精制工业盐121.7吨、粉盐93.1吨，并处罚款122 363元。

江苏省苏州市金阊区人民法院于2011年4月29日以(2009)金行初字第0027号行政判决书，判决撤销苏州盐务局（苏）盐政一般（2009）第001-B号处罚决定书。

法院生效裁判认为：苏州盐务局系苏州市人民政府盐业行政主管部门，根据《盐业管理条例》第四条和《江苏盐业实施办法》第四条、第六条的规定，有权对苏州市范围内包括工业盐在内的盐业经营活动进行行政管理，具有合法执法主体资格。

苏州盐务局对盐业违法案件进行查处时，应适用合法有效的法律规范。《立法法》规定，法律的效力高于行政法规、地方性法规、规章；行政法规的效力高于地方性法规、规章。苏州盐务局的具体行政行为涉及行政许可、行政处罚，应依照《行政许可法》《行政处罚法》的规定实施。法不溯及既往是指法律的规定仅适用于法律生效以后的事件和行为，对于法律生效以前的事件和行为不适用。《行政许可法》第八十三条第二款规定，本法施行前有关行政许可的规定，制定机关应当依照本法规定予以清理；不符合本法规定的，自本法施行之日起停止执行。因此，苏州盐务局有关法不溯及既往的抗辩理由不成立。根据《行政许可法》第十五条第一款、第十六条第三款的规定，在已经制定法律、行政法规的情况下，地方政府规章只能在法律、行政法规设定的行政许可事项范围内对实施该行政许可作出具体规定，不能设定新的行政许可。法律及《盐业管理条例》没有设定工业盐准运证这一行政许可，地方政府规章不能设定工业盐准运证制度。根据《行政处罚法》的规定，在已经制定行政法规的情况下，地方政府规章只能在行政法规规定的给予行政处罚的行为、种类和幅度内作出具体规定，《盐业管理条例》对盐业公司之外的其他企业经营盐的批发业务没有设定行政处罚，地方政府规章不能对该行为设定行政处罚。

人民法院审理行政案件，依据法律、行政法规、地方性法规，参照规章。苏州盐务局在依职权对某公司作出行政处罚时，虽然适用了《江苏盐业实施办法》，但是未遵循《立法法》关于法律效力等级的规定，未依照《行政许可法》和《行政处罚法》的相关规定，属于适用法律错误，依法应予撤销。

第 15 条　定期评估制度

第十五条　国务院部门和省、自治区、直辖市人民政府及其有关部门应当定期组织评估行政处罚的实施情况和必要性，对不适当的行政处罚事项及种类、罚款数额等，应当提出修改或者废止的建议。

【立法说明】

这是本次修订的新增条款。

2020 年 10 月 13 日全国人民代表大会宪法和法律委员会《关于〈中华人民共和国行政处罚法（修订草案）〉修改情况的汇报》中指出：中央编办提出，为了简政放权、优化营商环境，应当定期对已经设定的行政处罚进行评估，减少不必要的行政处罚事项。宪法和法律委员会经研究，建议增加规定："国务院部门和省、自治区、直辖市人民政府及其有关部门应当定期组织评估行政处罚的实施情况和必要性，对不适当的行政处罚事项，应当提出修改或者废止的建议。"

【参阅案例】

不少地方罚没收入逆势上升，国办督查室建议审查行政处罚依据

"一些基层政府过度使用行政处罚手段，在今年财政收入增速普遍下降或负增长的情况下，不少地方罚没收入逆势上升。处罚对象主要是小微企业和个体工商户，一定程度上抵消了保市场主体政策和'放管服'改革的成效。"

2020 年，按照国务院第七次大督查的统一部署，14 个国务院督查组分赴 14 个省（区、市）和新疆生产建设兵团开展实地督查，其中，部分督查组反映了上述问题。

国务院办公厅督查室在近日公布的通报中建议，严密监测各地罚没收入走势，密切关注异常增长地区。对各部门现有行政处罚事项的依据开展合法性审查，坚决清理各种表述含混、更新滞后、脱离实际的行政处罚事项，为企业创造良好营商环境。

（2020 年 11 月 30 日澎湃新闻）

第 16 条　规范性文件不得设定处罚

第十六条　除法律、法规、规章外，其他规范性文件不得设定行政处罚。

【立法资料】

《国务院办公厅关于加强行政规范性文件制定和监督管理工作的通知》（国办发〔2018〕37 号）明确：行政规范性文件是除国务院的行政法规、决定、命令以及部门规章和地方政府规章外，由行政机关或者经法律、法规授权的具有管理公共事务职能的组织依照法定权限、程序制定并公开发布，涉及公民、法人和其他组织权利义务，具有普遍约束力，在一定期限内反复适用的公文。制发行政规范性文件是行政机关依法履行职能的重要方式，直接关系群众切身利益，事关政府形象。

【司法性文件】

最高人民法院行政审判庭关于对包头市人民政府办公厅转发《包头市城市公共客运交通线路经营权有偿出让和转让的实施办法》中设定罚则是否符合法律、法规规定问题的答复

（〔1997〕行他字第 11 号）

内蒙古自治区高级人民法院：

你院《关于对包头市人民政府办公厅转发〈包头市城市公共客运交通线路经

营权有偿出让和转让的实施办法〉中设定罚则是否符合法律、法规问题的请示》收悉。经研究，答复如下：

包头市人民政府办公厅转发的包头市城乡建设局《包头市城市公共客运交通线路经营权有权出让和转让的实施办法》中设定的行政处罚种类，缺乏法律、法规依据，不宜作为审查被诉行政行为是否合法的根据。

此复。

最高人民法院

1997年6月2日

【参考案例】

某公司与厦门海关行政处罚决定案

原告：福建省厦门某仓储有限公司。

被告：中华人民共和国厦门海关。

福建省高级人民法院二审认为：我国是社会主义法治国家，什么样的行为违法，对违法行为人给予何种处罚，都应当由相关法律、法规来规定，各法律、法规的具体规定之间不必然具有参照适用的效力。最高人民法院《关于审理非法出版物刑事案件具体应用法律若干问题的解释》，是对人民法院审理非法出版物刑事案件中存在的法律适用问题进行解释，仅限于人民法院审理此类刑事案件时适用。国家工商行政管理局《关于投机倒把违法违章案件非法所得计算方法问题的通知》，亦仅限于工商行政管理机关处理投机倒把违法违章案件时适用。上述两个文件均与认定走私案件的违法所得无关。海关总署政法司的复函，既不是法律、法规和规章，也不是海关总署为具体应用法律、法规和规章作出的解释，仅是海关总署内设机构对相关法律问题表达的一种观点，依法不能作为行政案件的审判依据。况且对违法行为人投入的经营费用应否从违法所得中扣除，这三份文件也没有明确、统一的标准，不具有参考价值。综上，福建省高级人民法院于2005年10月14日判决驳回上诉，维持原判。

（2006年第6期《最高人民法院公报》）

再审申请人沈某与海安市市场监督管理局行政处罚案

再审申请人（一审第三人、二审被上诉人）：沈某。

再审申请人（一审被告、二审被上诉人）：海安市市场监督管理局（以下简称海安市监局）。

2015 年 12 月 14 日，沈某向海安市监局举报，称其从江苏乐天玛特商业有限公司海安店购买河豚鱼干食用后中毒，要求海安市监局予以查处。2016 年 7 月 15 日，海安市监局决定责令乐天玛特海安店立即改正违法行为并给予罚款 50 000 元的行政处罚。

江苏省高级人民法院再审认为：

海安市监局作出行政处罚决定时，由于既没有河豚鱼干的国家标准，亦没有地方标准，因此河豚鱼干是否符合食品安全标准应根据《食品安全法》第一百五十条进行认定。《食品安全法》第一百五十条规定，食品安全是指食品无毒、无害，符合应有的营养要求，对人体健康不造成任何急性、亚急性或者慢性危害。海安市监局主张涉案河豚鱼干属于不符合食品安全标准的食品，应当提供证据证明涉案河豚鱼干有毒、有害，不符合应有的营养要求，对人体健康会造成急性、亚急性或者慢性危害。但海安市监局始终未能提供证据予以证明。故海安市监局认定涉案河豚鱼干属于不符合食品安全标准的食品缺乏相应证据。

违法事实是否存在不能进行推定。沈某以及海安市监局强调〔2015〕624 号《复函》明确规定，“河豚鱼属于《食品安全法》第三十四条禁止经营不符合食品安全要求的食品。”“对销售河豚鱼的，依照《食品安全法》第一百二十四条的规定予以处罚。”沈某以及海安市监局据此认为，河豚鱼属于不符合食品安全标准的食品，河豚鱼干亦属于不符合食品安全标准的食品；河豚鱼禁止销售，河豚鱼干亦应当禁止销售。本院认为，河豚鱼含有河豚毒素是众所周知的事实，食用河豚鱼导致死亡的实例亦确实存在，但河豚鱼干与河豚鱼并非同一概念，河豚鱼经过去毒、清洗、腌渍、晾晒等程序加工成河豚鱼干，河豚鱼干未必仍然含有河豚毒素，食用河豚鱼干未必对人体健康造成急性、亚急性或者慢性危害。认定河豚鱼干属于不符合食品安全标准的食品应当依据证据，而不是依据“河豚鱼有毒则河豚鱼干有毒”进行简单的推定。

有关河豚鱼、河豚鱼干的生产、加工、销售等，各级行政主管部门先后下发多份规范性文件。1999年国家卫生部门印发《关于进一步加强河豚鱼卫生监督管理工作的通知》，严令禁止批准河豚鱼及其制品生产加工；农办渔〔2016〕53号通知规定，从事河豚养殖及河豚制品加工均应具备相应的条件，并非任何食品加工企业均可从事河豚鱼的养殖和加工；江苏省食药监局〔2016〕57号《批复》规定，河豚鱼干系由不符合食品安全的河豚鱼加工制作而成，食用风险较大，宜参照〔2015〕624号《复函》依法规范并查处销售河豚鱼干的行为。沈某以及海安市监局主张，根据上述文件的规定，河豚鱼干系由不符合食品安全的河豚鱼加工制作而成，应当禁止销售，否则应当予以处罚。海安市监局的上述主张依法不能成立：根据《行政诉讼法》第六十三条的规定，人民法院审理行政案件依据法律、法规，参照规章。根据上述规定，人民法院在审查被诉行政行为合法性时，不得依据规章以下的规范性文件。海安市监局列举的上述通知、复函、批复等均属于规章以下的规范性文件，且在相关法律、法规、规章未禁止加工、销售河豚鱼干，在相关企业办理营业执照、食品生产许可证的情况下，有关规范性文件禁止加工、销售河豚鱼干，并要求对加工、销售河豚鱼干进行处罚，明显无上位法依据。故上述规范性文件不能作为审查被诉159号《行政处罚决定书》合法性的依据。

需要强调的是，河豚鱼是长江中下游著名美食之一，有着悠久的食用历史。由于河豚鱼含有大量的河豚毒素，如果加工不当，河豚鱼干仍然会危及消费者的身体健康甚至生命。但由于相关法律、法规以及规章均未禁止将河豚鱼加工成河豚鱼干进行销售，故市场监管部门应当依法加大监管力度，确保消费者的身体健康，而不是简单地否定河豚鱼干的生产与销售。在法律、法规以及规章未禁止加工河豚鱼干进行销售的情况下，如何规范河豚鱼干的生产与销售已成为市场监管部门的重要课题之一。由于加工后的河豚鱼干未必含有河豚毒素，故尽管目前河豚鱼干尚未有国家标准和地方标准，但市场监管部门接到消费者举报后，仍然应当委托鉴定机构对河豚鱼干进行鉴定，首先判断河豚鱼干是否含有河豚毒素，进而判断是否符合应有的营养要求，是否会对人体健康造成任何急性、亚急性或者慢性危害，而不能依据“河豚鱼有毒则河豚鱼干有毒”进行简单的推定。

（案例索引：江苏省高级人民法院（2018）苏行申124号行政裁定书）

陕西省企业质量管理中心与陕西省市场监督管理局行政处罚案

原告：陕西省企业质量管理中心。

被告：陕西省市场监督管理局。

法院认为：关于本案的规范性文件审查主要围绕以下两个焦点问题。

第一，《指导意见》是否对外公开发布。本院认为，规范性文件的公开发布程序涉及规范性文件的正式性及对外的效力性，一部未经公开的规范性文件不能作为执法依据对外产生法律效力。对于规范性文件应当如何履行公开发布程序，目前尚无法律统一规定，实践中应当遵循正当法律程序以及结合行政执法实践去判断。通常认为，规范性文件的公开发布应当由制定机关统一登记、编号、印发，并及时通过政府公报、政府网站、政务媒体、报刊等渠道向社会公开发布，不应以内部文件的形式印发执行。《指导意见》旨在引导各地、各级工商行政管理机关规范行使自由裁量权、统一执法尺度、提高执法的质量和水平。作为内部文件亦可以在行政执法中发挥指引性、参考性的作用，但不应当在行政处罚决定中作为法律依据予以援引和适用，亦不能作为人民法院认定行政处罚合法的依据。对此本院予以指出，望被告陕西省市场监督管理局在今后的工作中加以改正。第二，《指导意见》是否存在与法律、法规、规章相抵触的情形。本院经审查认为，《指导意见》是在《行政处罚法》设定的种类和幅度范围内，结合执法实践，对如何行使自由裁量权进行的规定。不存在设定处罚种类和幅度的情形，亦不存在与行政处罚法及其他上位法相抵触、相冲突的情形。

（案例索引：北京市西城区人民法院（2019）京0102行初352号行政判决书）

上海某船舶燃料有限公司与上海市质量技术监督局行政处罚决定案

原告：上海某船舶燃料有限公司。

被告：上海市质量技术监督局。

2016 年 4 月 1 日至 11 月，上海某公司销售不符合本市规定的质量标准的 0 号普通柴油 687 吨，决定给予下列行政处罚：1.责令停止销售违法产品；2.处违法销售产品货值金额 0.5 倍的罚款 1 640 500 元；3.没收违法所得 41 841.2 元；罚没款共计 1 682 341.2 元。

上海市第三中级人民法院二审认为：

一、市质量技术监督管理部门可以根据实际情况，会同有关部门制定严于国家标准的车、船、非道路移动机械燃料地方质量标准。本市销售的车、船、非道路移动机械燃料必须符合国家和本市规定的质量标准。在进一步强化大气污染治理，改善环境空气质量，保障人民群众身体健康，大力推进生态文明建设的指导思想下，经上海市环境保护局牵头由六部门共同制定 110 号文，提前实施《普通柴油》（GB 252—2015）的有关规定，具有充分的政策、法律基础和现实可行的必要性。

二、110 号文作为《上海市大气污染防治条例》第四十七条所规定的燃料地方质量标准，严于《普通柴油》（GB 252—2015）的规定，同样构成了检验、判定上海市生产、销售的普通柴油产品质量的依据。换言之，以“法律、法规的其他规定”对外的地方质量标准，是独立于《上海市产品质量条例》第二十七条前三项规定的检验、判定产品质量的依据，是与国家标准、行业标准、地方标准和企业标准相区别的检验、判定产品质量的依据。

三、是否报送备案并非规范性文件的生效要件。结合本案而言，110 号文经制定、发布、公布、施行，具备作为实施行政管理依据的行政法律效力。需要指出的是，110 号文制定后，牵头制定机关未依第 26 号市府令报送市人民政府备案，工作上确有不规范之处，应以此为戒。然而，这并不构成 110 号文不得作为实施行政管理依据的足够理由，该问题应通过行政机关内部对规范性文件报备情况督促检查的法定途径予以解决。

综上所述，上诉人上海某公司在上海市销售不符合 110 号文要求的案涉 0 号普通柴油的违法行为，应当给予相应的行政处罚，但就本案具体情况而言，案情具有一定的特殊性。由于 110 号文规定提前实施更为严格的油品标准，自 2016 年 4 月 1 日起在上海市全面停止供应、销售和使用不符合硫含量不大于 50 毫克每千克要求的普通柴油已成必然，故从企业经营角度而言，上海某公司之前在上海市储存储备的普通柴油必须退出上海市市场，由此需要一定的时间及成本用于调整经营。故可从行政裁量上依法调整处罚的基数，进一步提升被诉处罚决定的适当性，以更好地体现坚持处罚与教育相结合的行政处罚原则。即对于上海市质监局认定上海某公司自2016年4月至6月共计销售225吨、货值金额973 850元所作的行政处罚计486 925元依法予以减除。鉴于此，法院酌情变更被诉处罚决定的主文内容，原审判决亦应予以撤销。

（2020年第10期《最高人民法院公报》）

徐某与修水县畜牧水产局行政处罚案

上诉人（原审原告）：徐某。

被上诉人（原审被告）：修水县畜牧水产局。

二审法院认为：被上诉人修水县畜牧水产局依据《修水县畜牧水产局生猪定点屠宰管理实施细则》第十六条，对上诉人徐某作出行政处罚，该《修水县畜牧水产局生猪定点屠宰管理实施细则》属于规范性文件，但不能作为行政处罚依据。行政处罚决定书认定上诉人徐某违反了《生猪屠宰管理条例》第二条和《生猪屠宰管理条例实施办法》第四十四条的规定，但以上条文仅规定限制跨区域经营，而对跨区域经营行为并未规定处罚细则。因此，该行政处罚缺乏法律依据。

（案例索引：江西省九江市中级人民法院（2018）赣04行终18号行政判决书）

第 17 条　处罚的实施

第十七条　行政处罚由具有行政处罚权的行政机关在法定职权范围内实施。

【立法说明】

时任全国人大常委会秘书长曹志 1996 年 3 月 12 日在八届全国人大四次会议上所作的《关于〈中华人民共和国行政处罚法（草案）〉的说明》中指出：行政处罚权是一项重要的国家行政权，应当由行政机关来行使。这是行政处罚与刑事处罚（由法院判决）不同的一个重要特点。因此，草案规定，行政处罚由具有行政处罚权的行政机关在法定职权范围内实施。第一，不是所有的行政机关都有行政处罚权，哪些行政机关有行政处罚权，由法律和行政法规规定。第二，行政机关只能对自己主管业务范围内的违反行政管理秩序的行为给予行政处罚。第三，每个行政机关有权给予什么种类的行政处罚，依法律、法规规定。

【司法性文件】

最高人民法院关于工商行政管理机关能否对建筑领域转包行为进行处罚及法律适用问题的答复

（〔2009〕行他字第 6 号）

湖北省高级人民法院：

你院《关于工商行政管理机关能否对建筑领域转包行为进行处罚及法律适用

问题的请示》收悉。经研究，并经征求国务院法制办公室意见，答复如下：

《中华人民共和国建筑法》第七十六条第一款中的“有关部门”指的是铁路、交通、水利等专业建设工程主管部门，不包括工商行政管理部门。除根据该条第二款吊销营业执照外，工商行政管理部门查处非法转包建筑工程行为缺乏法律依据。

此复。

2009年11月19日

【参考案例】

上海某混凝土有限公司与上海市奉贤区人民政府责令关闭行政决定案

上海某混凝土有限公司成立于2006年2月，位于黄浦江上游沿岸，经营范围包括混凝土生产、加工、销售。2010年3月，该公司住所地和实际生产经营地被划入上海市黄浦区上游饮用水水源二级保护区。2015年2月，上海市奉贤区人民政府以该公司在饮用水水源二级保护区内从事混凝土制品制造，生产过程中排放粉尘、噪声等污染物为由，作出责令该公司关闭的决定。

上海市高级人民法院二审认为，该公司从事的混凝土生产客观上存在粉尘排放，按照常理具有对水体产生影响的可能性，现有证据不能证明该粉尘排放确实没有对水体产生影响，区政府责令其关闭，于法有据，故判决驳回上诉、维持原判。

本案是涉及饮用水水源保护的典型案例。饮用水安全与人民群众健康息息相关。近年来，饮用水水源安全问题倍受社会关注，2008年修订的《水污染防治法》明确了国家建立饮用水水源保护区制度。本案中，虽然涉案区域被划为二级水源保护区系在该公司成立之后4年，但是该公司继续生产排放粉尘等污染物可能会对水体产生影响，故人民法院依法支持了区政府作出的责令关闭行政决定，有利于保护人民群众饮水安全。当然，政府其后对因环保搬迁的企业应当依法给予合理补偿。

（选自2016年人民法院环境保护行政案件典型案例）

蒿某诉武汉市公安局硚口区分局不履行法定职责案

再审申请人（一审原告、二审被上诉人）：蒿某。

被申请人（一审被告、二审上诉人）：武汉市公安局硚口区分局。

2015 年 7 月 6 日 16 时 37 分许，蒿某拨打 110 电话报警，称在武汉市硚口区人民法院 3 楼办公室被他人殴打受伤。110 报警台指令民警处警，处警民警赶到现场后，将纠纷双方带到硚口公安分局所属长丰派出所并移交给该所受理。

再审法院认为，本案中，打人者李某的行为违反了《民事诉讼法》第一百一十一条第一款第（四）项的规定，同时也违反了《治安管理处罚法》第四十三条的规定，属于一个违法行为同时违反了两个不同的法律规范，硚口法院可以以妨害民事诉讼对违法行为人实施司法处理，硚口公安分局也可以按照《治安管理处罚法》的相关规定实施行政处理。蒿某报警后，硚口公安分局及时出警，积极调查，符合《人民警察法》《110 接处警工作规则》的相关规定。由于本案的特殊性，硚口公安分局通过与硚口法院的协调，明确对李某打人一事由法院来进行处理，硚口公安分局对蒿某的报警事项不予处理，不属于不履行法定职责的情形。

（案例索引：湖北省高级人民法院（2018）鄂行再 3 号行政裁定书）

某保险公司怒江营销服务部与怒江州工商行政管理局行政处罚案

上诉人（原审被告）：怒江州工商行政管理局。

被上诉人（原审原告）：某保险公司怒江营销服务部。

二审法院认为，根据《保险法》第九条第一款国务院保险监督管理机构依法对保险业实施监督管理。《国务院关于成立中国保险监督管理委员会的通知》明确中国保险监督管理委员会，是全国商业保险的主管部门，为国务院直属事业单位，根据国务院授权履行行政管理职能，依照法律、法规统一监督管理保险市场。《中国保险监督管理委员会主要职责内设机关和人员编制规定》主要职责第（七）项规定：依法对保险机构和保险从业人员的不正当竞争等违法、违规行为以及对非法保险机构经营或变相经营保险业务进行调查、处罚。最高人民法院《关于审理涉及保险公司不正当竞争行为的行政处罚案件时如何确定行政主体问题的复函》（法函〔2003〕65号）明确规定人民法院在审理涉及保险机构不正当竞争行为的行政处罚案件时，应当以中国保险监督管理委员会作为有权进行调查、处罚的主体。

就此，《保险法》及相关行政法规规定了对保险机构和保险从业人员的不正当竞争等违法、违规行为的调查、处罚权属中国保险监督管理委员会。由此可见，上诉人怒江州工商局对被上诉人某保险公司怒江营销部不正当竞争行为不具备行政执法主体。

（来源：泸水市人民法院司法信息网）

第 18 条　处罚的权限

第十八条　国家在城市管理、市场监管、生态环境、文化市场、交通运输、应急管理、农业等领域推行建立综合行政执法制度，相对集中行政处罚权。

国务院或者省、自治区、直辖市人民政府可以决定一个行政机关行使有关行政机关的行政处罚权。

限制人身自由的行政处罚权只能由公安机关和法律规定的其他机关行使。

【立法说明】

全国人大常委会法制工作委员会副主任许安标 2020 年 6 月 28 日在第十三届全国人民代表大会常务委员会第二十次会议上所作的《关于〈中华人民共和国行政处罚法（修订草案）〉的说明》中指出，根据党和国家机构改革和行政执法体制改革要求，明确综合行政执法的法律地位，增加规定：国家在城市管理、市场监管、生态环境、文化市场、交通运输、农业等领域实行综合行政执法，相对集中行政处罚权，由一个行政机关统一实施相关领域的行政处罚。

2020 年 10 月 13 日全国人民代表大会宪法和法律委员会《关于〈中华人民共和国行政处罚法（修订草案）〉修改情况的汇报》中指出：修订草案第十七条第一款对综合行政执法作了规定。有些常委委员、部门、地方和社会公众提出，综合行政执法改革正在推进过程中，需要根据实践总结完善，立法应当为改革探索留有空间。宪法和法律委员会经研究，建议修改为："国家在城市管理、市场监管、生态环境、文化市场、交通运输、农业等领域推行建立综合行政执法制度，相对集中行政处罚权。"

全国人民代表大会宪法和法律委员会 2021 年 1 月 20 日《关于〈中华人民共

和国行政处罚法（修订草案）〉审议结果的报告》指出：修订草案二次审议稿第十八条第三款规定，限制人身自由的行政处罚权只能由公安机关行使。有的部门、地方提出，根据反间谍法和国家情报法的规定，国家安全机关也可以行使限制人身自由的行政处罚权，需要做好衔接。宪法和法律委员会经研究，建议修改为："限制人身自由的行政处罚权只能由公安机关和法律规定的其他机关行使。"

【参考案例】

上诉人西安市临潼区人民政府与西安某公司违法案

上诉人（一审被告）：西安市临潼区人民政府。

被上诉人（一审原告）：西安某公司。

2017年6月12日，西安市临潼区发展和改革委员会向某公司发出《责令限期整改通知书》，10月18日，区环保委再次向某公司发出《责令限期整改通知书》，载明："……现责令你单位于2017年10月18日立即进行整改。如不进行整改，我单位报请临潼区人民政府按照国务院规定的权限责令停业整顿或者关闭……"2017年10月19日，某公司的轧机设备被强制拆除。

一审法院判决确认临潼区人民政府于2017年10月19日对某公司轧机设备实施的强制拆除行为违法。临潼区人民政府不服提起上诉。二审庭审中，临潼区人民政府认可2017年10月19日强制拆除时，临潼区人民政府分管副区长在拆除现场。涉案设备当日因行政强制被拉走后仍未返还。

二审法院认为：

联合执法是指两个或两个以上行政执法机关，按照各自的职责范围，在实施行政执法时进行的联合行动。联合执法在于克服行政执法机关在执法权限单一的缺点，有利于解决特殊执法活动中执法环境多重性困难的问题，以提高执法效果。但因联合执法涉及多个行政机关的配合，超出单一行政机关的职责范围，因此联合执法需要经本级人民政府的批准，联合执法产生的法律责任应由批准实施联合执法的人民政府承担。本案中，临潼区人民政府是某公司整改工作的责任主体，2017年10月19日涉案强制拆除行为发生时，临潼区人民政府的分管副区长及区政府下属多个职能部门工作人员在拆除现场。据此，可以认定涉案强拆行为系临潼区人民政府组织实施的联合执法活动。故临潼区人民政府应为本案适格被告。

（案例索引：陕西省高级人民法院（2020）陕行终50号行政判决书）

熊某与施秉县人民政府行政处罚案

上诉人（一审被告）：施秉县人民政府。

被上诉人（一审原告）：熊某。

一审第三人：施秉县监察局。

原告熊某夫妇于2010年3月10日购得位于施秉县某镇自来水厂前面的土地两块，2013年至2014年年初，在未取得相关建房审批许可的情况下，自行修建房屋。施秉县综合行政执法局以原告违法占地和违法建设为由，于2014年1月22日拆除了原告修建的房屋基脚、围墙。在没有作出任何行政处罚决定的情况下，施秉县综合行政执法局要求原告将89 582元罚款汇入第三人施秉县监察局廉政账户。原告汇款后，第三人施秉县监察局于2014年1月27日向原告熊某出具了一张加盖施秉县监察局单位公章的贵州省政府非税收入通用收据，收入项目为违规资金，金额为89 582元。

2013年11月7日，施秉县机构编制委员会印发的《关于设立施秉县综合行政执法局的通知》，明确施秉县综合行政执法局是集中行使行政处罚权的县政府直属财政全额预算管理正乡级事业机构，该机构未取得贵州省人民政府批复。

二审法院认为，本案中，施秉县综合行政执法局以熊某违法占地和违法建设为由，指令熊某将罚款汇入施秉县监察局的账户。作出该罚款处罚决定的主体实质是施秉县综合行政执法局。而施秉县综合行政执法局系施秉县人民政府组建，并赋予集中行使行政处罚权的机构，但其属不具备独立承担法律责任能力的机构，不是适格的行政主体，故本案适格被告是组建该机构的施秉县人民政府。

施秉县综合行政执法局在有管理职权的行政机关未依照法律规定的程序对相对人作出行政处罚的情况下，即以自己名义对熊某进行违法占地和违法建设罚款处罚，程序违法，属越权行为。熊某诉请撤销施秉县人民政府对其的罚款处罚，但因施秉县人民政府未作出书面处罚决定并送达熊某，不具有撤销对象，且熊某本身存在违法占地和违法建设的行为，而熊某在交纳上述款项后，有关管理部门给其补办了相关建房用地手续，改判确认上诉人施秉县人民政府对被上诉人熊某作出罚款 89 582 元的行政行为违法。

（案例索引：贵州省高级人民法院（2017）黔行终 783 号行政判决书）

第19条　授权执法

第十九条　法律、法规授权的具有管理公共事务职能的组织可以在法定授权范围内实施行政处罚。

【参考案例】

溆浦县某医院诉浦县邮电局不履行法定职责案

原告：湖南省溆浦县某医院。

被告：湖南省溆浦县邮电局。

湖南省卫生厅、省邮电局〔1997〕15 号《关于规范全省“120”医疗急救专用电话管理的通知》规定医疗机构申请开办急救中心、开通“120”急救电话的程序是，经当地卫生行政部门指定并提交书面报告，由地、市卫生行政部门审核批准后，到当地邮电部门办理“120”急救电话开通手续。1997 年 8 月 15 日，湖南省卫生厅确认原告县某医院是一所功能较全、急诊科已达标的二级甲等综合医院，具备设置急救中心的条件。同年 12 月 8 日，溆浦县卫生局指定县某医院开办急救中心，开通“120”急救电话。同日，县某医院向被告县邮电局提交了《关于开通“120”急救专用电话的报告》，并经县长和主管副县长批示同意。同年 12 月 13 日，县邮电局为县某医院安装了“120”急救电话，并在《市内电话装拆移换机及改名过户工作单》上写明：12 月 16 日安装完毕，装机工料费按 3 323 208 元计收，但是该电话一直未开通。1998 年 7 月 20 日，县邮电局为没有经过卫生行政主管部门指定和审批的溆浦县人民医院开通了“120”急救电话。7 月 24 日，县某医院向怀化市卫生局提出《关于请求设置“120”医疗急救专用电话的报告》。7月25日，该报告得到市卫生局批准。7月27日，县某医院再次书面请求县邮电局开通“120”急救电话，县邮电局仍拒不开通。

怀化市中级人民法院经审理认为：

长期以来，我国对邮电部门实行政企合一的管理模式。邮电部门既具有邮电行政主管机关的职权，又参与邮电市场经营。经过改革，目前虽然邮政和电信初步分离，一些电信部门逐渐成为企业法人，但是由于电信行业的特殊性，我国电信市场并未全面放开，国有电信企业仍然是有线通信市场的单一主体，国家对电信方面的行政管理工作，仍然要通过国有电信企业实施。这些国有电信企业沿袭过去的做法行使行政管理职权时，应视为《行政诉讼法》所指的“由法律、法规授权的组织”。

15号文件下发给地、市和县级的卫生行政主管部门以及邮电局，正说明政府要通过这些职能部门对“120”急救电话的开通实施行政管理。邮电局执行这个文件时与被审查的医疗机构之间发生的关系，不是平等的民事关系，而是特殊的行政管理关系。它们之间因此发生争议而引起的诉讼，不是民事诉讼，而是行政诉讼。尽管行政诉讼中的被告通常是行政机关，但是为了维护行政管理相对人的合法权益，监督由法律、法规授权的组织依法行政，将其列为行政诉讼的被告，适用行政诉讼法解决其与管理相对人之间的行政争议，有利于化解社会矛盾、维护社会稳定。

据此，怀化市中级人民法院于1998年10月28日判决限被上诉人溆浦县邮电局从接到本判决书的次日起15天内为上诉人溆浦县某医院履行法定职责。

（2000年第1期《最高人民法院公报》）

何某诉某科技大学拒绝授予学位案

（指导案例39号，最高人民法院审判委员会讨论通过，2014年12月25日发布）

原告何某系某科技大学武昌分校2003级通信工程专业的本科毕业生。武昌分校是独立的事业法人单位，无学士学位授予资格。根据国家对民办高校学士学位授予的相关规定和双方协议约定，被告某科技大学同意对武昌分校符合学士学位条件的本科毕业生授予学士学位，并在协议附件载明《某科技大学武昌分校授予本科毕业生学士学位实施细则》（以下简称《实施细则》）。2006年12月，某科技大学作出《关于武昌分校、文华学院申请学士学位的规定》，规定通过全国大学外语四级考试是非外国语专业学生申请学士学位的必备条件之一。

2007年6月30日，何某获得武昌分校颁发的《普通高等学校毕业证书》，由于其本科学习期间未通过全国英语四级考试，武昌分校根据上述《实施细则》，未向某科技大学推荐其申请学士学位。8月26日，何某向某科技大学和武昌分校提出授予工学学士学位的申请。2008年5月21日，武昌分校作出书面答复，因何某没有通过全国大学英语四级考试，不符合授予条件，某科技大学不能授予其学士学位。

湖北省武汉市洪山区人民法院于2008年12月18日作出（2008）洪行初字第81号行政判决，驳回原告何某要求被告某科技大学为其颁发工学学士学位的诉讼请求。湖北省武汉市中级人民法院于2009年5月31日作出（2009）武行终字第61号行政判决，驳回上诉，维持原判。

法院生效裁判认为：

一、被诉行政行为具有可诉性。根据《学位条例》等法律、行政法规的授权，被告某科技大学具有审查授予普通高校学士学位的法定职权。某科技大学有权按照与民办高校的协议，对于符合本校学士学位授予条件的民办高校本科毕业生经审查合格授予普通高校学士学位。某科技大学是本案适格的被告，何某对某科技大学不授予其学士学位不服提起诉讼的，人民法院应当依法受理。

二、被告制定的《实施细则》第三条的规定符合上位法规定。某科技大学在授权范围内将全国大学英语四级考试成绩与学士学位挂钩，属于学术自治的范畴。高等学校依法行使教学自主权，自行对其所培养的本科生教育质量和学术水平作出具体的规定和要求，是对授予学士学位的标准的细化，并没有违反《学位条例》第四条和《学位条例暂行实施办法》第二十五条的原则性规定。

三、对学校授予学位行为的司法审查以合法性审查为原则。各高等学校根据自身的教学水平和实际情况在法定的基本原则范围内确定各自学士学位授予的学术水平衡量标准，是学术自治原则在高等学校办学过程中的具体体现。在符合法律法规规定的学位授予条件前提下，确定较高的学士学位授予学术标准或适当放宽学士学位授予学术标准，均应由各高等学校根据各自的办学理念、教学实际情况和对学术水平的理想追求自行决定。对学士学位授予的司法审查不能干涉和影响高等学校的学术自治原则，学位授予类行政诉讼案件司法审查的范围应当以合法性审查为基本原则。

第 20 条　委托执法

第二十条　行政机关依照法律、法规、规章的规定，可以在其法定权限内书面委托符合本法第二十一条规定条件的组织实施行政处罚。行政机关不得委托其他组织或者个人实施行政处罚。

委托书应当载明委托的具体事项、权限、期限等内容。委托行政机关和受委托组织应当将委托书向社会公布。

委托行政机关对受委托组织实施行政处罚的行为应当负责监督，并对该行为的后果承担法律责任。

受委托组织在委托范围内，以委托行政机关名义实施行政处罚；不得再委托其他组织或者个人实施行政处罚。

【立法说明】

全国人民代表大会宪法和法律委员会 2021 年 1 月 22 日《关于〈中华人民共和国行政处罚法（修订草案三次审议稿）〉修改意见的报告》指出：有的常委会组成人员提出，行政处罚应当以行政机关实施为主，委托其他组织实施应当从严，坚持依法委托。宪法和法律委员会经研究，建议增加规定：委托应当采用书面形式；委托书应当载明委托的具体事项、权限、期限等内容；委托书应当公布。

【司法性文件】

全国人大常委会法制工作委员会关于地方性法规对法律规定的执法主体可否作出调整问题的答复

安徽省政府法制局1996年8月13日请示地方性法规对烟草专卖法中执法主体可否作出某些调整的规定，全国人大常委会法制工作委员会1996年9月20日答复如下：

《中华人民共和国烟草专卖法》法律责任一章中规定了烟草专卖行政管理部门、工商行政管理部门对烟草生产和市场管理的分工，明确了工商行政管理部门对市场上违法行为的行政处罚权。因此，地方性法规不应规定工商行政管理部门将这部分法定职责委托烟草专卖行政管理部门行使。

最高人民法院关于诉商业银行行政处罚案件的适格被告问题的答复

（〔2003〕行他字第11号）

北京市高级人民法院：

你院京高法〔2003〕191号《关于当事人不服商业银行行政处罚提起行政诉讼，应如何确定被告的请示》收悉，经研究，答复如下：

根据《中华人民共和国中国人民银行法》第十二条和《支付结算办法》第二百三十九条的规定，商业银行受中国人民银行的委托行使行政处罚权，当事人不服商业银行行政处罚提起行政诉讼的，应当以委托商业银行行使行政处罚权的中国人民银行分支机构为被告。

此复。

最高人民法院

2003年8月8日

【参考案例】

王某与赤壁市环保局环保行政处罚案

上诉人：王某。

被上诉人：赤壁市环境保护局（以下简称赤壁市环保局）。

原告王某于2008年在赤壁市车埠镇马坡村一组办塑料颗粒加工厂。2013年，赤壁市开展依法取缔违法塑料加工厂行动，鉴于废旧塑料加工行业环境影响评价报告书由咸宁市环保局审批，处罚权在咸宁市环保局。被告于2013年9月1日向咸宁市环保局申请受委托处罚权。2013年10月17日，咸宁市环保局作出《关于由赤壁市环保局行使对赤壁市境内违法塑料加工场行政处罚权的批复》，将依法由咸宁市环保局行使的对违法塑料加工场的行政处罚权授权赤壁市环保局行使。2013年9月10日，被告在对原告经营的塑料加工厂现场检查管理过程中，查明原告没有申请取得环境影响评价审批文件，且未建配套的环保设施，持续从事塑料加工生产。于2013年10月17日责令原告停止生产。

二审法院认为，咸宁市环保局依法对本行政区域内的废旧塑料加工生产具有行政管理的职能，咸宁市环保局在其法定权限内委托赤壁市环保局对赤壁市境内违法塑料加工场的行政处罚合法有效。本案中，被上诉人对上诉人的违法塑料加工场实施行政处罚是以自己的名义进行的，该行政行为超越了被上诉人的职权。判决撤销被上诉人赤壁市环保局赤环罚字（2013）11号行政处罚决定。

（案例索引：咸宁市中级人民法院（2014）鄂咸宁中行终字第27号行政判决书）

第21条　受托的组织

第二十一条　受委托组织必须符合以下条件：

（一）依法成立并具有管理公共事务职能；

（二）有熟悉有关法律、法规、规章和业务并取得行政执法资格的工作人员；

（三）需要进行技术检查或者技术鉴定的，应当有条件组织进行相应的技术检查或者技术鉴定。

【参考案例】

上诉人扶绥县市场监督管理局与扶绥县某食品加工厂行政处罚案

上诉人（一审被告）：扶绥县市场监督管理局。

被上诉人（一审原告）：扶绥县某食品加工厂。

扶绥县市场监督管理局于2018年11月9日3时派出工作人员到扶绥某食品加工厂对其生产的调制鲜湿米粉（榨粉）进行监督抽检，对其该批次生产的调制鲜湿米粉抽检取样40公斤。2018年12月11日，广西民生中检联检测有限公司出具《检验检测报告》，检验结论为“大肠菌群项目不符合《食品安全地方标准鲜湿类米粉》要求，检验结论为不合格”。于2019年3月12日对扶绥某加工厂决定：1. 没收违法所得人民币8元；2. 处以罚款人民币58 000元。

二审院认为：《食品检验机构资质认定条件》第十八条第三款规定，检验人员应当具有食品、生物、化学等相关专业专科及以上学历并具有1年及以上食品检测工作经历，或者具有5年及以上食品检测工作经历。根据查明的事实，检验人员黄某不满1年食品检测工作经历，其不具备从事食品微生物项目检测的资质条件。从黄某对涉案样品微生物检测工作的工作任务来看，并非系辅助性工作，其从事涉案样品微生物检测工作对涉案样品大肠菌群超标的结果构成实质性影响。据此，广西民生中检联检测有限公司出具的检验人签名为周某的《检验检测报告》不具有法律效力，不能作为扶绥县市场监督管理局对扶绥某食品加工厂作出行政处罚的事实依据。

（案例索引：广西壮族自治区崇左市中级人民法院（2020）桂14行终16号行政判决书）

上诉人刘某与祁县应急管理局行政处罚案

上诉人（原审原告）：刘某。

被上诉人（原审被告）：祁县应急管理局。

刘某自2018年年初开始购买柴油供自己车辆使用。2018年年底，刘某在车辆出售后将剩余柴油销售给王某，金额约为4 000元。2019年1月27日，祁县应急管理局决定给予责令停止经营活动，没收违法所得4 000元并处罚人民币12万元整的行政处罚。

二审法院认为：根据2019年4月2日的听证笔录记载，调查员陈述在2019年1月23日联合执法时发现刘某存储柴油的地埋罐里仍存有柴油，但祁县应急管理局并未直接提取检材。祁县应急管理局陈述是从平遥恒华电机厂院内王某购买的柴油进行了抽样取证，但王某在平遥县公安局卜宜派出所询问时陈述其购买的柴油存放在其改装的加油车内，该车被平遥县运管所工作人员查扣，而祁县应急管理局在原审提供的提取柴油视频显示是从油桶中抽出，虽然王某在平遥县安监局2019年4月3日的询问笔录中认可抽样的柴油是从祁县购买的柴油，但祁县应急管理局并未将该检材交由刘某予以确认，该局提交检验的柴油是否是刘某存储的柴油存疑。且祁县应急管理局对刘某存储的柴油是否是从大港油库购买，在听证时和本案二审答辩时的意见也相互矛盾。

祁县应急管理局单方委托检验机构进行检验，未征求刘某的意见，检验报告也未向刘某送达，剥夺了刘某相应权利。因此，祁县应急管理局认定刘某存储的柴油属于危险化学品，其检材来源及检验程序均不合法。

刘某未取得危险化学品经营许可证是客观事实。但祁县应急管理局亦认可刘某购买柴油是用于自己经营车辆。虽然根据刘某与王某的陈述，双方之间存在一次一吨柴油的交易行为，交易金额为 4 000 元，但该价格低于刘某陈述的购买柴油价格，且刘某之后再无其他交易行为，祁县应急管理局未提供证据证实刘某存在盈利或多次交易行为，因此祁县应急管理局认定刘某从事了经营危险化学品经营的行为，缺乏事实依据。

（案例索引：山西省晋中市中级人民法院（2020）晋 07 行终 51 号行政判决书）

上诉人正阳县市场监督管理局与正阳县某超市行政处罚案

上诉人（原审被告）：正阳县市场监督管理局。

被上诉人（原审原告）：正阳县某超市。

二审法院认为，涉案食品的生产厂家邢台锦东食品有限公司于 2019 年 8 月 6 日收到检验结果告知书，2019 年 8 月 12 日向上诉人正阳县市场监督管理局提出复检申请，但由于上诉人正阳县市场监督管理局送检过迟导致复检不能，且本案被上诉人正阳县某超市在购进涉案食品时履行了法律规定的进货查验等义务，也能如实说明其进货来源。故上诉人正阳县市场监督管理局采用初次检验结论作出被诉行政处罚决定事实依据不足。

（案例索引：河南省驻马店市中级人民法院（2020）豫 17 行终 129 号行政判决书）

上诉人昆明某科技开发有限公司与昆明市市场监督管理局行政处罚案

上诉人（原审原告）：昆明某科技开发有限公司（以下简称某公司）。

被上诉人（原审被告）：昆明市市场监督管理局（以下简称市场监管局）。

二审法院认为：

首先，市场监管局认定昆明某科技开发有限公司生产不合格天态有机肥，依据的是云南省化工产品质量监督检验站作出的《检验报告》。该报告由化工质监站于2019年4月29日作出，市场监管局于2019年5月5日送达给某公司并告知其可对检验结果提出异议。2019年5月14日，市场监管局向某公司送达《关于更正〈昆明市市场监督管理局检验结果告知书〉昆市的决定》，将提出异议、申请复检的期限从3日更正为15日。在此期间，化工质监站于2019年5月20日向市场监管局作出《关于生态有机肥检验报告更正的情况说明》，将抽检样品的生产日期进行了更正，但市场监管局并未将该情况说明送达给某公司也未将检验报告内容更正的事宜和更正时间告知某公司。化工质监站作出的《检验报告》系市场监管局认定某公司生产不合格天态有机肥的核心关键证据，生产者、销售者对检验结果申请复检是其法定权利，行政机关应充分保护行政相对人的该项权利，以确保检验结果的公正性和采信程序的合法性。本案中，市场监管局未能将更正后的检验结果告知或送达给某公司，未按照更正报告作出的时间重新计算某公司提出异议、申请复检的期间，损害了某公司在处罚决定作出前的合法救济权利。市场监管局以《检验报告》作出的相应事实认定程序违法。

其次，市场监管局在认定某公司存在上述三种违法行为的情形下，适用《工业产品生产许可证管理条例》第五十一条、《有机产品认证管理办法》第五十五条和《产品质量法》第五十条对某公司作出“1. 责令停止生产不合格产品；2. 没收违法生产的2 250袋（90吨）天态有机肥；3. 处违规生产、销售产品货值金额百分之五十罚款45 000元”的处罚决定。因市场监管局在处罚决定中未对每种违法行为分别处以的处罚种类和处罚幅度予以单独列明，导致无法审查其实施的处罚种类是否正确，处罚是否适当。故被诉《行政处罚决定书》存在适用法律不明确的违法情形。

综上所述，市场监管局对某公司作出的《行政处罚决定书》已达到应予撤销的违法程度，本院对该处罚决定合法性的其他方面不再予以审查评判。

（案例索引：云南省昆明市中级人民法院（2020）云01行终278号行政判决书）

上诉人天津市宝坻区生态环境局与北京某科技有限公司行政处罚案

上诉人（一审被告）：天津市宝坻区生态环境局。

被上诉人（一审原告）：北京某科技有限公司。

二审法院认为，《城镇污水处理厂污染物排放标准》中规定的城镇污水处理厂水污染物排放标准为日均值，采样频率为至少每2小时一次，取24小时混合样。宝坻区生态环境局以一次取样检测的数值认定某公司超标排放水污染物继而作出83号处罚决定违反了《城镇污水处理厂污染物排放标准》的规定，故83号处罚决定适用法律错误，应予撤销。

（案例索引：北京市第四中级人民法院（2019）京04行终6号行政判决书）

第22条　地域管辖

第二十二条　行政处罚由违法行为发生地的行政机关管辖。法律、行政法规、部门规章另有规定的，从其规定。

【参考案例】

原告杜某与中华人民共和国自然资源部不履行法定职责案

原告：杜某。

被告：中华人民共和国自然资源部。

2019年8月26日，原告向被告寄交《举报信》。原告的举报事项为：1. 依法查处被举报人洛阳市政府非法占用杜某集体土地的行政行为违法；2. 将查处结果书面回复杜某。被告收到原告的《举报信》后，于同年9月2日转送河南省自然资源厅。同年11月7日，被告收到原告寄交的《行政复议申请书》。原告以自然资源部为被申请人，请求：1. 依法确认自然资源部未对杜某的举报作出处理的行为违法；2. 责令自然资源部对杜某的举报事项依法履行监督查处的法定职责。

本院认为，行政复议法第二条规定，公民、法人或者其他组织认为行政行为侵犯其合法权益的，有权依法提出行政复议申请。也就是说，如果行政行为根本不可能侵犯公民、法人或者其他组织合法权益、对当事人的权利义务不产生实际影响的，不属于行政复议的范围。参照《最高人民法院关于适用〈中华人民共和国行政诉讼法〉的解释》第一条第二款第九项规定，行政机关针对信访事项作出的登记、受理、交办、转送、复查、复核意见等行为，不属于行政复议的范围。

参照（2005）行立他字第4号《最高人民法院关于不服县级以上人民政府信访行政管理部门、负责受理信访事项的行政管理机关以及镇（乡）人民政府作出的处理意见或者不再受理决定而提起的行政诉讼人民法院是否受理的批复》的规定，信访人对信访工作机构依据《信访条例》处理信访事项的行为或者不履行《信访条例》规定的职责不服申请行政复议的，因前述行为对信访人的权利义务不产生实际影响，不属于行政复议的受案范围。《行政处罚法》第二十条明确规定了对违法行为的属地管辖原则，即行政处罚由违法行为发生地的县级以上地方人民政府具有行政处罚权的行政机关管辖。属地管辖是行政机关管辖权分配的基本原则。根据《最高人民法院关于适用〈中华人民共和国行政诉讼法〉的解释》第十二条第五项规定，为维护自身合法权益向行政机关投诉，具有处理投诉职责的行政机关作出或者未作出处理的，举报人不服处理或不予处理行为，有权依法提起行政诉讼。适用该项规定的前提是，举报人要向具有处理投诉职责的行政机关举报。如果举报人违反属地管辖原则，向有处理权的行政机关的上级机关投诉，实质是向上级行政机关的信访行为，上级行政机关不履行对信访事项作出处理法定职责行为，对举报人的权利义务不产生实际影响，不属于行政诉讼的受案范围，亦不属于行政复议的受理范围。本案中，针对洛阳市政府的用地行为，原告直接向被告举报，实质是向被告信访的行为。被告对其信访事项的处理，不属于行政复议的受理范围。

（案例索引：北京市第一中级人民法院（2020）京01行初394号行政裁定书）

第23条　级别管辖

第二十三条　行政处罚由县级以上地方人民政府具有行政处罚权的行政机关管辖。法律、行政法规另有规定的，从其规定。

【参考案例】

上诉人莆田市某鞋业有限公司与莆田市涵江生态环境局行政处罚案

上诉人（原审原告）：莆田市某鞋业有限公司。

被上诉人（原审被告）：莆田市涵江生态环境局。

二审法院认为：职权法定原则是行政法的基本原则，行政机关要做到依法行政，首先必须有法律明确授予的行政职权，必须在法律规定的职权范围内活动。非经法律授权，行政机关不得作出行政管理行为；超出法律授权范围，行政机关不享有对有关事务的管理权，否则都属于行政违法。

被上诉人莆田市涵江生态环境局作出闽莆环罚（2019）237号《行政处罚决定书》的法律依据是《建设项目环境保护管理条例》第二十三条第一款，该法条只授权给县级以上环境保护行政主管部门，没有对派出机构进行授权。作为莆田市生态环境局的派出机构莆田市涵江生态环境局在没有法律法规授权的情况下，没有独立的法律地位，其法律责任应由其设立的机关莆田市生态环境局承担。2019年3月30日，莆田市生态环境局完成了机构改革，职责职能已调整到位。因此，自2019年3月30日起被上诉人莆田市涵江生态环境局在没有法律法规授权的情况下作出闽莆环罚（2019）237号《行政处罚决定书》，属超越职权行为，程序违法，依法应予撤销。

（案例索引：福建省莆田市中级人民法院（2020）闽03行终227号行政判决书）

上诉人赵某与国家市场监督管理总局不履行查处违法广告职责案

上诉人（一审原告）：赵某。

被上诉人（一审被告）：国家市场监督管理总局。

二审法院认为：根据《广告法》、参照《市场监督管理行政处罚程序暂行规定》《市场监督管理投诉举报处理暂行办法》的规定，县级以上地方市场监督管理部门主管本行政区域的广告监督管理工作；行政处罚由违法行为发生地的县级以上市场监督管理部门管辖。故国家市场监督管理总局不负有赵某举报要求履行的直接查处违法广告的职责，赵某诉请国家市场监督管理总局履行查处违法广告的职责缺乏基本的事实根据，不符合法定起诉条件，依法应予驳回。

（案例索引：北京市高级人民法院（2020）京行终6728号行政裁定书）

再审申请人广东省佛山市顺德区某居民委员会诉广东省自然资源厅不履行法定职责案

再审申请人（一审原告、二审上诉人）：广东省佛山市顺德区某居民委员会。

被申请人（一审被告、二审被上诉人）：广东省自然资源厅。

最高法院经审查认为：《国土资源行政处罚办法》第五条规定，国土资源违法案件由土地、矿产资源所在地的县级国土资源主管部门管辖，但法律法规以及本办法另有规定的除外。第六条规定，省级、市级国土资源主管部门管辖本行政区域内重大、复杂和法律法规规定应当由其管辖的国土资源违法案件。根据该规定，对国土资源违法行为的查处，一般由土地所在地的县级国土资源主管部门管辖，重大、复杂和法律法规规定的，才由省、市级国土资源主管部门管辖。本案中，广东省自然资源厅收到涉案申请后，经审查不属于应由其直接查处的事项，将相关材料转交佛山市国土资源和城乡规划局，要求该局进行调查处理，并无不当。

（案例索引：最高人民法院（2020）最高法行申 8063 号行政裁定书）

第 24 条　下放镇街

第二十四条　省、自治区、直辖市根据当地实际情况，可以决定将基层管理迫切需要的县级人民政府部门的行政处罚权交由能够有效承接的乡镇人民政府、街道办事处行使，并定期组织评估。决定应当公布。

承接行政处罚权的乡镇人民政府、街道办事处应当加强执法能力建设，按照规定范围、依照法定程序实施行政处罚。

有关地方人民政府及其部门应当加强组织协调、业务指导、执法监督，建立健全行政处罚协调配合机制，完善评议、考核制度。

【立法说明】

本条是本次修订的新增条款。

全国人大常委会法制工作委员会副主任许安标 2020 年 6 月 28 日在第十三届全国人民代表大会常务委员会第二十次会议上所作的《关于〈中华人民共和国行政处罚法（修订草案）〉的说明》指出：根据基层整合审批服务执法力量改革要求，推进行政执法权限和力量向基层延伸和下沉，增加规定：省、自治区、直辖市根据当地实际情况，可以决定符合条件的乡镇人民政府、街道办事处对其管辖区域内的违法行为行使有关县级人民政府部门的部分行政处罚权。

2020 年 10 月 13 日全国人民代表大会宪法和法律委员会《关于〈中华人民共和国行政处罚法（修订草案）〉修改情况的汇报》中指出：有些常委会组成人员、部门、地方和社会公众提出，为满足基层执法需求，保障行政处罚权“放得下、接得住、管得好”，应当进一步明确下放行政处罚权的条件和情形。宪法和法律委员会经研究，建议修改为：“省、自治区、直辖市根据当地实际情况，可以决定将基层管理迫切需要的县级人民政府部门的行政处罚权交由能够有效承接且符合条件的乡镇人民政府、街道办事处行使。”

全国人民代表大会宪法和法律委员会2021年1月20日《关于〈中华人民共和国行政处罚法（修订草案）〉审议结果的报告》指出：有的常委委员、地方和社会公众提出，行政处罚权下放乡镇街道是必要的，但需要进一步规范，防止出现问题。宪法和法律委员会经研究，建议增加以下规定：一是省、自治区、直辖市将行政处罚权下放乡镇街道的决定应当公布。二是承接行政处罚权的乡镇人民政府、街道办事处应当加强执法能力建设，按照规定范围、依照法定程序实施行政处罚。三是有关地方人民政府及其部门应当加强组织协调、监督指导，建立健全行政处罚协调配合机制，完善评议、考核制度。

全国人民代表大会宪法和法律委员会2021年1月22日《关于〈中华人民共和国行政处罚法（修订草案三次审议稿）〉修改意见的报告》指出：有的常委委员建议进一步规范乡镇街道行使行政处罚权，实行定期评估，强化执法监督。宪法和法律委员会经研究，建议采纳这一意见。

【参考案例】

陈某与兰陵县人民政府卞庄街道办事处告强制拆除通知案

原告：陈某。

被告：兰陵县人民政府卞庄街道办事处。

法院认为：本案中，被告主张涉案钢结构大棚位于乡、村庄规划区内，原告主张涉案钢结构大棚位于城市、镇规划区内，双方均未提供证据予以证明，且被告并非城乡规划主管部门，也不是乡、镇人民政府，被告亦未举证证明其受到县级以上地方人民政府责成，故被告根据《城乡规划法》第六十四条、第六十五条之规定作出被诉限期拆除通知书，超越法定职权。

（案例索引：山东省兰陵县人民法院（2019）鲁1324行初20号行政判决书）

第25条　管辖权归属

第二十五条　两个以上行政机关都有管辖权的，由最先立案的行政机关管辖。

对管辖发生争议的，应当协商解决，协商不成的，报请共同的上一级行政机关指定管辖；也可以直接由共同的上一级行政机关指定管辖。

【立法说明】

本法修订过程中规定了“立案”这一重要行政处罚程序，本条须结合第五十四条适用。

【参考案例】

上诉人六安市市场监督管理局与李某行政处罚案

上诉人（原审被告）：六安市市场监督管理局（以下简称六安市场监管局）。

被上诉人（原审原告）：李某。

2017年11月10日，原告收到某专卖店发送的“双11五折来袭！爆款自然白5件套0—2点领券只要129元，再加送素颜霜”的信息。2017年11月18日原告向六安市场监管局举报，要求对该公司的违法行为进行处罚，并责令向其道歉、回复处罚结果等。2017年11月22日，六安市场监管局作出《关于李某举报某商贸有限公司向消费者推送手机广告的回复函》，以电子信息方式发送广告的，如果以通信短信息形式发布的，根据《通信短信息服务管理规定》（工信部令第31号）的规定，由通信管理部门依法处理，故建议向通信管理部门反映。

二审法院认为:《消费者权益保护法》第二十九条第三款“经营者未经消费者同意或请求，或者消费者明确表示拒绝的，不得向其发送商业性信息”。同时该法第五十九条第一款第（九）项规定，“经营者侵害消费者人格尊严、侵犯消费者人身自由或者侵害消费者个人信息依法得到保护的权利的，除承担相应的民事责任外，其他有关法律、法规对处罚机关和处罚方式有规定的，依照法律、法规的规定执行；法律法规未作规定的，由工商行政管理部门责令改正，可以根据情节单处或者并存警告、没收违法所得、处以违法所得一倍以上十倍以下罚款……”此外，《广告法》第六条第二款规定“县级以上地方工商行政管理部门主管本行政区域的广告监督管理工作”。第四十三条第一款规定“任何单位或者个人未经当事人同意，不得向其住宅、交通工具等发送广告，也不得以电子信息方式向其发放广告”。第五十三条规定“任何单位或者个人有权向工商行政管理部门和有关部门投诉、举报违反本法的行为。工商行政管理部门和有关部门应当向社会公开受理投诉、举报的电话、信箱或者电子邮件地址，接到投诉、举报的部门应当自收到投诉之日起七个工作日内，予以处理并告知投诉、举报人”。本案中，上诉人六安市场监管局对此依法具有查处的法定职责。

（案例索引：安徽省合肥市中级人民法院（2019）皖01行终751号行政判决书）

第26条　行政协助

第二十六条　行政机关因实施行政处罚的需要，可以向有关机关提出协助请求。协助事项属于被请求机关职权范围内的，应当依法予以协助。

【司法性文件】

最高人民法院关于行政机关不履行人民法院协助执行义务行为是否属于行政诉讼受案范围的答复

（〔2012〕行他字第17号）

辽宁省高级人民法院：

你院《关于宫某诉大连市道路客运管理处、大连市金州区交通局、大连市金州区公路运输管理所不履行法定职责及行政赔偿一案的请示报告》收悉，经研究，答复如下：

行政机关根据人民法院的协助执行通知书实施的行为，是行政机关必须履行的法定协助义务，公民、法人或者其他组织对该行为不服提起诉讼的，不属于人民法院行政诉讼受案范围。

行政机关拒不履行协助义务的，人民法院应当依法采取执行措施督促其履行；当事人请求人民法院判决行政机关限期履行协助执行义务的，人民法院不予受理。但当事人认为行政机关不履行协助执行义务造成其损害，请求确认不履行协助执行义务行为违法并予以行政赔偿的，人民法院应当受理。

此复。

最高人民法院

2013 年 7 月 29 日

【参考案例】

上诉人赵某与赤峰市市场监督管理局认定意见案

上诉人（原审原告）：赵某。

被上诉人（原审被告）：赤峰市市场监督管理局。

赤峰市公安局在刑事案件侦查过程中，2018 年 1 月 15 日，赤峰市公安局向赤峰市食品药品监督管理局送达公（食药环）鉴聘字（2018）01 号鉴定聘请书，商请赤峰市食品药品监督管理局对涉案产品“独家祖传秘方苗药”作出认定意见。2018 年 1 月 16 日，赤峰市食品药品监督管理局出具赤食药监稽函（2018）16 号关于“独家祖传秘方苗药”产品认定意见的复函，认定上述产品应按假药论处。

原审法院认为，《食品药品行政执法与刑事司法衔接工作办法》第十九条规定，公安机关、人民检察院、人民法院办理危害食品药品安全犯罪案件，商请食品药品监管部门提供检验结论、认定意见协助的，食品药品监管部门应当按照公安机关、人民检察院、人民法院刑事案件办理的法定时限要求积极协助，及时提供检验结论、认定意见，并承担相关费用。司法机关为了审理案件的需要，就相关事实或者法律问题征询有关行政机关的意见，行政机关对调查事项形成的意见或者出具相关书面证明，仅作为司法机关相关案件的证据材料，起到证明作用，不具有法律的拘束力，不会对当事人的权利义务产生直接影响，不属于人民法院行政诉讼受案范围。本案中，赤峰市食品药品监督管理局依据赤峰市公安局商请提供赤食药监稽函（2018）16 号关于独家祖传秘方苗药”产品认定意见的复函，是协助行为，该复函属于证据材料，不属于人民法院行政诉讼受案范围。

（案例索引：内蒙古自治区赤峰市中级人民法院（2020）内 04 行终 83 号行政裁定书）

（编者注：2019 年初，赤峰市食品药品监督管理局并入赤峰市市场监督管理局，故上述案例中出现前后不一的单位名称。后面案例中也有类似情形，均为机构改革的原由。特此说明。）

再审申请人孙某与国家市场监督管理总局行政复议案

再审申请人（一审原告、二审上诉人）：孙某。

被申请人（一审被告、二审被上诉人）：国家市场监督管理总局。

最高法院经审查认为，涉案复函系针对云南白药集团丽江药业有限公司等企业的请示作出，其主要内容包括对客观事实的描述、对规范性文件的概述及对有关意见的阐述，云南省食品药品监督管理部门表示认可相关企业取得的食品生产许可证的合法性和有效性，并认为“玛咖压片生产企业严格依据《食品安全法》、企业标准和食品生产许可证许可范围等进行生产加工，在产品中添加《食品添加剂使用标准》允许使用的食品添加剂且产品经检验合格后进行销售的行为属于合法行为”。综观涉案复函的内容，其并未在相关文件、许可证件等事实之外基于其职权确认新的事实，创设新的权利义务，亦未产生行政法律效果，不属于《行政复议法》第六条规定的可申请复议的情形。如果孙某在另案民事诉讼中不认可涉案复函，可以通过提出相反证据等方式予以反驳，如其质疑涉案复函中所涉行政行为的合法性，可以另行通过其他法律途径予以处理。

（案例索引：最高人民法院（2018）最高法行申11114号行政裁定书）

再审申请人王某与国家市场监督管理总局行政行为案

再审申请人（一审原告、二审上诉人）：王某。

被申请人（一审被告、二审被上诉人）：国家市场监督管理总局。

法院经审查认为：

2017年1月5日，国家市场监督管理总局针对天津市市场质监委的请示作出《食品药品监督总局办公厅关于美敦力公司生物瓣膜假体产品有关问题的复函》。本案被诉复函作出的主体系国家市场监督管理总局，作出的对象系天津市市场质监委，作出的内容系针对天津市市场质监委的请示对王某所投诉医疗产品注册情况的解释和说明。该被诉复函没有对外发生法律效力，也未确定新的权利义务关系，并非针对王某的投诉作出的调查处理决定，未对王某的权利义务产生实际影响，依法不属于人民法院行政诉讼的受案范围。事实上，天津市有关市场监督管理部门针对王某的投诉已作出处理决定，王某如不服该决定，可以针对该决定提起行政诉讼。

（案例索引：最高人民法院（2018）最高法行申 6258 号行政裁定书）

第 27 条　两法衔接

第二十七条　违法行为涉嫌犯罪的，行政机关应当及时将案件移送司法机关，依法追究刑事责任。对依法不需要追究刑事责任或者免予刑事处罚，但应当给予行政处罚的，司法机关应当及时将案件移送有关行政机关。

行政处罚实施机关与司法机关之间应当加强协调配合，建立健全案件移送制度，加强证据材料移交、接收衔接，完善案件处理信息通报机制。

【立法说明】

全国人民代表大会宪法和法律委员会 2021 年 1 月 20 日《关于〈中华人民共和国行政处罚法（修订草案）〉审议结果的报告》指出：有的常务委员会委员、地方、专家学者和社会公众建议完善行政处罚和刑事司法衔接机制，推动解决案件移送中的问题。宪法和法律委员会经研究，建议增加以下规定：一是对依法不需要追究刑事责任或者免予刑事处罚，但应当给予行政处罚的，司法机关应当及时将案件移送有关行政机关；二是行政处罚实施机关与司法机关之间应当加强协调配合，建立健全案件移送制度，加强证据材料移交、接收衔接，完善案件处理信息通报机制；三是违法行为构成犯罪判处罚金的，行政机关尚未给予当事人罚款的，不再给予罚款。

【参考案例】

被告人唐某徇私舞弊不移交刑事案件罪

公诉机关：连州市人民检察院。

被告人：唐某，2008 年 11 月至 2014 年 10 月任连州市食品药品监督管理局局长。

经审理查明：2013 年 6 月至 7 月，连州市食品药品监督管理局发现仵某以“连粤顺中药饮片厂”的名义销售中药饮片的情况后，便组织开展进行调查和处理。在开会讨论如何处理仵某非法经营药品一案过程中，被告人唐某身为市食品药品监督管理局局长，明知仵某非法经营药品的涉案销售金额已超过 5 万元的刑事追诉标准，应当作为刑事案件移送侦查机关查处，但其仍为了牟取本单位私利，在会议上提出将该案作行政处罚处理的意见，参加会议的该局副局长、该案承办人均同意其意见。会后，案件承办人按照会议决定，为了使仵某非法经营药品一案符合作出行政处罚的情形，通过隐瞒案件部分证据，更改案件材料《扣押决定书》和《扣押清单》的方式，将认定仵某非法经营药品的涉案金额改变为 49 966 元，未达到刑事追诉的标准，最终导致对涉案人仵某仅作出行政处罚，而未依法将其移交司法机关进行查处。

法院认为，被告人唐某身为国家工作人员，在担任市食品药品监督管理局局长期间，不认真履行职务，为了本单位的利益，徇私舞弊，明知涉案当事人的非法经营行为涉嫌刑事犯罪，依法应当移交司法机关追究刑事责任，但其在讨论处理涉案当事人时仍提出对涉案当事人仅作行政处罚处理的错误意见，导致应当移交司法机关追究刑事责任的刑事案件没有移交，其行为已构成徇私舞弊不移交刑事案件罪。考虑到是为了本单位利益，将涉案金销售额定在 5 万元以内，并对其作出行政处罚的以罚代刑行为，系集体讨论决定的行为，同时当事人仵某非法经营的药品系其在原持有《药品生产许可证》合法经营期间尚未售完的库存药品，并不是假冒伪劣药品，没有造成不良的社会影响，且被告人唐某到案后如实供述犯罪事实，并当庭认罪，具有悔罪表现。因此，认定被告人唐某的犯罪情节轻微，依法对其免予刑事处罚。

（案例索引：广东省连州市人民法院（2015）清连法刑初字第 163 号刑事判决书）

北京某科技发展有限公司与天津市武清区市场监督管理局行政处罚案

上诉人（原审原告）：北京某科技发展有限公司。

被上诉人（原审被告）：天津市武清区市场监督管理局。

被告天津市武清区市场监督管理局于2019年10月24日以原告北京某科技发展有限公司涉嫌组织策划传销，根据《国务院办公厅转发工商局等部门关于严厉打击传销和变相传销等非法经营活动意见的通知》（国办发〔2000〕55号），向上海浦东发展银行北京东长安街支行下达《协助实施暂停结算业务通知书》（津武市监稽字〔2019〕31024号），对原告北京某科技发展有限公司在浦发银行北京东长安街支行的账号实施暂停结算，暂停结算起止时间为2019年10月24日至2020年4月23日。2019年11月15日，被告以该案涉嫌非法吸收公众资金罪移送至天津市公安局武清分局，天津市公安局武清分局于2019年11月17日决定立案侦查。2019年12月3日，被告向浦发银行北京东长安街支行下达《协助实施解除暂停结算业务通知书》（津市场监管武稽解字〔2019〕301号），对上述账号实施解除暂停结算。

二审法院认为，本案争议行为系被上诉人在调查天津君子道上市孵化器有限公司涉嫌组织策划传销一案中，对上诉人涉案账户实施暂停结算业务通知。后以涉嫌犯罪为由将该案移送天津市公安局武清分局。天津市公安局武清分局对天津君子道上市孵化器有限公司涉嫌非法吸收公众存款罪一案立案侦查并冻结上诉人的涉案账户后，被上诉人向浦发银行北京东长安街支行作出了协助实施解除暂停结算业务通知。故被诉《协助实施暂停结算业务通知书》属于被上诉人在办理涉嫌组织策划传销案件中行政执法与刑事司法相衔接的过程性行为，不属于行政诉讼受案范围。

（案例索引：天津市第一中级人民法院（2020）津01行终594号行政裁定书）

第 28 条　责令改正、退赔、没收违法所得

第二十八条　行政机关实施行政处罚时，应当责令当事人改正或者限期改正违法行为。

当事人有违法所得，除依法应当退赔的外，应当予以没收。违法所得是指实施违法行为所取得的款项。法律、行政法规、部门规章对违法所得的计算另有规定的，从其规定。

【立法说明】

本条第二款属于新增条款。

全国人大常委会法制工作委员会副主任许安标 2020 年 6 月 28 日在第十三届全国人民代表大会常务委员会第二十次会议上所作的《关于〈中华人民共和国行政处罚法（修订草案）〉的说明》指出，经过多年的执法实践，行政处罚的适用规则不断发展完善，在总结实践经验基础上，作以下补充完善：明确行政机关实施行政处罚时，有违法所得的，应当予以没收。

全国人民代表大会宪法和法律委员会 2021 年 1 月 20 日《关于〈中华人民共和国行政处罚法（修订草案）〉审议结果的报告》指出，有的常委委员、部门、地方、专家学者和社会公众建议完善行政处罚的适用规则，加强对行政处罚的社会监督。宪法和法律委员会经研究，建议作以下修改：增加规定违法所得是指实施违法行为所取得的款项，法律、行政法规、部门规章另有规定的除外。

28.1 责令改正

【司法性文件】

国务院法制办关于“责令限期拆除”是否属于行政处罚行为的答复

（国法秘函〔2000〕134号）

四川省人民政府法制办公室：

你办《关于“责令限期拆除”是否是行政处罚行为的请示》（川府法〔2000〕68号）收悉。经研究，现函复如下：根据《行政处罚法》第二十三条关于“行政机关实施行政处罚时，应当责令改正或者限期改正违法行为”的规定，《城市规划法》第四十条规定的“责令限期拆除”，不应当理解为行政处罚行为。

2000年12月1日

国务院法制办《关于“责令限期拆除”是否属于行政处罚行为的请示》的复函

（国法秘研函〔2012〕665号）

陕西省人民政府法制办公室：

你办《关于“责令限期拆除”是否属于行政处罚行为的请示》（陕府法字〔2012〕49号）收悉。经研究并商全国人大常委会法工委，现函复如下：

根据《中华人民共和国行政处罚法》第二十三条关于“行政机关实施行政处罚时，应当责令改正或限期改正违法行为”的规定，责令改正或限期改正违法行为与行政处罚是不同的行政行为。因此，《中华人民城乡规划法》第六十四条规定的“限期拆除”、第六十八条规定的“责令限期拆除”不应当理解为行政处罚行为。

国务院法制办公室秘书行政司

2012 年 12 月 19 日

【参考案例】

邵某与黄浦区安监局安全生产行政处罚决定案

原告：邵某。

被告：上海市黄浦区安全生产监督管理局。

原告邵某是 MK 公司的经理。2005 年 8 月 10 日上午，MK 公司员工姜某在操作粉糠机时发生事故。10 月 17 日，邵某在其撰写的《关于发生姜某工伤事故的思想认识》中承认，事故发生的主要原因是 MK 公司安全管理工作松懈，安全生产责任制不完善，安全生产规章制度和安全生产操作规程不健全，作为公司主要负责人，其负有不可推卸的责任。黄浦区安监局于 11 月 7 日认定该起事故为重伤事故，决定对邵某处以罚款 2 万元。

上海市黄浦区人民法院认为：

《安全生产法》颁布施行后，每一个生产经营单位都有自觉遵守执行的义务，并非只有在安全生产监管部门的监督管理下，生产经营单位才有执行《安全生产法》的义务；安全生产监管部门的监督管理不及时或者不到位，也不能因此免除生产经营单位的这种义务。邵某认为，对其“未履行本法规定的安全生产管理职责”的违法行为，黄浦区安监局只有先行责令限期改正后才能再对其实施处罚，是对《安全生产法》的误解。

黄浦区安监局对邵某作出的行政处罚决定，有利于从根本上促进企业落实安全生产岗位责任，健全安全生产制度，防止和减少安全生产事故，保护劳动者合法权益，执法目的是正当的，且罚款数额符合法律规定的处罚幅度。邵某提供黄浦粮油公司报告和姜某的信函，以姜某伤情恢复良好等为由，请求免予对 MK 公司和邵某本人的处罚。这些材料所提出的理由，不符合法律规定免予行政处罚的条件。至于邵某提出其经济困难，无履行处罚能力的诉讼意见，则非本案对被诉行政处罚行为合法性审查的范围，不能作为黄浦区安监局行政处罚行为违法的理由。

（2006年第8期《最高人民法院公报》）

上诉人长沙市某服饰商行与长沙市雨花区市场监督管理局责令改正通知书案

上诉人（原审原告）：长沙市某服饰商行（个体工商户）。

被上诉人（原审被告）：长沙市雨花区市场监督管理局。

2019年11月6日，雨花区市场监督管理局发出《责令改正通知书》，责令某服饰商行在20日前改正，要求：1. 某服饰商行立即停止销售经检测为不合格产品的T恤，并对库存产品进行清理及下架处理；2. 向雨花区市场监督管理局提交整改报告。雨花区市场监督管理局在上述《责令改正通知书》上载明："如果对本责令改正通知不服，可以在收到本通知之日起60日内向长沙市雨花区人民政府或者长沙市市场监督管理局申请行政复议；也可以在6个月内依法向长沙铁路运输法院提起行政诉讼。"

长沙市中级人民法院认为：本案二审的争议焦点是雨花区市场监督管理局作出的责令改正通知书是否可诉。本案中，雨花区市场监督管理局作出的责令改正通知书虽然是前述法律规定的监督抽查执法程序之一，但该通知书中认定某服饰商行销售的T恤为不合格产品，责令其限期停止销售、对库存产品进行清理及下架，并提交整改报告，对某服饰商行的权利义务产生了实际影响。在雨花区市场监督管理局对某服饰商行没有作出后续处理行为的情况下，该责令改正通知书实际上成了具有终局性的执法行为，应属可诉的行政行为。一审认定涉案责令改正通知书不可诉是错误的，应予纠正。裁定本案由长沙铁路运输法院继续审理。

（案例索引：长沙市中级人民法院（2020）湘01行终158号行政裁定书）

上诉人贵州某酒业公司与武汉市市场监督管理局行政处罚案

上诉人（原审原告）：贵州某酒业公司。

被上诉人（原审被告）：武汉市市场监督管理局。

市场监督管理局于2018年11月16日收到第三人举报材料，反映某酒业公司在2018年第十届中部（武汉）糖酒食品交易会上展销“和天下”白酒，使用了与第三人产品近似的包装、装潢，请求原告依据《反不正当竞争法》等相关规定予以查处。11月19日，被告在2018年第十届中部（武汉）糖酒食品交易会上，现场对某酒业公司作出并送达了武工商责改字〔2018〕91号责令改正通知书，责令原告停止违法行为。某酒业公司工作人员接受了被告的现场查处，并自动拆除了涉嫌违法的商品名称、包装、装潢等相同或者相近似的标识。

二审法院认为，被诉行政行为的合法性审查，应当包括行政行为对象是否准确，被诉行政行为实体处理是否合法等事项，对此本案须结合行政行为的对象和实体处理结果予以分析。

第一，从行政行为对象来看，本案中市场监督管理局作出责令改正通知书认定的违法事实，是某酒业公司在2018年第十届（武汉）糖酒食品交易会展销的“和天下”酒擅自使用与他人有一定影响的商品名称、包装、装潢等相同或者近似的标识，其责令改正的行为对象为某酒业公司，但依据第三人举报材料中的邀请函来看，该画册所显示展销活动的宣传主体为其他经营者，而在行政执法过程中市场监督管理局并未针对执法现场的展厅展销主体制作明确的调查记录，所提供的现场执法照片亦未能够反映T2展厅展销商品经营者的真实身份，故其在本案中举证提交的证据并未明确指明某酒业公司为被控展销行为的实施主体。虽然某酒业公司的法定代表人在场签收了责令改正通知书，但该行为并不能视为该公司认可其是涉案展台酒类商品的展销主体。因此，本案中市场监督管理局认定某酒业公司为被控展销行为实施主体的证据并不充分。

第二，从实体处理结果来看，《反不正当竞争法》第十八条的规定有“经营者违反本法第六条规定实施混淆行为的，由监督检查部门责令停止违法行为，没收违法商品”，涉案责令改正通知书在依据上述法律该规定作出行政命令时，应当责令停止违法行为，同时没收违法商品。本案中，市场监督管理局作出的责令改正通知书仅责令停止违法行为，并未没收违法商品，其执法结果并不完全符合上述法律规定的处理方式，故该责令改正通知书在适用法律上存在疏漏。

（案例索引：湖北省武汉市中级人民法院（2019）鄂01行终983号行政判决书）

上诉人佛山市高明区城市管理和综合执法局与陈某规划行政命令案

上诉人（原审原告）：陈某。

上诉人（原审被告）：佛山市高明区城市管理和综合执法局。

二审法院认为：

关于限期拆除决定的性质。对于《城乡规划法》第六十四条规定的限期拆除的性质，理论界和实务界存在争议，有的认为属于行政强制，有的认为属于行政处罚，也有认为属于行政命令的，不同的观点各有自己的依据和理由，尚未达成一致意见。因此，在国家立法机关和最高司法机关对该问题作出明确规定之前，一审法院认定限期拆除为行政命令并无不当。陈某关于限期拆除决定属于行政处罚的上诉意见虽有一定道理，但是理据并不充分，本院不予支持。当然，不论限期拆除的属性是什么，作出限期拆除决定的行政行为都必须一样地坚持正当程序原则，切实保障行政相对人的知情权，尊重行政相对人的陈述、申辩权利。

综上所述，高明区城管局作出涉案行政命令职权依据合法，但因违反法定程序导致部分认定事实不清、适用法律错误。基于涉案房屋已被全部拆除，行政行为违法但不具有可撤销内容，一审法院判决确认被诉《限期拆除决定书》违法，处理正确，本院依法予以维持。

（案例索引：广东省佛山市中级人民法院（2020）粤06行终777号行政判决书）

王某与山东省淄博市人民政府行政复议案

再审申请人（一审被告、二审被上诉人）：山东省淄博市人民政府。

被申请人（一审原告、二审上诉人）：王某（HS 公司法定代表人）。

最高法院再审认为：本案争议的焦点为山东省淄博市住房公积金管理中心作出的责令 HS 公司限期改正这一行政行为是否属于行政处罚，即责令改正或限期改正违法行为是否属于行政处罚的问题。第一，责令改正（或者限期改正）与行政处罚概念有别。行政处罚是行政主体对违反行政管理秩序的行为依法定程序所给予的法律制裁；而责令改正或限期改正违法行为是指行政机关在实施行政处罚的过程中对违法行为人发出的一种作为命令。第二，两者性质、内容不同。行政处罚是法律制裁，是对违法行为人的人身自由、财产权利的限制和剥夺，是对违法行为人精神和声誉造成损害的惩戒；而责令改正或者限期改正违法行为，其本身并不是制裁，只是要求违法行为人履行法定义务，停止违法行为，消除不良后果，恢复原状。第三，两者的规制角度不同。行政处罚是从惩戒的角度，对行政相对人科处新的义务，以告诫违法行为人不得再违法，否则将受罚；而责令改正或者限期改正则是命令违法行为人履行既有的法定义务，纠正违法，恢复原状。第四，两者形式不同。《行政处罚法》（2017 年）第八条规定了行政处罚的具体种类，具体有警告，罚款，没收违法所得、非法财物，责令停产停业，暂扣或者吊销许可证、执照和行政拘留等；而责令改正或者限期改正违法行为，因各种具体违法行为不同而分别表现为停止违法行为、责令退还、责令赔偿、责令改正、限期拆除等形式。综上，责令改正或限期改正违法行为是与行政处罚不同的一种行政行为，二审法院认为其不属于行政处罚，并无不当。

本案中，住房公积金管理中心具有作出责令限期改正和行政处罚两种行政行为的行政职权。山东省淄博市住房公积金管理中心据此作出涉案责令限期整改通知书，责令 HS 公司限期改正，但并未予以行政处罚。淄博市政府撤销山东省淄博市住房公积金管理中心作出的涉案责令限期整改通知书，属适用法律错误。

（案例索引：最高人民法院（2018）最高法行申 4718 号行政裁定书）

上诉人倪某与无为县农业委员会行政处罚案

上诉人（原审原告）：倪某。

被上诉人（原审被告）：无为县农业委员会。

芜湖市中级人民法院二审认为：

一、责令改正通知属于可诉行政行为，其虽为行政机关在作出行政处罚前对违法行为人发出的一种作为命令，旨在要求违法行为人履行法定义务，停止违法行为，消除不良后果，恢复原状，该行为直接决定违法行为的处理意见，直接对相对人设定了不利的义务，与相对人利益联系密切，实际影响大，因而具有可诉性。

二、关于上诉人的陈述申辩权。责令改正虽不属于行政处罚措施，但行政机关作出行政行为时应遵循程序正当原则，充分保障行政相对人的知情权、申辩权，被上诉人无为县农业委员会在作出责令改正通知时，未事先告知上诉人陈述申辩权，对上诉人依法享有的陈述、申辩等重要程序性权利产生实质损害，理应判决撤销该行政行为，但鉴于涉案水面位于长江滩涂水域，长江经济带发展正稳步推进，打造水清岸绿长江产业经济带刻不容缓，撤销该行政行为将损害国家利益和社会公共利益，故确认该行政行为违法但不撤销。

（案例索引：安徽省芜湖市中级人民法院（2019）皖02行终78号行政判决书）

28.2　责令退赔

【政策性文件】

市场监管总局价监竞争局关于责令退还多收价款程序有关问题的解答

各省、自治区、直辖市市场监督管理局（厅、委）价监竞争职能处室：

近期，基层市场监管部门多次咨询价格执法过程中如何处理责令退款程序与行政处罚事先告知程序衔接问题。为解决基层执法疑惑，进一步规范价格执法行为，经会商法规司现就相关问题作如下解答。请你们将解答同时送法制处室和负责价格执法办案的有关处室阅知，并组织基层同志学习。

一、当事人因价格违法行为存在多收价款的，市场监管部门在责令退还多收价款之前，是否需要听取当事人意见？

市场监管部门作出责令退还多收价款的决定，法律性质上属于对当事人不利的行政决定。为更好保护当事人合法权益，防范执法风险，应当在作出决定前，给予当事人抗辩机会，《市场监督管理行政处罚程序暂行规定》（国家市场监督管理总局令第2号）第五十三条明确规定，依法需责令当事人退还多收价款的，市场监管部门应当先听取当事人意见，再向当事人发出责令退款通知书。

二、在具体执法实践中，市场监管部门在责令当事人还多收价款前，如何对当事人进行告知？

可以采取以下两种方式：

第一种方式：在行政处罚事先告知环节，一并将拟责令退款，未退还部分将予以没收，以及将根据退还情况拟给予罚款等一系列不利后果一并告知当事人。

第二种方式：先向当事人发出责令退款事先告知书，告知当事人责令退款所依据的事实和法律，拟责令退款的数额，一并提示当事人，未退还部分将予以没收，拒不退款将从重处罚等内容，当事人就责令退款问题进行陈述、申辩后，结合陈述、申辩情况向当事人下达责令退款告知书。待责令退款环节完成后，再视退款情况进行行政处罚事先告知环节。

三、采取第一种告知方式，如何告知当事人拟罚款数？

考虑到拒不退还多收价款属于《价格违法行为行政处罚规定》（国务院令第585号）第十七条规定的从重处罚情节，市场监管部门采取第一种告知方式的，应当将当事人不存在拒不退款情节时拟罚款金额和拒不退款时拟从重处罚的罚款金额一并告知当事人。

四、采取第一种告知方式，如何确定是否告知当事人有要求举行听证的权利？

市场监管部门采取第一种告知方式的，按假定当事人拒不退款情形下拟从重处罚的罚款金额，确定是否告知当事人有要求举行听证的权利。

五、如果用第二种告知方式，是否需要告知当事人，市场监管部门拟作出的责令退还多收价款决定也可以申请举行听证。

《市场监督管理行政处罚听证暂行办法》（市场监督管理总局令第3号）第五条未将责令退款列入听证范畴。

市场监管总局价监竞争局

2020年6月24日

28.3 没收违法所得

【司法性文件】

全国人大常委会法工委《关于对违法建设进行行政处罚计算违法收入有关问题的函》的复函

（法工委发〔2011〕1号）

住房和城乡建设部：

你部2010年12月3日“关于违法收入计算问题的请示”（建法函〔2010〕313号）收悉。经研究，原则同意你部的意见，根据城乡规划法第六十四条规定，违法建设工程不能拆除的，应当没收实物或者违法收入。没收的违法收入应当与应依法没收的实物价值相当。

2011年1月4日

附：住房和城乡建设部关于违法收入计算问题的请示（建法函〔2010〕313号）

全国人大常委会法制工作委员会：

《城乡规划法》实施以来，一些地方城乡规划主管部门来函来电，请示对该法第六十四条中“违法收入”计算问题进行解释。第一种意见认为，违法收入就是违法建设工程的销售收入；第二种意见认为，违法收入应以房地产价格评估机构评估的违法建设工程的价格来确定；第三种意见认为，违法收入应为违法建设工程的销售收入与工程成本差。我们认为，追究违法建设行为的法律责任，应当坚持提高违法成本、让违法者无利可图的原则，以达到惩戒违法行为、有效遏制违法建设的目的。为此，我们倾向于第一种意见。

为正确理解和执行《城乡规划法》第六十四条，现就违法收入计算问题请示你委，请予答复。

2010 年 12 月 3 日

【参考案例】

上诉人苍南县市场监督管理局与陈某行政处罚案

上诉人（原审被告）：苍南县市场监督管理局。

被上诉人（原审原告）：陈某。

陈某于 2009 年 2 月 9 日受让第 3 423 577 号“金手指”注册商标，该商标核定服务项目包括理发店，经续展，商标有效期至 2024 年 11 月 27 日。苍南县市监局经立案调查，于 2018 年 6 月 7 日作出苍市监处字〔2018〕344 号行政处罚决定，认定林某没有违法经营额。陈某不服，向温州市市场监督管理局申请复议。2019 年 6 月 15 日，苍南县市场监督管理局重新作出苍市监案处字〔2019〕14 号行政处罚决定，由于当事人未建立账册，经营额无法计算。该局决定对某发艺室作如下处罚：1. 责令其停止侵权行为；2. 处以罚款 3 000 元。

二审法院认为：上诉人没有调查原审第三人的基本经营状况和收费标准等事实，仅根据现场检查未发现账簿，以及原审第三人陈述“我是个人经营没有记账，所以经营额与利润无法计算”，直接认定“违法经营额无法计算”，应认定为未尽基本的调查职责。上诉人以“违法经营额无法计算”为由作出被诉处罚决定，属于认定事实不清，应予以撤销。

（案例索引：浙江省温州市中级人民法院（2020）浙 03 行终 465 号行政判决书）

上诉人商丘市市场监督管理局与商丘市某公司行政处罚案

上诉人（原审被告）：商丘市市场监督管理局。

被上诉人（原审原告）：商丘市某公司。

二审法院认为：本案中，某公司向阿里巴巴电商平台缴纳了相关费用，且提供了缴费票据，委托阿里巴巴平台推广其产品。上诉人商丘市市场监督管理局应当依法对被上诉人某公司缴纳的广告费用进行核实，在核实的基础上，按照“广告费用三倍以上五倍以下的罚款”作出处罚决定。上诉人商丘市市场监督管理局在未调查核实阿里巴巴电商平台，未核实广告费用数额的情形下，直接认定“广告费用无法计算”，属于认定事实不清，适用法律错误。

（案例索引：河南省商丘市中级人民法院（2020）豫14行终228号行政判决书）

第 29 条　一事不二罚

第二十九条　对当事人的同一个违法行为，不得给予两次以上罚款的行政处罚。同一个违法行为违反多个法律规范应当给予罚款处罚的，按照罚款数额高的规定处罚。

【政策性文件】

生态环境部关于恶臭气体超标排放法律适用有关问题的复函

（环办法规函〔2020〕122 号）

云南省生态环境厅：

你厅《转报昆明市生态环境局关于恶臭气体超标处罚适用法律的请示》（云环函〔2019〕731 号）收悉。经研究，函复如下：

一、相关法律规定

（一）关于超标排放大气污染物

大气污染防治法第十八条规定：“企业事业单位和其他生产经营者……向大气排放污染物的，应当符合大气污染物排放标准，遵守重点大气污染物排放总量控制要求。”

第九十九条规定：“违反本法规定，有下列行为之一的，由县级以上人民政府生态环境主管部门责令改正或者限制生产、停产整治，并处十万元以上一百万元以下的罚款；情节严重的，报经有批准权的人民政府批准，责令停业、关闭：……

(二)超过大气污染物排放标准或者超过重点大气污染物排放总量控制指标排放大气污染物的……"

（二）关于未采取措施防止排放恶臭气体

大气污染防治法第八十条规定："企业事业单位和其他生产经营者在生产经营活动中产生恶臭气体的，应当科学选址，设置合理的防护距离，并安装净化装置或者采取其他措施，防止排放恶臭气体。"

第一百一十七条规定："违反本法规定，有下列行为之一的，由县级以上人民政府生态环境等主管部门按照职责责令改正，处一万元以上十万元以下的罚款；拒不改正的，责令停工整治或者停业整治……（八）未采取措施防止排放恶臭气体的。"

（三）关于餐饮服务业经营者超标排放油烟

大气污染防治法第八十一条第一款规定："排放油烟的餐饮服务业经营者应当安装油烟净化设施并保持正常使用，或者采取其他油烟净化措施，使油烟达标排放，并防止对附近居民的正常生活环境造成污染。"

第一百一十八条第一款规定："违反本法规定，排放油烟的餐饮服务业经营者未安装油烟净化设施、不正常使用油烟净化设施或者未采取其他油烟净化措施，超过排放标准排放油烟的，由县级以上地方人民政府确定的监督管理部门责令改正，处五千元以上五万元以下的罚款；拒不改正的，责令停业整治。"

二、法律适用意见

环境行政处罚办法第九条规定："当事人的一个违法行为同时违反两个以上环境法律、法规或者规章条款，应当适用效力等级较高的法律、法规或者规章；效力等级相同的，可以适用处罚较重的条款。"

我部认为，企业事业单位和其他生产经营者未采取措施防止排放恶臭气体，导致恶臭气体超标排放的，同时违反了大气污染防治法第十八条和第八十条的规定，属于当事人一个违法行为同时违反两个以上法律条款的情形。根据环境行政处罚办法第九条的规定，应当适用处罚较重的条款，即适用大气污染防治法第九十九条第二项的规定予以处罚。

需要注意的是，对餐饮服务业经营者未安装油烟净化设施、不正常使用油烟净化设施或者未采取其他油烟净化措施，超过排放标准排放油烟的违法行为，大气污染防治法第八十一条第一款和第一百一十八条第一款已作出特别规定。

因此，按照特别条款优于一般条款的原则，餐饮服务业经营者未安装油烟净化设施、不正常使用油烟净化设施或者未采取其他油烟净化措施，超过排放标准排放油烟的，应当适用大气污染防治法第一百一十八条第一款的规定予以处罚。

特此函复。

生态环境部办公厅

2020年3月20日

【参考案例】

黄某与漳州市龙文区卫生局行政处罚案

原告：黄某。

被告：漳州市龙文区卫生局。

2009年5月25日，龙文区卫生局在接到龙文区计生办通报后对某诊所进行监督检查，检查中发现该诊所在《医疗机构执业许可证》中未申请取得医学超声许可项目的情况下，购买、使用超声诊断仪。2009年5月16日，原告在某诊所对龙××进行胎儿性别鉴定，并收取费用400元。2009年4月开始，用服药方法共做4例终止早期妊娠，每例收费100元。2009年7月7日，被告以原告未经申请取得医学超声许可项目擅自开展非医学需要鉴定胎儿性别和终止妊娠为由，决定对原告作出吊销《医师执业证书》的行政处罚。

福建省漳州市龙文区人民法院经审理认为：(1) 2009年5月16日，原告在某诊所对龙××进行胎儿性别鉴定，并收取费用400元，龙文区卫生局据此认为原告 "情节严重"，系被告行使行政处罚权自由裁量的范围，并没有显失公正。(2) 所谓"一事不二罚"，是指对当事人的同一个违法行为，不得给予两次以上罚款的行政处罚，即不得依据同一理由和法律依据给予当事人两次及以上同种类的处罚。经审理认定，被告作出的龙文卫医监罚字（2009）001号行政处罚决定书和龙文卫医监罚字（2009）003号行政处罚决定书系根据不同的违法行为、不同法律依据对不同的主体作出不同行政处罚，不违反“一事不二罚”原则。

（案例索引：福建省漳州市龙文区人民法院（2009）文行初字第18号行政判决书）

上诉人李某与北京市公安局公安交通管理局朝阳交通支队呼家楼大队交通管理处罚案

上诉人（一审原告）：李某。

被上诉人（一审被告）：北京市公安局公安交通管理局朝阳交通支队呼家楼大队。

2019年7月12日北京市公安局公安交通管理局朝阳交通支队东外大队所属交通协管员发现涉案小型客车停驶在非停车场、非停车泊位的道路上，违反了停车管理的规定。交通协管员对该行为进行了拍照记录，并在该车辆上粘贴《北京市交通协管员道路停车记录告知单》，告知“上述时间、地点该机动车未在道路停车泊位或停车场内停放，已对以上事实作了图像记录。此告知单及图像记录将提供给东外大队审核”。

2019年7月17日，东外大队所属交通协管员在上述地点发现该车仍违反停车规定停放，遂再次拍照并在车辆上粘贴告知单。2019年7月30日，李某前往呼家楼大队执法站窗口接受非现场处罚。交警遂当场制作了《处理机动车违法记录告知书》，同时该告知书载明“对于非本辖区内的违法行为，如无异议，本机关将一并处理。请认真阅读上述告知事项，你有权进行陈述和申辩”。李某当场未提出陈述和申辩并在被告知人处签名。交警遂作出被诉《处罚决定书》送达李某，李某予以签收。

二审法院认为：

“一事不二罚”原则的理论基础主要是保护人格尊严，遵从比例原则、法安定性原则、诚实信用原则以及信赖保护原则。然而，行政处罚除制裁违法外，同时强调预防和矫正违法的追求。本案中，一审法院认为被诉行政处罚并未违反“一事不二罚”原则及法律规定，并无不当。

首先，《行政处罚法》规定，设定和实施行政处罚必须以事实为依据，与违法行为的事实、性质、情节以及社会危害程度相当。通常理解，对较为严重的违法行为的处罚应重于相对较轻的违法行为的处罚。虽然连续违停多日与多日分别违停显然不同，但如果以“一事不二罚”原则为由，对前者认定为同一违法从而处以一次处罚，同时对后者处以多次处罚，显然过罚并不相当。且连续违停与连续超速类似，如果缺乏对时间或者距离的限制，行为人可能会权衡违法成本从而提前预期并施以成本较低的违法行为，即以一次违法处罚的成本换取长时间违停或长距离的超速行驶所带来的收益，将造成合法停车或行车之成本远大于违法停车或行车之代价，难以实现督促行为人及时纠正违法的目标，甚至会逆向鼓励一次性的长时间、长距离违法，增加了行政管理成本，显然与道路交通安全行政监管目的不符。

因此，对于长时间的违法停车行为，在首次行政处罚后、违法状态仍长时间持续的情况下，如果仅以“一事不二罚”原则为由，经行认定针对其后持续的违法停车行为作出的行政处罚缺乏依据，则可能与造成处罚内容与该违法行为所造成公共交通损害程度不成比例的情况，有违于行政处罚法中的“过罚相当”原则，无法达到制裁违法与规制预防矫正违法的目的。本案中，李某违法停车的行为持续时间达 5 天，其长期占用城市公共道路不仅影响行人和车辆的出行，还存在潜在交通安全隐患，是对公共交通管理秩序的破坏，对其处以与同等情况下单次短时间违法停车行为不同的处罚内容，有利于消除交通违法现象，维护和谐有序的交通秩序，最大化保障道路交通有序、安全、畅通。

其次，本案采取以切割处断的处罚方式符合行政处罚的目的，未突破比例原则限制，未超出合理限度，是相对比较合理且便于实行的方案，能较好地实现比例原则、法的安定性、信赖保护、追求实质公平正义的统一；且行政执法成本较低，契合当前技术条件，有利于交通管理目标的实现。依照一般理解，由于出现一定时间的中断、一定距离的中断、收到改正之通知或查处而中断、新的违法故意而中断等情形，可以将违法行为从自然意义的一个行为处断为法律评价上的多个行为。对切割处断使用上的一个重要限制，是要防止公权力的不当行使，应当给予违法行为人以合理之机会，使其得以及时知悉纠正违法行为，对于欠缺期待可能性的行为则不应再罚。至于合理之机会的时间长度的确定，须结合法律规定、违法行为特点以及生活常理予以判断。本案中违法停车时间达 5 天，停车时长不符合使用机动车的通常逻辑，远超于一般人之通常生活、工作作息周期。呼家楼大队于 7 月 12 日以粘贴告知单的方式处理违法停车行为后，于 7 月 17 日方再次处罚，其间已给予了李某充足的纠正违法行为的机会，其所作的切割处断的次数并未超出合理限度，亦不构成对违法行为人合法权益的侵害。

（案例索引：北京市第三中级人民法院（2020）京 03 行终 393 号行政判决书）

再审申请人陈某与海南省海口市自然资源和规划局行政处罚案

再审申请人（一审原告、二审上诉人）：陈某。

被申请人（一审被告、二审被上诉人）：海南省海口市自然资源和规划局。

最高法院经审查认为，结合《海洋环境保护法》第五十五条前两款可知，该法第七十三条第一款第三项对未取得海洋倾倒许可证向海洋倾倒废弃物的行为予以处罚，并不考虑具体的废弃物倾倒数量。本案中，陈某未取得海洋倾倒许可证，其名下经营的船只向海洋倾倒废弃物，且其自认违法倾倒量为 7 581 立方米。海口市自然资源和规划局对其作出责令立即改正并处以罚款 10 万元的行政处罚并无不当。

《行政处罚法》（2017 年）第二十四条规定，对当事人的同一个违法行为，不得给予两次以上罚款的行政处罚。该条规定是针对同一个当事人实施同一个违法行为的情形。多个当事人共同实施同一个违法行为，并不适用该条规定。本案中，陈某与 ZH 疏浚公司是两个不同的行为主体，海口市自然资源和规划局对两者分别给予处罚，并无不妥。

（案例索引：最高人民法院（2020）最高法行申 11987 号行政裁定书）

第 30 条　未成年人违法

第三十条　不满十四周岁的未成年人有违法行为的，不予行政处罚，责令监护人加以管教；已满十四周岁不满十八周岁的未成年人有违法行为的，应当从轻或者减轻行政处罚。

【参考案例】

封某与景县公安局治安管理处罚案

上诉人（原审原告）：封某，2002 年 6 月 3 日出生。

法定代理人李某，系封某的母亲。

被上诉人（原审被告）：景县公安局。

封某、薛某系景县王瞳镇中学的学生。封某从初中一年级开始在上学期间多次欺负、殴打薛某及在 2017 年 6 月 29 日用打火机烧薛某手臂，2017 年 11 月 30 日，景县公安局作出景公（瞳）行罚决字（2017）0565 号行政处罚决定书，决定对封某行政拘留十日，并处罚款 500 元。因封某已满十四周岁不满十六周岁，不予执行行政拘留。

二审法院认为：上诉人封某与被上诉人薛某同为未成年人，双方的权利均应得到法律的保护，体现在本案中就是对实施欺凌行为的当事人作出公正的处罚。被上诉人景县公安局传唤上诉人封某，并未超出《治安管理处罚法》第八十三条规定的八小时时间限制。被上诉人景县公安局未在规定的期限内结案，属于程序上的瑕疵，并未对案件事实的认定产生影响。《公安机关办理未成年人违法犯罪案件的规定》系公安部发布的规章，其主要内容为公安机关办理涉未成年人违法犯罪案件的特殊程序及规定，被上诉人景县公安局在办理案件过程中未严格按照上述规章办理，虽然不影响案件事实的认定，但亦应在今后的工作中加以改正。被上诉人景县公安局在办理案件中，充分考虑了上诉人封某作为未成年人的实际情况，作出了只执行罚款，不执行拘留的行政处罚。该处罚决定并不违反法律规定。

（案例索引：衡水市中级人民法院（2019）冀11行终99号行政判决书）

高某与驻马店市公安局行政处罚案

上诉人（一审原告）：高某，2002年5月24日出生。

法定代理人：陈某，系高之母。

被上诉人（一审被告）：驻马店市公安局。

高某自2016年5—10月，伙同他人流窜于汝南、周口、遂平、西平、正阳等地多次实施盗窃，于2016年5月19日被驻马店市东风分局抓获，因未满14周岁，公安机关没有对其按照犯罪处理，次日，其母亲出具保证书："保证对高某监督，防止再次违法犯罪，否则愿意负法律责任。"2016年7月15日高某又被商城县公安局抓获（行政拘留10日未予执行）、2016年7月22日被确山县公安局抓获、2016年9月15日被遂平县公安局抓获（行政拘留13日不予执行），均因年龄问题未作犯罪处理。高某经公安机关多次批评教育后仍然频繁作案，2016年10月12日又被正阳县公安局抓获。被告市公安局于2016年10月20日作出驻公收决字（2016）第0007号收容教养决定，对高某收容教养3年。

二审法院认为：根据市公安局提供的证据材料，足以认定高某在已满14周岁后又多次伙同他人流窜盗窃的这一事实。上诉人高某在该行政行为作出时已满14周岁未满16周岁，多次伙同他人流窜盗窃，但因未满16周岁未予以刑事处罚。高某的母亲陈某虽然曾作出管教保证，但并没有起到实质的管教效果，应当视为无实际管教能力。根据《刑法》第十七条第四款之规定，参照公安部法制局《关于如何理解公安机关办理未成年人违法犯罪案件的规定第28条的答复》中"对违法犯罪未成年人中的累犯、惯犯，或者其家长无实际管教能力的，应当依法决定劳动教养、收容教养”的规定，高某符合上述规定情形。市公安局对其作出收容教养决定，事实清楚，证据充分，程序合法。

（案例索引：驻马店市中级人民法院（2017）豫17行终205号行政判决书）

第31条　精神病人、智力残疾人违法

第三十一条　精神病人、智力残疾人在不能辨认或者不能控制自己行为时有违法行为的，不予行政处罚，但应当责令其监护人严加看管和治疗。间歇性精神病人在精神正常时有违法行为的，应当给予行政处罚。尚未完全丧失辨认或者控制自己行为能力的精神病人、智力残疾人有违法行为的，可以从轻或者减轻行政处罚。

【立法说明】

全国人民代表大会宪法和法律委员会2021年1月20日《关于〈中华人民共和国行政处罚法（修订草案）〉审议结果的报告》指出：有的常委委员、地方和社会公众建议进一步细化过罚相当原则，强化行政处罚的教育功能。宪法和法律委员会经研究，建议增加以下规定：尚未完全丧失辨认或者控制自己行为能力的精神病人有违法行为的，可以从轻或者减轻行政处罚。

【参考案例】

张某与重庆市秀山土家族苗族自治县中平乡人民政府、秀山土家族苗族自治县公安局行政救助案

上诉人暨被上诉人（原审原告）：张某。

法定代理人：杨某，系张某之妻。

上诉人暨被上诉人（原审被告）：秀山土家族苗族自治县中平乡人民政府。

被上诉人（原审被告）：秀山土家族苗族自治县公安局。

张某以其计划生育被采取了结扎手术为由多次要求秀山县中平乡人民政府解决生活困难。2012年5月4日，张某又来到秀山县中平乡人民政府，动手损坏公物并用铁锥将他人刺伤，被秀山县公安局处以行政拘留十日并处罚款200元的行政处罚，2012年5月14日行政拘留执行完毕。当日秀山县中平乡人民政府根据中坪村村民委员会反映张某疑似患有精神病、有暴力倾向，要求将其送往精神病医院检查治疗。随后，秀山县中平乡人民政府与秀山县公安局将张某送到秀山县官庄镇卫生院进行检查并就诊。秀山县官庄镇卫生院诊断张某患有精神分裂症疾病并对其进行住院治疗。其间，因张某突发疾病，两次转入秀山土家族苗族自治县人民医院进行抢救治疗，之后转入秀山土家族苗族自治县某医院住院治疗。期间又将张某送到重庆市精神卫生中心进行鉴定，经鉴定，张某患有精神分裂症，上述过程中的医疗费、护理费等均由秀山县中平乡人民政府支付。

二审法院认为，虽张某现处于精神分裂症缓解期，但根据张某目前身体和精神状况，其诉讼行为能力处于不确定状态，杨某作为张某之妻代为提起本案诉讼，不违反法律规定，本院予以支持。

本案中，张某的暴力行为和张某所在村民委员会情况反映，有理由让秀山县中平乡人民政府和秀山县公安局认为张某精神可能处于非正常状态，秀山县中平乡人民政府和秀山县公安局为了保护张某的人身安全，参照《民政部等部门关于进一步做好城市流浪乞讨人员中危重病人、精神病人救治工作的指导意见》(民发〔2006〕6号）第三条“……民政、公安和城建城管监察等部门的工作人员在执行职务时有责任将流浪乞讨病人直接送当地定点医院进行救治”规定的精神，将张某送至秀山县官庄镇卫生院治疗，并无不当。虽然秀山县中平乡人民政府为张某办理了入院手续，并支付了张某的治疗费用，但二行政机关未将张某送治情况及时通知其亲属或当地村民委员会，有违程序正当原则，故其送治程序违法。关于张某的法定代理人认为秀山县中平乡人民政府和秀山县公安局将张某送往秀山县官庄镇卫生院治疗是一种强制措施的意见。经查，行政强制措施由法律设定。现行法律未规定将疑似精神病人送到医院治疗是一种强制措施。根据《民政部等部门关于进一步做好城市流浪乞讨人员中危重病人、精神病人救治工作的指导意见》（民发〔2006〕6号）第三条规定的精神，秀山县中平乡人民政府和秀山县公安局对张某采取的行为是一种救助行为。

（案例索引：重庆市第四中级人民法院（2017）渝04行终97号行政判决书）

周口市公安局第六分局与吴某行政确认案

上诉人（一审被告）：周口市公安局第六分局。

被上诉人（一审原告）：吴某。

2008年7月26日，周口市川汇区小桥街办事处和原周口市公安局沙南分局送吴某到河南省精神病院。后吴某对河南省精神病院、周口市川汇区小桥街办事处提起民事侵权诉讼，周口市中级人民法院（2012）周民终字第629号民事判决认定小桥办事处在不确定吴某是否患有精神病的情况下，直接将吴某送到河南省精神病院治疗，存在过错。该民事判决已经生效。吴某认为原周口市公安局沙南分局送其到河南省精神病院违法，请求法院确认该行为违法。

河南省高级法院二审认为，本案公安机关将吴某送往河南省精神病院，没有相应的精神病司法医学鉴定，事实依据和法律依据不充分，因不具有可撤销内容，依法应当确认违法。

（案例索引：河南省高级人民法院（2013）豫法行终字第00081号行政判决书）

第 32 条　从轻、减轻处罚

第三十二条　当事人有下列情形之一，应当从轻或者减轻行政处罚：

（一）主动消除或者减轻违法行为危害后果的；

（二）受他人胁迫或者诱骗实施违法行为的；

（三）主动供述行政机关尚未掌握的违法行为的；

（四）配合行政机关查处违法行为有立功表现的；

（五）法律、法规、规章规定其他应当从轻或者减轻行政处罚的。

32.1　消除、减轻危害后果

【参考案例】

上诉人中国石油天然气股份有限公司广西某销售分公司与柳州市市场监督管理局行政处罚案

上诉人（一审原告）：中国石油天然气股份有限公司广西某销售分公司。

被上诉人（一审被告）：柳州市市场监督管理局。

2017 年 11 月 21 日，柳州市工商行政管理局工作人员对原告下属的某加油站进行了现场检查，发现该加油站的便利店内陈列有由“花篮”图样宣传泡沫板、“中华人民共和国国旗”图样宣传泡沫板、“厉害了我的国”小卡纸等元素自行制作的立体展示柜，该立体展示柜同时粘贴有与商品水源地相对应的“长绿山神仙水”宣传标语并摆放了“巴马丽琅”牌矿泉水。2018 年 3 月 21 日，柳州市工商行政管理局作出柳工商处字（2018）754号《行政处罚决定书》。

二审法院认为：

关于上诉人案涉行为的性质问题。本案中，在案证据反映上诉人所属某加油站自2017年10月起开始依照上级公司的统一部署开展十九大精神的宣贯活动，“厉害了，我的国”及国旗图案等也都是由上级公司发放，某加油站“巴马丽琅”矿泉水的促销活动则于2017年11月才开始启动，从时间上确实可以推定上诉人最先使用国旗图案并非直接用于“巴马丽琅”矿泉水的广告促销，其政治宣传活动本身不能视作广告促销活动。需要指出的是，《广告法》第九条第一项规定的使用或者变相使用国旗的广告行为，在形式上表现为一定的积极动作，其必然要求行为人在主观上发挥了一定作用，被上诉人主张此类违法行为不考虑主观因素不符合上述法律规定。至于上诉人主张其没有主观过错的问题，虽然上诉人确因政治宣传活动在先使用国旗图案，上诉人作为具有相当规模、相当影响力的国有企业分支也确实难以产生利用国旗图案牟取不当利益的积极动机，其主张没有使用国旗图案从事违法广告活动的积极故意是有说服力的；但同样，上诉人作为具有相当规模、相当影响力的国有企业分支，本应具有相应的经营风险防范能力，维护国旗权威。上诉人在利用国旗图案开展政治宣传活动时，未相应开展国旗使用的教育培训活动致使其工作人员发生使用国旗的不当行为，在主观上明显没有尽到充分的法定注意义务，其行为在主观上至少是有过失的，本院对上诉人主张其没有任何主观过错不予采纳。

关于被诉行政处罚的罚款额度问题。即使当事人存有构成罚款处罚的违法情形，行政机关具体对其作出处罚时，仍应根据行为人的情节轻重，对违法行为予以适度的处罚，对于有从轻、减轻或者免于处罚情节的，应予充分考虑，以确保行政处罚充分发挥惩处和教育的双重功能，既达到纠正违法行为的目的，也能起到教育公民自觉守法的作用。本案中，上诉人仅是在固定经营场所悬挂广告，其影响力明显有别于利用电视网络平台发布大众传媒广告情形，其危害后果是有限的，被上诉人对上诉人予以罚款处罚时，对此应予充分考虑，且上诉人在被上诉人未责令其改正不当行为、未告知行政处罚事项之前，已经主动消除了违法行为，被上诉人在《广告法》第五十七条规定的幅度内予以20万元人民币罚款，没有充分考虑案涉广告的形式影响，也未充分考虑上诉人主动消除不当行为的事实，罚款额度有违比例原则，法院将罚款数额变更为4万元。

虽然上诉人错误使用国旗进行广告宣传活动事出有因，在主观上也有消除负面影响的积极态度，但上诉人不同于普通公民，其作为具有相当影响力的国有企业分支，本身既有完善法人治理结构，健全公司规章制度和运行机制的合规经营义务，上诉人没有提供充分证据证明其已经履行了教育引导相关工作人员合法经营的充分注意义务，被上诉人柳州市市场监督管理局认为应通过一定额度的罚款处罚督促上诉人积极主动改正违法行为，能够发挥寓教于罚的促进作用，本院予以尊重。

综上，被诉处罚决定没有充分体现教育与处罚相结合的原则，罚款额度没有充分考虑上诉人有主动消除违法行为的事实，有违比例原则，依法对该罚款数额予以变更。

（案例索引：广西壮族自治区南宁市中级人民法院（2020）桂01行终126号行政判决书）

上诉人仙居县徐某蔬菜商行与仙居县市场监督管理局食品行政处罚案

上诉人（原审原告）：仙居县徐某蔬菜商行。

被上诉人（原审被告）：仙居县市场监督管理局。

二审法院认为：本案中，上诉人系小摊贩，之前无食品安全违法记录。上诉人以每斤1.8元价格购进24斤去皮芋艿，出售价格每斤2元，总货值48元，其在抽检前未对外销售，抽检后将涉案芋艿拿回家作喂猪处理，有主动消除违法行为危害后果的情节，应当减轻处罚。被上诉人对上诉人处以罚款50 000元明显过重。根据本案违法行为的事实、情节、后果等，对上诉人罚款1 000元较为合理。

被上诉人于2015年11月26日立案查处，于2016年4月20日作出行政处罚听证告知，并于2016年5月10日作出被诉行政处罚决定。首先，被上诉人在处罚前已履行告知程序，但办案期限违反《浙江省市场监督管理部门行政处罚程序规定（试行）》第五十五条规定。其次，被上诉人未提供合议、法制核审等相关材料，其办理程序不符合《浙江省市场监督管理部门行政处罚程序规定（试行）》第四十二条、第四十四条等相关规定。因此，被上诉人作出行政处罚程序违法。

（案例索引：浙江省台州市中级人民法院（2017）浙10行终110号行政判决书）

广州市某护理产品有限公司与广州市环境保护局行政处罚案

上诉人（原审原告）：广州市某护理产品有限公司。

被上诉人（原审被告）：广州市环境保护局。

广东省广州市中级人民法院经二审认为：被上诉人作为本市的环境保护行政主管部门，决定对该环境违法行为给予行政处罚，并无不当。但是，上诉人在被上诉人作出行政处罚前，已经补办手续，并于2008年9月3日取得了广州市白云区环保局核发的排污许可证。被上诉人在此情况下仍责令其立即停止生产，该处罚依据不足，依法应予撤销。同时，被上诉人在未查明上诉人环境违法行为所产生的实际危害，以及上诉人在被立案调查其违法行为后，已积极补办了环保手续，及时纠正其违法行为的情况下，仍作出罚款5万元的处罚，显失公平，依法应予变更。判决变更广州市环境保护局于2009年9月17日作出的处罚决定为罚款1万元。

（案例索引：广东省广州市中级人民法院（2009）穗中法行终字第171号行政判决书）

32.2 受胁迫、诱骗

【参考案例】

杜某与北京市公安局朝阳分局行政处罚案

上诉人（一审原告）：杜某。

被上诉人（一审被告）：北京市公安局朝阳分局。

2018 年 10 月 27 日 11 时许，杜某等人因所购买房屋存在质量问题，在北京市朝阳区鼎锋大厦门口西侧，以穿状衣、打横幅的方式进行维权。朝阳公安分局受理案件后，对杜某等人进行了传唤、询问和调查取证。其中，2018 年 10 月 27 日朝阳公安分局对杜某的询问笔录记载，“2018 年 10 月 27 日 10 时许，我坐地铁到了北京市朝阳区大望路地铁站，出来之后我先去了位于鼎锋大厦的万科签约中心签到，签到后我碰到一个民警，民警同志跟我说了不能拉横幅，之后在门口有一个大姐说让我去大望路地铁站 D 口取衣服，我就去 D 口取了，在那边我看到了十多个人，之后就有人发给我一件白色的衣服并让我穿在身上，我就穿上了，之后我们往万科签约中心走，走的路上有人递给我横幅，让我拉开，我们就拉开了。快走到万科签约中心的时候被民警拦下了，民警让我们把横幅收起来，之后民警就把横幅收起来了。后来民警又让我把状衣脱了，我就把状衣脱了，之后就被民警带走了”。

二审法院认为：杜某认为一审法院认定其在经民警劝阻后仍打横幅和穿状衣，且走在队伍前面带头打横幅的事实错误，主张其受诱骗领取状衣。如上分析，朝阳公安分局提交的证据能够印证杜某的违法事实，杜某该主张不成立，本院不予支持。

（案例索引：北京市第三中级人民法院（2019）京 03 行终 858 号行政判决书）

32.3 主动供述

【参考案例】

李某与郑州市公安局郑东分局行政强制案

原告：李某。

被告：郑州市公安局郑东分局。

2019 年 3 月 16 日凌晨 2 时许，李某在郑州市郑东新区黄河南路万通街景轩酒店8230房间，使用身份证登记时预警，郑东分局民警赶到现场将其带回派出所，经尿检，李某尿液中含有甲基苯丙胺、结果呈阳性，后原告向郑东分局主动供述其于2019年3月14日在安阳市一朋友家中吸毒的事实。2019年3月16日，郑东分局对原告李某依法作出行政拘留十五日的行政处罚决定；同日，郑东分局依据的规定，结合李某的吸毒前科，作出郑公郑东（治）毒瘾认字（2019）10013号吸毒成瘾严重认定书，认定李某吸毒成瘾严重。2019年3月26日，郑东分局决定对原告李某强制隔离戒毒两年，并于当日送达原告。

法院认为，被告依据规定对其作出强制隔离两年的决定，认定事实清楚、适用法律正确。根据“公安机关对吸毒成瘾人员决定予以强制隔离戒毒的，应当制作强制隔离戒毒决定书，在执行强制隔离戒毒前送达被决定人，并在送达后二十四小时以内通知被决定人的家属、所在单位和户籍所在地公安派出所”之规定，被告应当在向原告送达强制隔离戒毒决定后二十四小时内，通知原告的家属、所在单位和户籍所在地公安派出所。被告未提供证据证明其向原告送达被诉决定后，通知了原告的家属，属于行政行为程序上轻微违法，但对原告的权利不产生实际影响，故不足以撤销被诉决定。原告称其是因受到公安机关诱骗才作出的讯问笔录、承认吸毒，又称其实际接收了两次尿检且第一次尿检结果为未吸毒，但均未提供相应证据证明，本院对其辩解不予采纳。强制隔离戒毒决定是一种行政强制措施，并非行政处罚，本案被告对原告李某作出行政拘留15日的行政处罚与对其强制隔离戒毒，系两个行政行为，其行政处罚决定的送达瑕疵及行政拘留执行回执中内容填写不完备的瑕疵，不影响被诉行政行为的合法性。

（案例索引：中牟县人民法院（2019）豫0122行初98号行政判决书）

32.4 配合查处

【参考案例】

怀远县某食品有限公司与怀远县市场监督管理局行政处罚案

上诉人（一审原告）：怀远县某食品有限公司。

被上诉人（一审被告）：怀远县市场监督管理局。

二审法院认为：本案中，上诉人在产品说明使用了“最佳”这一禁止性用语，违反上述法律规定，理应受到处罚。虽然《广告法》是特别法，但各行政机关在作出处罚决定时，仍应按照《行政处罚法》所规定的程序并依据该法总则精神审查案件。据此，上诉人在产品的包装说明中使用了“最佳”语句，但其行为是否应予以行政处罚、适用何种处罚，应当根据上述法律规定并结合违法事实、情节、危害后果等综合进行判断和处理。

综合本案来看，第一，上诉人生产的糯米粉符合国家质量认证标准，属于合格产品；第二，上诉人在产品包装说明的结束语中使用了“是冷饮的最佳填充品”这一用语，该用语并未标注在包装袋显著位置，或用特殊字体予以突出宣传；第三，以上说明中虽使用“最佳”这一绝对性用语，但鉴于上诉人公司住所地位于偏僻乡村，公司注册资本少，经营范围窄，并未在电视、广播、报纸等媒介上投放广告，其影响小；第四，县市场监督管理局经检查认定上诉人销售总量为 1 000 公斤，上诉人自述销售总额为 5 000 元，销售额较少；第五，被上诉人于 8 月 11 日受理投诉后，上诉人于 8 月 13 日就向其提交了书面整改材料，原有“最佳”的包装袋销毁不再使用，删除“最佳”重换新包装，纠正及时，没有造成危害后果。综上，本案上诉人虽在广告中使用“最佳”禁止性用语的行为违法，但该违法行为轻微并及时纠正，在检查后就对外包装袋删除“最佳”重新予以印制，未产生危害后果，不应予以处罚。

对行政机关的裁量行为进行审查，应符合“比例原则”，即县市场监管局对上诉人的违法行为予以处罚应当兼顾行政目标的实现和保护相对人的权益，如果行政目标的实现可能对相对人的权益造成不利影响，则这种不利影响应被限制在尽可能小的范围和限度之内，二者应当有适当的比例。结合以上对事实的分析，县市场监管局对上诉人违法广告行为予以检查、要求整改，上诉人在其查处期间能积极配合执法人员进行调查且及时停止使用包装袋说明中含有“最佳”等用语的糯米粉包装袋，县市场监管局已经实现了其监管的行政目标，故再行对上诉人罚款 10 万元，显然对行政相对人的权益造成严重不利影响。

（案例索引：安徽省蚌埠市中级人民法院（2018）皖 03 行终 7 号行政判决书）

郝某与蛟河市公安局行政处罚案

上诉人（原审原告）：郝某。

被上诉人（原审被告）：蛟河市公安局。

2018 年 12 月 14 日 13 时许，在蛟河市新站镇康医医院宿舍楼一楼卫生间，章某与郝某因琐事发生争吵，随后双方发生殴打，2019 年 2 月 26 日，蛟河市公安司法鉴定中心认定郝某的损伤程度为轻微伤。蛟河市公安局于 2019 年 5 月 22 日给予章某行政拘留 3 日，并处罚款 200 元的行政处罚。

二审法院认为：

（一）参照《最高人民法院关于处理自首和立功具体应用法律若干问题的解释》第一条关于“自首”的规定：“犯罪以后自动投案，如实供述自己的罪行的，是自首。”“自动投案，是指犯罪事实或者犯罪嫌疑人未被司法机关发觉，或者虽被发觉，但犯罪嫌疑人尚未受到讯问、未被采取强制措施时，主动、直接向公安机关、人民检察院或者人民法院投案。”“如实供述自己的罪行，是指犯罪嫌疑人自动投案后，如实交待自己的主要犯罪事实。”虽然刑法与现行有效治安处罚法规范的行为的社会危害性并不相同，但背后的立法精神与价值选择却具有协调一致性，对减轻处罚的制度设计目的是对嫌疑人相关行为如主动投案等的鼓励，也是宽严相济政策的重要体现。本案中，郝某与章某于 2018 年 12 月 14 日 13 时许发生肢体冲突，13 时 11 分郝某向蛟河市公安局新站派出所报案，之后章某主动向新站派出所投案，并于 14 时 15 分接受讯问，向新站派出所如实供述了自己的主要违法行为，根据“举重以明轻”的法律逻辑，章某的行为符合上述法律规定，应认定为主动投案，可依法减轻处罚。

（二）案发后，章某称其将殴打郝某所使用的工具扔进宿舍门口的垃圾箱，经现场寻找公安机关未能找到，依据案发现场的监控录像，无法甄别出章某使用的是否属于警用器械，在缺乏事实根据的情况下，蛟河市公安局未认定章某使用的是警用器械，未对章某加重处罚，并无不当。

（案例索引：长春铁路运输中级人民法院（2020）吉71行终7号行政判决书）

32.5 其他情形

【参考案例】

上诉人北京某面馆与延庆区市场监督管理局行政处罚案

上诉人（一审原告）：北京某面馆。

被上诉人（一审被告）：北京市延庆区市场监督管理局

2018年12月18日，原延庆区食品药品监督管理局对某面馆：1. 没收违法所得27元；2. 并处50 000元罚款。

北京市第一中级人民法院认为：食品安全关系国计民生，国家实行严格的食品安全监管制度，其目的在于保障公众的身体健康和生命安全，维护社会稳定。原延庆区食品药品监督管理局作为延庆区食品安全监督管理部门，对投诉人反映的上诉人超过行政许可范围从事网络食品经营的行为及时进行查处，履行了其法定职责，本院对此予以肯定。

本案的争议焦点在于，被诉处罚决定的处罚幅度是否适当。《行政处罚法》是规范行政处罚的种类、设定及实施的基本法律，《食品安全法》是规范食品生产经营活动及其监督管理的基本法律。在处罚食品安全违法行为方面，二者之间是一般法与特别法的关系，即通常应优先适用《食品安全法》，但在《食品安全法》没有明确规定时，可以适用《行政处罚法》。

行政处罚应遵循“过罚相当”原则，行政处罚所适用的处罚种类和处罚幅度要与违法行为的性质、情节及社会危害程度相适应。行政处罚兼具惩罚和教育的双重功能，通过处罚既应达到纠正违法行为的目的，也应起到教育违法者及其他公民自觉守法的作用。对违法行为施以适度的处罚，既能纠正违法行为，又能使违法者自我反省，同时还能教育其他公民自觉守法。如果处罚过度，则非但起不到教育的作用，反而会使被处罚者产生抵触心理，甚至采取各种手段拖延或抗拒执行处罚，无形中增加了行政机关的执法成本，也不利于树立行政处罚的公信力。

本案中，上诉人销售超过许可事项的凉菜仅有27元，未造成任何实际危害后果，且在立案查处后立刻停止违法行为，依据行政处罚法应当予以减轻处罚。若依据《食品安全法》对上诉人处以50 000元罚款，在处罚幅度上存在明显不当。故法院将罚款数额变更为10 000元。

（案例索引：北京市第一中级人民法院（2019）京01行终1189号行政判决书）

上诉人北京某商店与北京市延庆区食品药品监督管理局行政处罚案

上诉人（一审原告）：北京某商店。

被上诉人（一审被告）：北京市延庆区食品药品监督管理局。

2017年10月23日，延庆区食品药品监督管理局对上诉人处以没收违法所得12.8元、罚款50 000元。

二审法院认为：《行政处罚法》是规范行政处罚的种类、设定及实施的基本法律，《食品安全法》是规范食品生产经营活动及其监督管理的基本法律。在处罚食品安全违法行为方面，二者之间是一般法与特别法的关系，即通常应优先适用《食品安全法》，但在《食品安全法》没有明确规定时，可以适用《行政处罚法》。

行政处罚应遵循过罚相当原则，行政处罚所适用的处罚种类和处罚幅度要与违法行为的性质、情节及社会危害程度相适应。行政处罚兼具惩罚和教育的双重功能，通过处罚既应达到纠正违法行为的目的，也应起到教育违法者及其他公民自觉守法的作用。对违法行为施以适度的处罚，既能纠正违法行为，又能使违法者自我反省，同时还能教育其他公民自觉守法。如果处罚过度，则非但起不到教育的作用，反而会使被处罚者产生抵触心理，甚至采取各种手段拖延或抗拒执行处罚，无形中增加了行政机关的执法成本，也不利于树立行政处罚的公信力。

本案中，上诉人销售的涉案过期瓜子仅有一袋，货值金额仅为 12.8 元，未造成任何实际危害后果，且在现场检查时未发现上诉人销售被投诉的同类过期食品，依据行政处罚法应当予以减轻处罚。若依据食品安全法对上诉人处以 50 000 元罚款，在处罚幅度上存在明显不当。故法院将罚款数额变更为 10 000 元。

（案例索引：北京市第一中级人民法院（2018）京 01 行终 763 号行政判决书）

第 33 条　不予处罚

第三十三条　违法行为轻微并及时改正，没有造成危害后果的，不予行政处罚。初次违法且危害后果轻微并及时改正的，可以不予行政处罚。

当事人有证据足以证明没有主观过错的，不予行政处罚。法律、行政法规另有规定的，从其规定。

对当事人的违法行为依法不予行政处罚的，行政机关应当对当事人进行教育。

【立法说明】

全国人大常委会法制工作委员会副主任许安标 2020 年 6 月 28 日在第十三届全国人民代表大会常务委员会第二十次会议上所作的《关于〈中华人民共和国行政处罚法（修订草案）〉的说明》中指出，经过多年的执法实践，行政处罚的适用规则不断发展完善，在总结实践经验基础上，作以下补充完善：规范行政处罚自由裁量行使权，完善从轻、减轻的法定情形，增加规定当事人有证据证明没有主观过错的，不予行政处罚，法律、行政法规有特别规定的，依照其规定。

全国人民代表大会宪法和法律委员会 2021 年 1 月 20 日《关于〈中华人民共和国行政处罚法（修订草案）〉审议结果的报告》指出：有的常委委员、地方和社会公众建议进一步细化过罚相当原则，强化行政处罚的教育功能。宪法和法律委员会经研究，建议增加以下规定：初次违法且危害后果轻微并及时改正的，可以不予行政处罚。对当事人的违法行为不予行政处罚的，行政机关应当对当事人进行教育。

33.1 没有危害后果

【参考案例】

王某诉临安市林业局林业行政处罚案

原告：王某。

被告：临安市林业局。

本院经审理认为，2007 年，国务院为保“菜篮子”工程，两次发文要求地方政府出台政策鼓励生猪养殖。同年 9 月，国土资源部和农业部根据国务院的文件精神，联合下发了《关于促进规模化畜禽养殖有关用地政策的通知》，鼓励利用荒山荒坡等土地，进行规模化畜禽养殖，简化用地审批手续。在此情况下，原告响应政府号召，在自己荒芜的承包山建养猪场，其行为是对社会有益的，虽未经法定行政审批程序，但应属情节相对轻微的行政违法。本案中，造成涉案林地未经林业部门审核的原因有两个：一是原告自认为在承包山上建养猪场不需要林业部门批准，其主观上存在认识过错；二是镇、畜牧、国土等部门未告知原告应当去林业部门办理审批手续，并且在未征求林业部门意见的情况下，为原告用地办理了备案手续。在存在以上两个原因的情况下，由原告一人承担未经林业部门审批造成的不利后果，有失公平。

涉案土地虽登记为林地，但实际已处在荒芜状态。原告的用地行为并不是《森林法》及其《实施条例》规定的禁止性行为，仅仅是在审批环节违反了有关程序性的规定。因此，原告的违法行为是轻微的，本案被告本可以通过通知原告到被告单位补办有关审批手续的方式，对原告办养猪场的行为予以鼓励和扶持，并使原告在程序上的违法行为得到及时纠正，从而适用《行政处罚法》（1996 年）第二十七条的规定，不对原告进行行政处罚。但被告却仅适用《森林法实施条例》第四十三条第一款之规定，对原告作出责令恢复原状并进行罚款的行政处罚，该处罚决定适用法律错误，依法应予撤销。

该案在宣判前，通过主审法官释明后，双方当事人均表示和解意向，被告临安市林业局主动撤销了被诉处罚决定，原告则申请撤回起诉。

（最高人民法院行政审判庭《中国行政审判指导案例》第3卷）

茂名某环保资源开发有限公司与茂名市生态环境局行政处罚案

原告：茂名某环保资源开发有限公司。

被告：茂名市生态环境局。

广东省茂名市茂南区人民法院一审认为，原茂名市环境保护局认定该公司存在未按国家规定填写危险废物转移联单的基本事实属实。该公司在收到《责令改正违法行为决定书》后能够积极整改，完成电子转移联单的填报。根据《行政处罚法》（2017 年）第二十七条第二款规定，违法行为轻微并及时纠正，没有造成危害后果的，不予行政处罚。某公司的违法情节轻微，在收到整改通知后立即进行整改，认错态度良好，纠错行为积极，社会效果明显，且某公司未按国家规定填写危险废物转移联单的行为也未造成危害后果。原茂名市环境保护局作出的行政处罚决定确属不当，法院据此判决予以撤销。

行政执法应当文明执法，对于违法行为要坚持教育与惩罚相结合，不能机械执法，不加区分一罚了之。即便对于法律明确规定应当予以处罚的，也要符合比例原则，做到过罚相当。本案判决有助于规范行政机关此类执法活动，有利于促使违法行为人主动及时纠正其违法行为，真正实现行政管理的目的。

（2019 年度广东法院行政诉讼十大典型案例）

33.2　初次违法

【参考案例】

上诉人朱某与重庆市公安局渝中区分局治安处罚案

上诉人（一审原告）：朱某。

被上诉人（一审被告）：重庆市公安局渝中区分局。

二审法院认为：本案中，上诉人朱某与万某因改造卫生间是否应当做防水的问题发生纠纷。因此，渝中区公安分局认为此纠纷系邻里纠纷，上诉人朱某在纠纷过程中损毁他人财物等行为情节特别轻微，故决定对上诉人朱某不予行政处罚，并无不当。上诉人朱某认为公安机关对万某的处理结果显失公平，可以通过法律规定的途径予以维权，该问题不属于本案的审查范围。

本案中，渝中区公安分局在作出决定之前未依法向朱某履行相关的告知义务。但考虑到渝中区公安分局作出的是《不予行政处罚决定书》，故一审法院认定该程序违法，但该程序违法对朱某的权利不产生实际影响，并无不当。

（案例索引：重庆市第五中级人民法院（2017）渝05行终457号行政判决书）

武平县某食品经营部与武平县市场监督管理局行政处罚案

原告：武平县某食品经营部。

被告：武平县市场监督管理局。

法院认为：福建省食品药品监督管理局《行政处罚裁量权适用规则》（闽食药监稽〔2017〕1号）第十四条规定，具有下列情形之一的，予以减轻行政处罚：……（七）符合从轻处罚条件的案件，经合议、法制审核，均认为全案具体案情，给予从轻处罚仍不足以体现过罚相当原则的。第十六条规定，具有下列情形之一的，予以从轻行政处罚：……（六）生产环节产品货值金额10 000元以下，或者经营环节产品货值金额 1 000 元以下，危害后果轻微的。本案中，原告违法销售过期食品，货值金额仅为29元，属经营环节产品货值金额1 000元以下情形，且未造成实际危害后果，应予以减轻处罚。判决撤销武平县市场监督管理局作出的行政处罚。

（案例索引：福建省上杭县人民法院（2019）闽0823行初36号行政判决书）

33.3　无主观过错

【参考案例】

上诉人北京某物业管理有限公司与北京市海淀区卫生健康委员会行政处罚案

上诉人（一审原告）：北京某物业管理有限公司。

被上诉人（一审被告）：北京市海淀区卫生健康委员会。

2018 年 11 月 9 日，北京市海淀区卫生健康委员会对某物业公司管理的北京市海淀区上庄馨瑞嘉园小区二次供水情况进行监督检查。北京市海淀区疾病预防控制中心委托北京北化恒泰检测技术有限公司对该小区物业办公室、二次供水设备出口和二次供水末梢分别采集水样共 7 件。结果为检测的上述样品菌落总数指标不合格。2019 年 2 月 19 日，海淀卫健委决定对该公司予以警告，并罚款人民币 21 000 元整。同时责令该公司立即改正上述违法行为。

该物业公司提出系市政供水超标导致该公司二次供水水质超标的抗辩主张。

二审法院认为：本案争议的焦点问题是如果上诉人基于非自身的客观原因导致违法行为的发生是否应予行政处罚。前述问题可以进一步阐释为对违法行为的定性问题。对此问题，不同领域的行政法律规范均作出了规定，是行政执法的法律依据。换言之，行政执法（处罚）的客体是行政违法行为，依据相关行政法律规范对行政违法行为定性时无须考量其产生的原因，法律法规另有规定的除外。海淀卫健委根据所查明的事实，结合该物业公司涉案行为的性质、情节等因素，在履行了调查取证、告知听取陈述和申辩、告知听证权利等程序后，作出涉诉处罚决定程序并无不当。

（案例索引：北京市第一中级人民法院（2020）京 01 行终 242 号行政判决书）

海南省临高县工商行政管理局与海南某电力公司行政处罚案

再审申请人（一审被告、二审被上诉人）：海南省临高县工商行政管理局。

被申请人（一审原告、二审上诉人）：海南某电力公司。

再审法院认为，根据已查明的事实，某电力公司向西部电缆公司购买并销售的7个型号的电力电缆中电力电缆经抽样检验，“导体电阻”项目不符合检验和判定依据的标准要求，为不合格产品。但某电力公司销售的涉案铜芯电力电缆系向生产厂家西部电缆公司直接购买，进货渠道正常，产品合格证及其他标识齐全。电力电缆“导体电阻”项目须经专业检测方能确定，某电力公司作为销售者无法通过查验产品合格证及其他标识，或基于基本常识对电力电缆进行表面、外观检查判明涉案电力电缆是否存在内在质量问题，某电力公司在进货和销售的涉案电力电缆的过程中履行了销售者的自律责任和义务。某电力公司既没有以不合格产品冒充合格产品的故意，也没有以不合格产品冒充合格产品的过失，临高县工商局认定某电力“以不合格产品冒充合格产品”证据不足。

需要指出的是，电力电缆质量关系到人民群众的生命财产安全，对流入市场的不合格产品应坚决予以查处。涉案电力电缆经抽样检验不合格，究其原因系生产者将其贴上“合格”的标签并投放到流通领域，市场监督管理部门可待查清事实后，依法履行职责，维护市场安全。

（案例索引：海南省高级人民法院（2018）琼行申197号行政裁定书）

上诉人茂名市国家税务局第一稽查局
与茂名市某药业有限公司税务行政处理案

上诉人（原审被告）：茂名市国家税务局第一稽查局。

被上诉人（原审原告）：茂名市某药业有限公司。

2009年1月1日至2011年12月31日，原告公司通过杨胜平等人（即个人）在茂南区国家税务局代开发票共136份，合计金额197 319 733.86元（含税），该金额与被告查实的原告未按规定缴纳税款的交易金额一致。被告稽查局于2014年3月4日限原告在收到决定书之日起十五日内将上述税款和滞纳金缴交入库。

二审法院认为：在本案中，由茂南区国税局提供的《代开发票申请表》可以看出，代开发票的付款人是高州市人民医院，收款方是医药代表个人而非被上诉人，发票品名为药品一批且金额巨大，明显该发票涉及药品销售。茂南区国税局作为税法法规实施和执行的行政机关，对于代开发票申请有全面审查的义务。在医药代表（即个人）申请代开发票时，茂南区国税局应当清楚个人不能销售药品，但其在长达3年的时间里一直同意医药代表代开发票的申请，开出的发票多达136份。因此，茂南区国税局对被上诉人茂名市某药业有限公司的少缴税款行为负有责任。被上诉人收到上诉人作出的《税务处理决定书》后，一直积极主动配合税务机关，愿意补缴税款。茂南区国家税务局于2014年9月11日划扣了被上诉人少缴的税款25 612 809.52元和滞纳金18 443 591.01元，被上诉人的行为实际未造成国家损失。此外，上诉人无证据证明被上诉人少缴税款行为存在主观故意。上诉人认为被上诉人少缴税款的行为构成偷税的主张，理据不足，本院亦不予认可。

（案例索引：广东省茂名市中级人民法院（2015）茂中法行终字第50号行政判决书）

上诉人惠州大亚湾经济技术开发区市场监督管理局与惠州大亚湾某饮用水有限公司行政处罚案

上诉人（原审被告）：惠州大亚湾经济技术开发区市场监督管理局。

被上诉人（原审原告）：惠州大亚湾某饮用水有限公司。

二审法院认为，本案中，大亚湾市监局在对被上诉人公司生产经营的成品桶装水进行检验时，没有同时对灌装的水源水进行检验，即不能确定耗氧量指标超标是因为水本身的问题还是水装桶以后产生的问题。在不能排除确实因桶清洗不彻底的原因而导致成品桶装水耗氧量超标的情况下，应当适用有利于被处罚对象的法律条文。

（案例索引：广东省惠州市中级人民法院（2019）粤13行终145号行政判决书）

上诉人方某与莆田市涵江区市场监督管理局行政处罚案

上诉人（原审原告）：方某。

被上诉人（原审被告）：莆田市涵江区市场监督管理局。

二审法院认为：行政机关实施行政处罚，应当坚持处罚与教育相结合，遵循“过罚相当”原则，不应当轻错重罚或者重错轻罚。本案中，上诉人方某销售的生姜及菠菜，经抽检，铅及毒死蜱不符合食品安全标准限量，检验结论为不合格，被上诉人莆田市涵江区市场监督管理局据此认定上诉人方某销售农药残留和重金属含量超过食品安全标准限量的食用农产品，事实清楚。但综合在案事实可知，上诉人方某系从合法的集中交易市场涵江区闽中蔬菜批发市场采购生姜及菠菜，该事实亦为被上诉人莆田市涵江区市场监督管理局所认可。因上诉人方某采购的生姜及菠菜数量较少，且其仅为蔬菜摊的经营者，故要求其向供应商索要检验合格证明，既不现实也不符合交易习惯。此类经营者更主要是依照日常经验判断农产品的新鲜度和完好性，以确定农产品是否合格。此外，闽中蔬菜批发市场作为辖区合法的集中交易市场，日常亦有公示蔬菜合格的检测结果，足以形成上诉人方某的合理信赖。因此，上诉人方某在闽中蔬菜批发市场采购上述生姜及菠菜时，通过检查其外观、气味等，已履行了基本的进货查验义务。同时，上诉人方某违法所得仅16元，且未出现严重社会危害后果。综上，被上诉人莆田市涵江区市场监督管理局未考量上述情形，认定事实不清，亦有违“过罚相当”原则，依法应予撤销。

（案例索引：福建省莆田市中级人民法院（2019）闽03行终144号行政判决书）

何某与江安县市场监督管理局行政处罚案

原告：何某。

被告：江安县市场监督管理局。

法院认为：对原告摆放在其货柜内的两瓶谷粒多饮料，就其性质是属原告的自用饮品，还是待销售食品问题。首先，食品经营者将涉案两瓶谷粒多饮料临街陈列在其销售货柜内，该货柜中同时还陈列有其他同类的待售食品，原告该行为即是向社会公示销售，故原告将涉案的两瓶谷粒多饮料陈列在其货柜内的性质为待售，法院对原告称该两瓶谷粒多饮料系自己饮用饮料的主张不予支持。其次，《食品安全法》所指的食品经营，是指食品经营者以营利为目的，并对外销售食品的全过程，销售行为包括待销售、正在销售和已销售，如果仅以销售结果来判断是否销售，显然不符合《食品安全法》保证食品安全，保障公众身体健康和生命安全的立法目的，故原告虽未实际将涉案的两瓶谷粒多饮料销售出去，但仍应按经营超过保质期食品的行为予以认定。对原告认为其两瓶谷粒多饮料为库存食品，仅是没有及时清理，法院认为，对于库存食品的概念，应实行严格的文义解释，即仅指存放于食品仓库或存储区所存储的食品，而本案原告将涉案的两瓶谷粒多饮料陈列在临街销售货柜中，显然不属于库存食品。被告对原告进行行政处罚时，正逢我国新型冠状病毒疫情期间，且原告的违法行为货值较小，尚未产生社会危害后果，对原告进行大幅减轻处罚的决定，符合《四川省食品药品行政处罚裁量权适用规则》及中共中央及国务院关于在我国疫情期间应扶持相关企业、个体工商户，积极推行复工复产的政策相符。减轻处罚，即为在法定处罚幅度以下进行处罚，故被告江安县市场监督管理局对原告的量罚没有违反法律规定。

（案例索引：四川省江安县人民法院（2020）川1523行初17号行政判决书）

上诉人上杭县市场监督管理局与上杭县某餐饮有限公司行政处罚案

上诉人（原审被告）：上杭县市场监督管理局。

被上诉人（原审原告）：上杭县某餐饮有限公司。

二审法院认为：本案争议的焦点是，根据上诉人的执法人员于 2019 年 6 月 19 日，在被上诉人经营的某餐饮场所巡查时，发现其厨房内的操作台上和货架上各有两瓶批号为 2017-06-13、规格为 510 毫升/瓶、保质期为 24 个月的“超级酱油”。其中放在操作台上的两瓶酱油，一瓶剩余约 30 毫升，另一瓶已撕开塑封尚未开瓶；货架上的两瓶未撕开塑封的事实，能否推定被上诉人已构成使用超过保质期的食品原料生产食品的行为。对此，本院认为，上诉人上杭县市场监督管理局是专门从事市场秩序管理的行政主管部门，其执法人员经过一定的专业训练和上岗培训，对市场餐饮违法行为的现场判断能力和素质要高于一般自然人。从“使用超过保质期的食品原料生产食品（菜品）”的行为特点来看，这种违法行为往往是瞬间发生、不留痕迹的，可以是执法当场发现，但更多的是执法人员根据事发现场查明的事实及生活、执法经验作出推定，对于这种推定一般应予确认，除非被上诉人有确凿证据证明执法人员有滥用职权的故意，或有监控技术设施可以证明执法人员所认定的事实不存在而执法人员不提供。就本案而言，上诉人提供的证据《现场检查笔录》及照片可以证明被诉行政处罚决定所认定的事实证据充分，案涉食品“超级酱油”已超出保质期，至此，上诉人已完成证明责任，其以此推定被上诉人“存在使用超过保质期的生产食品（菜品）的行为”符合生活经验与职业经验判断；被上诉人虽对此提出异议，但并未提供相反证据予以证明或有确凿证据证明上诉人的执法人员存在滥用职权的故意，该异议不成立。

（案例索引：福建省龙岩市中级人民法院（2020）闽 08 行终 52 号行政判决书）

33.4 教育

【参考案例】

周某与北京市门头沟区城子派出所要求撤销不予行政处罚决定案

原告：周某。

被告：北京市公安局门头沟分局城子派出所。

2018年4月22日19时许，城子派出所接到门头沟公安分局勤务指挥处布警。接报后，城子派出所民警立即赶到现场处置并于同日受理后，向李某出具了受案回执。2018年8月7日，城子派出所对李某作出京公门（城）不罚决字（2018）000011号《不予行政处罚决定书》。周某对此不服诉至法院。

法院认为：《治安管理处罚法》第九十五条第（二）项规定，治安案件调查结束后，公安机关应当根据不同情况，分别作出以下处理，依法不予处罚的，或者违法事实不能成立的，作出不予处罚决定。本案中，城子派出所通过调查询问等，证明李某的违法事实不能成立，据此作出《不予行政处罚决定书》事实清楚、证据充分。虽然《行政处罚法》《公安机关办理行政案件程序规定》等对于不予行政处罚决定书的制作要求没有明确规定，但不予行政处罚决定亦对行政相对人或利害关系人的权益产生影响，故应当参照适用上述法律、部门规章关于行政处罚决定书制作要求的有关规定。因此，城子派出所作出的《不予行政处罚决定书》事实表述不清，属程序轻微违法，但对原告周某的权利不产生实际影响，依法应被确认违法。

（案例索引：北京市门头沟区人民法院（2019）京0109行初12号行政判决书）

周某与大连市公安局西岗分局治安处罚案

上诉人（一审原告）：周某。

被上诉人（一审被告）：大连市公安局西岗分局。

二审法院认为：本案被诉的西岗分局不予处罚决定存在以下违法情形，第一，对案件的关键事实未进行调查核实认定。西岗分局的不予处罚决定认定了王某用脚踢周某的事实，但是对于王某用脚踢周某是否对周某的健康造成影响并未认定。王某用脚踢周某是否对周某的健康造成了影响是认定王某的行为是否属于情节特别轻微的关键事实，但是西岗分局对此并未进行认定。第二，由于西岗分局未认定上述关键事实，因而能否认定王某的行为属于情节特别轻微，应否适用《治安管理处罚法》第十九条第一项的规定不予处罚难以作出判断。事实上西岗分局在其作出的不予处罚决定书中并未说明不予处罚的理由，并未说明王某的行为为什么属于情节特别轻微。第三，程序违法。鉴于本案西岗分局被诉的不予处罚决定存在上述的事实证据、适用法律和执法程序方面的违法情形，依法应当予以撤销。

（案例索引：辽宁省高级人民法院（2020）辽行终 1089 号行政判决书）

第 34 条　处罚裁量基准

第三十四条　行政机关可以依法制定行政处罚裁量基准，规范行使行政处罚裁量权。行政处罚裁量基准应当向社会公布。

【立法说明】

全国人大常委会法制工作委员会副主任许安标 2020 年 6 月 28 日在第十三届全国人民代表大会常务委员会第二十次会议上所作的《关于〈中华人民共和国行政处罚法（修订草案）〉的说明》中指出，经过多年的执法实践，行政处罚的适用规则不断发展完善，在总结实践经验的基础上，作以下补充完善：规范行政处罚自由裁量权行使，完善从轻、减轻的法定情形；行政机关可以依法制定行政处罚裁量基准。

【参考案例】

再审申请人江苏省东台市市场监督管理局与翁某行政处罚案

再审申请人（一审被告、二审上诉人）：江苏省东台市市场监督管理局。

被申请人（一审原告、二审被上诉人）：翁某。

最高法院认为：根据行政合理性原则，行政法律法规虽然赋予了行政机关较大的自由裁量权，但同一行政机关在对同类型案件、同种类违法行为作出处罚时，幅度应当保持相对一致。

本案中，再审申请人东台市市场监督管理局（以下简称东台市监局）于 2016

年 5 月 11 日作出 0084 号处罚决定，经重新调查后于同年 12 月 15 日作出 0332 号处罚决定。相比 0084 号处罚决定，0332 号处罚决定认定被申请人翁某经营行为侵犯的注册商标数量、违法经营额均少于 0084 号处罚决定认定的事实情节。再审申请人的两次处罚虽然均在法定幅度内作出，但作为同一处罚程序中针对同类违法行为作出的处罚决定，应当符合《行政处罚法》关于“行政机关不得因当事人申辩而加重处罚”的规定。结合《行政处罚法》关于“过罚相当”的规定，在同一处罚程序中，对于违法情节明显减轻的情况，处罚结果未相应减轻，实质上亦属于加重处罚，不符合行政合理性原则。同时，在 0332 号处罚决定作出前，被申请人翁某与部分消费者及商标权利人进行了协商并予以赔偿。再审申请人东台市监局以商标权利人出具的“贵局对被投诉人之前的行为是否处罚、如何处罚，权利人均没有异议”说明为由，主张该行为并不影响处罚结果。但根据《行政处罚法》关于“实施行政处罚，纠正违法行为，应当坚持处罚与教育相结合”的规定，行政处罚的目的并不在于罚款本身，而是通过惩戒性的措施教育公民、法人或者其他组织自觉守法。被申请人积极与商标权利人沟通并赔偿了损失，表明被申请人已经认识到行为的过错性，并采取了积极措施消除或者减轻违法行为危害后果。再审申请人仍坚持原处罚幅度，有所不当。

根据依法行政原则，行政机关在发现自己作出的行政行为存在错误时，可以依法自行撤销或改变行政行为。允许行政机关自行纠错，有利于保障行政相对人合法权益、减少行政成本、重塑行政公信力。复议行为是复议机关依法履行复议权的行政行为，与原行政行为具有相对独立性，复议机关确有正当理由撤销复议决定的，应当予以支持。

（案例索引：最高人民法院（2019）最高法行申 9339 号行政裁决书）

第 35 条　刑罚的折抵

第三十五条　违法行为构成犯罪，人民法院判处拘役或者有期徒刑时，行政机关已经给予当事人行政拘留的，应当依法折抵相应刑期。

违法行为构成犯罪，人民法院判处罚金时，行政机关已经给予当事人罚款的，应当折抵相应罚金；行政机关尚未给予当事人罚款的，不再给予罚款。

【立法说明】

全国人民代表大会宪法和法律委员会 2021 年 1 月 20 日《关于〈中华人民共和国行政处罚法（修订草案）〉审议结果的报告》指出：有的常委委员、地方、专家学者和社会公众建议完善行政处罚和刑事司法衔接机制，推动解决案件移送中的问题。宪法和法律委员会经研究，建议增加以下规定：一是对依法不需要追究刑事责任或者免予刑事处罚，但应当给予行政处罚的，司法机关应当及时将案件移送有关行政机关；二是行政处罚实施机关与司法机关之间应当加强协调配合，建立健全案件移送制度，加强证据材料移交、接收衔接，完善案件处理信息通报机制；三是违法行为构成犯罪判处罚金的，行政机关尚未给予当事人罚款的，不再给予罚款。

【司法性文件】

最高人民法院关于在司法机关对当事人虚开增值税专用发票罪立案侦查之后刑事判决之前，税务机关又以同一事实以偷税为由对同一当事人能否作出行政处罚问题的答复

（〔2008〕行他字第1号）

山东省高级人民法院：

你院《关于枣庄永帮橡胶有限公司诉山东省枣庄市国家税务局税务行政处罚一案的请示》收悉。经研究，答复如下：

根据《行政执法机关移送涉嫌犯罪案件的规定》第三条、第五条、第八条、第十一条的规定，税务机关在移送公安机关之前已经给予当事人罚款处罚的，法院在判处罚金时应当折抵罚金。

税务机关在发现涉嫌犯罪并移送公安机关进行刑事侦查后，不再针对同一违法行为作出行为罚和申诫罚以外的行政处罚；刑事被告人构成涉税犯罪并被处以人身和财产的刑罚后，税务机关不应再作出罚款的行政处罚。

如当事人行为不构成犯罪，则公安机关应将案件退回税务机关，税务机关可依法追究当事人的行政违法责任。

此复。

最高人民法院

2008年9月19日

【参考案例】

深圳市生态环境局龙华管理局与翁某非诉执行案

再审申请人（一审被告、二审被上诉人）：深圳市生态环境局龙华管理局。

被申请人（一审原告、二审上诉人）：翁某。

法院认为：根据申请人申请再审提交的材料反映，因被申请人翁某自 2011 年起擅自向黎光水库及水库最高水位线以下的岸坡倾倒渣土，深圳市宝安区人民法院于 2013 年 1 月 23 日作出（2013）深宝法龙刑初字第 35 号《刑事判决书》，判决翁某犯非法占用农用土地罪，判处有期徒刑 8 个月，缓刑 1 年，并处罚金人民币 2 000 元。之后申请人原龙华区环境水务局就翁某前述倾倒渣土的违法行为，于 2017 年 3 月 14 日作出《行政处罚决定书》：一、立即采取治理措施对黎光水库及周边地区倾倒的渣土进行清运、消除污染；二、处以行政罚款 20 万元。

因同一破坏生态环境的行为，违法行为人依法须承担的行政责任内容与刑事责任内容具有相同的法律效果时，如刑事责任已先行承担，则刑事责任吸收行政责任。本案中被申请人翁某已在另案刑事判决中被处以罚金刑罚，原龙华区环境水务局再对其作出行政罚款，明显缺乏依据。同时，涉案处罚决定第一项内容为“立即采取治理措施对黎光水库及周边地区倾倒的渣土进行清运、消除污染”，原龙华区环境水务局再审申请书中亦主张该项处理内容属于行政命令，不属于行政处罚性质，但申请人一并以行政处罚决定的方式作出该项处理决定，程序不当。申请人原龙华区环境水务局如认为相关责任人依法仍需承担清运、消除污染的法律责任，可重新调查取证，依法另行作出处理。综上，裁定驳回原深圳市龙华区环境保护和水务局的再审申请。

（案例索引：广东省高级人民法院（2018）粤行申 1754 号行政裁定书）

上诉人张某与辽阳市食品药品监督管理局行政处罚案

上诉人（原审原告）：张某。

被上诉人（原审被告）：辽阳市食品药品监督管理局。

二审法院认为：本案的主要争议焦点在于被上诉人在将案件移送公安机关后又对上诉人张某作出罚款的行政处罚程序是否合法、适用法律是否正确。根据《行政执法机关移送涉嫌犯罪案件的规定》第三条、第五条、第八条、第十一条的规定，行政执法机关在依法查处违法行为过程中，发现违法事实涉嫌构成犯罪，依法需要追究刑事责任的，必须依照规定向公安机关移送，行政执法机关对应当向公安机关移送的涉嫌犯罪案件，不得以行政处罚代替移送。只有依照行政处罚法的规定，行政执法机关向公安机关移送涉嫌犯罪案件前，已经依法给予当事人罚款的，人民法院判决罚金时，才依法折抵相应罚金。在本案中，被上诉人所作出的行政处罚是向公安机关移送涉嫌犯罪案件后给予上诉人罚款的行政处罚。因此，被上诉人在依法将案件移送公安机关后，又对上诉人作出罚款的行政处罚决定，缺乏法律明确授权，属适用法律错误，应当予以撤销。

（案例索引：辽宁省辽阳市中级人民法院（2014）辽阳行终字第 00038 号行政判决书）

第 36 条　处罚时效

第三十六条　违法行为在二年内未被发现的，不再给予行政处罚；涉及公民生命健康安全、金融安全且有危害后果的，上述期限延长至五年。法律另有规定的除外。

前款规定的期限，从违法行为发生之日起计算；违法行为有连续或者继续状态的，从行为终了之日起计算。

【立法说明】

全国人大常委会法制工作委员会（以下简称全国人大法工委）副主任许安标 2020 年 6 月 28 日在第十三届全国人民代表大会常务委员会第二十次会议上所作的《关于〈中华人民共和国行政处罚法（修订草案）〉的说明》指出，经过多年的执法实践，行政处罚的适用规则不断发展完善，在总结实践经验基础上，作以下补充完善：加大重点领域执法力度，涉及公民生命健康安全的违法行为的追责期限由两年延长至五年。

【司法性文件】

全国人大法工委对《关于提请明确对行政处罚追诉时效“二年未被发现”认定问题的函》的研究意见

（法工委复字〔2004〕27 号）

司法部：

你处送来的《关于提请明确对行政处罚追诉时效“二年未被发现”认定问题

的函》收悉。经研究，同意你部的意见。

全国人大法工委

2004 年 12 月 24 日

附：司法部关于提请明确对行政处罚追诉时效“二年未被发现”认定问题的函（司发函〔2004〕212 号）

全国人大法工委：

根据胡锦涛总书记等中央领导同志关于进一步加强律师队伍建设的重要指示精神，今年 4 月以来，我部在全国律师队伍中开展了集中教育整顿活动，目前已经进入违法违纪律师集中查处阶段，包括对一些地方的律师行贿法官问题的查处。根据《行政处罚法》第 29 条规定：“违法行为在二年内未被发现的，不再给予行政处罚。法律另有规定的除外。”在对违法违纪律师行政处罚中，一些地方司法行政机关对该条款中“二年未被发现”的认定问题存在不同理解。为了推动律师队伍集中教育整顿活动的深入开展，有必要对此予以明确。经研究，我部认为，《行政处罚法》第 29 条规定的发现违法违纪行为的主体是处罚机关或有权处罚的机关，公安、检察、法院、纪检监察部门和司法行政机关都是行使社会公权力的机关，对律师违法违纪行为的发现都应该具有《行政处罚法》规定的法律效力。因此上述任何一个机关对律师违法违纪行为只要启动调查、取证和立案程序，均可视为“发现”；群众举报后被认定属实的，发现时效以举报时间为准。以上当否，请函复。

司法部

2004 年 11 月 10 日

对国家工商总局《关于公司登记管理条例》适用有关问题的复函

（国法函〔2006〕273号）

国家工商行政管理总局：

你局《关于提请解释〈公司法〉〈公司登记管理条例〉有关适用问题的函》（工商法函字〔2006〕81号）收悉，经研究，现就《公司登记管理条例》适用有关问题函复如下：

公司登记管理条例对虚报注册资本、提交虚假材料、虚假出资、抽逃出资等行为的处罚，应当按照行政处罚法的有关规定办理。你局提出的虚报注册资本、提交虚假材料、虚假出资、抽逃出资等行为在工商行政管理机关查处前未纠正的，视为违法行为的继续状态。如果违法的公司纠正其违法行为，并达到公司法规定的条件，且自该纠正行为之日起超过二年的，则不应再追究其违法行为。这一理解是与行政处罚法的规定相一致的，我们没有不同意见。

此复。

国务院法制办公室

2006年6月20日

全国人大常委会法工委对“关于违反规划许可、工程建设强制性标准建设、设计违法行为追诉时效有关问题”的意见

（法工办发〔2012〕20号）

住房和城乡建设部办公厅：

你部送来的《关于违反规划许可、工程建设强制性标准建设、设计违法行为追诉时效有关问题的请示》（建法函〔2011〕316号）收悉。经研究，同意你

部意见。

全国人大法工委

2012 年 2 月 13 日

附：关于违反规划许可、工程建设强制性标准建设、设计违法行为追诉时效有关问题的请示（建法函〔2011〕316 号）

全国人大法工委：

近日，地方在执法实践中发现，部分建设项目违反规划许可、工程建设强制性标准，相关责任单位的违法行为在 2 年后才被发现。地方在查处时大致有两种意见：一是认为依照《行政处罚法》第二十九条第一款，发现相关责任单位实施违法行为时超过 2 年的，不应再追究其法律责任；二是认为违反规划许可、工程建设强制性标准进行建设、设计、施工，其行为有继续状态，应当自纠正违法行为之日起计算行政处罚追诉时效。

我部认同第二种意见，违反规划许可、工程建设强制性标准进行建设、设计、施工，因其带来的建设工程质量安全隐患和违反城乡规划的事实始终存在，应当认定其行为有继续状态，根据《行政处罚法》第二十九条规定，行政处罚追诉时效应当自行为终了之日起计算。

以上意见妥否，特请示，盼复。

住房和城乡建设部办公厅

2011 年 12 月 29 日

【参考案例】

再审申请人杭州某公司与中华人民共和国上海吴淞海关行政处罚案

再审申请人（一审原告、二审上诉人）：杭州某公司。

被申请人（一审被告、二审被上诉人）：中华人民共和国上海吴淞海关。

最高法院认为：

关于本案行政处罚是否超过法定处罚时效的问题。本案中，因认为杭州某公司于2008年3月7日至2009年3月30日向海关申报从日本天间公司进口纸品涉嫌偷逃税款，上海海关缉私部门于2009年4月1日对该公司以走私普通货物立案侦查，表明已经对违法行为开始查处，即该违法行为已经在二年内被发现，并不存在不能给予行政处罚的情形。上海海关缉私部门于2011年6月2日向检察机关移送起诉，上海市人民检察院第一分院于2011年7月20日出具《退回处理函》决定"退回作行政处理"，上海海关缉私部门于2011年11月8日移送浦东机场海关后，浦东机场海关于2011年11月15日作为行政案件立案，并不违反上述有关行政处罚时效的规定。再审申请人以浦东机场海关2011年11月15日行政案件立案之日作为违法行为被发现之日，并以此计算二年处罚时效，属于对法律规定的错误理解。

关于被诉行政处罚集体讨论程序是否合法的问题。因海关监管关涉国家主权和税收利益，对相关行政案件是否需要提交集体讨论以及具体讨论形式等，宜由海关监管部门综合涉案单位和人员、违法情节、案件影响、认定偷逃税款数额、处罚后果等具体因素，遵照海关监管政策和行政惯例，裁量决定。本案中，吴淞海关经考量案涉货物价款、拟认定偷逃税款、拟追缴税款、刑事与行政处理相互衔接等具体因素，决定与浦东机场海关缉私分局共同集体讨论，并形成相关案件审理委员会会议纪要，不违反上述法律法规规定。且也表明，吴淞海关决定行政处罚前已充分考虑行政程序完整性和对行政相对人权利救济可得性，依法应予支持。

本案中，因案涉走私进口货物客观上无法没收，考虑到该公司积极缴纳担保金，存在依法从轻或者减轻行政处罚情形，吴淞海关参考适用《海关总署政策法规司关于〈湛江海关关于对伪报、瞒报进出口货物价格案件法律适用问题的请示〉的批复》的规定，决定向该公司追缴走私货物价款人民币1 857 085.46元，具有事实和法律依据。

（案例索引：最高人民法院（2017）最高法行申4273号行政裁定书）

郭某与中国证券监督管理委员会行政处罚案

上诉人（一审原告）：郭某。

被上诉人（一审被告）：中国证券监督管理委员会。

二审法院认为，《行政处罚法》（2017年）第二十九条规定，违法行为在二年内未被发现的，不再给予行政处罚。法律另有规定的除外。前款规定的期限，从违法行为发生之日起计算，违法行为有连续或者继续状态的，从行为终了之日起计算。上述规定以“发现”而非“立案”作为确定行政处罚时效的期限标准。本案中，涉案交易行为终了于2014年3月12日，证监会在对“中文传媒”异常交易案初步调查过程中，于2014年7月9日对郭某进行了询问，具体问及了涉案交易事项，后于2019年6月11日作出被诉处罚决定。上述行为并未违反行政处罚法关于处罚时效的规定。

关于本案处罚程序是否合法。本案系证监会依职权作出行政处罚，行政处罚法、证券法等法律规范并未规定最终作出处罚决定的时限。证监会在初步调查过程中，通过询问当事人和与被调查事件有关的单位和个人，查阅、复制与被调查事件有关的通信记录、证券交易记录等方式调取证据材料，后向郭某送达了调查通知书，在作出被诉处罚决定之前，向郭某告知了拟作出处罚决定的事实、理由、依据及郭某享有的陈述、申辩权利，并依据郭某的申请举行了听证会，听取了郭某的陈述申辩意见，后作出被诉处罚决定并向郭某进行了送达。上述行政处罚程序符合法律规定。

（案例索引：北京市高级人民法院（2020）京行终1402号行政判决书）

上诉人郑州某置业有限公司与郑州市市场监督管理局行政处罚案

上诉人（原审原告）：郑州某置业有限公司。

被上诉人（原审被告）：郑州市市场监督管理局。

原审第三人：宋某。

本院认为：《行政处罚法》（2017 年）第二十九条规定："违法行为在二年内未被发现的，不再给予行政处罚。法律另有规定的除外。前款规定的期限，从违法行为发生之日起计算；违法行为有连续或者继续状态的，从行为终了之日起计算。"由此可见，除法律另有规定外，行政处罚的追诉时效一般为二年。本案中，郑州市市场监督管理局收到宋某 2018 年 5 月 24 日提交的撤销上诉公司 2014 年 5 月 14 日公司变更登记申请后，于 2018 年 6 月 1 日才开始对上诉公司 2014 年 5 月 14 日的变更登记立案调查。即使上诉公司在 2014 年 5 月 14 日的变更登记中存在提供虚假材料的违法行为，该违法行为至迟于 2014 年 5 月 14 日变更登记前已经完成，因此，追诉时效应从该违法行为终了之日即 2014 年 5 月 14 日起算，郑州市市场监督管理局于 2019 年 2 月 25 日作出被诉行政处罚决定时距离案涉违法行为已近 5 年，早已超出《行政处罚法》关于二年追诉时效的规定，不应再给予行政处罚。

（案例索引：郑州铁路运输中级法院（2020）豫 71 行终 140 号行政判决书）

上诉人瑞华会计师事务所等与中国证券监督管理委员会行政处罚案

上诉人（一审原告）：某会计师事务所（特殊普通合伙）。

上诉人（一审原告）：王某等 3 人。

被上诉人（一审被告）：中国证券监督管理委员会。

二审法院认为：《行政处罚法》（2017 年）第二十九条第一款规定，违法行为在二年内未被发现的，不再给予行政处罚。该规定中"被发现"是指可能构成违法的行为从发生之日在二年内进入行政机关视野，并不要求违法事实已被查实或对违法行为进行准确定性。本案中，上诉人为某上市公司出具 2013 年年度财务报表审计报告的时间为 2014 年 4 月 21 日，证监会于 2015 年对某上市公司财务报告虚假记载违法行为调查过程中即已发现上诉人可能存在出具虚假记载审计报告违法行为的线索。证监会于 2016 年 5 月对上诉人进行立案调查并不意味着违法行为刚刚被发现，不能排除行政机关先进行调查取证，掌握一部分违法事实线索后，才对涉嫌违法行为人展开立案调查的情形。故上诉人认为违法行为的发现时间应指行政机关立案时间的诉讼理由，没有法律依据，本院不予支持。

（案例索引：北京市高级人民法院（2020）京行终618号行政判决书）

福建省武平县某汽车零部件工业有限公司与龙岩市市场监督管理局行政处罚案

上诉人（原审原告）：福建省武平县某汽车零部件工业有限公司。

被上诉人（原审被告）：龙岩市市场监督管理局。

二审法院认为：具体到本案中，上诉人生产销售活塞产品既伪造产地又伪造厂名，所涉购销合同针对的是同一家公司，所伪造产地及厂名亦为同一性质，而且对于库存的200只活塞产品及2 000只包装箱一直未被销毁，上诉人销售部业务员在行政处罚过程中所作询问笔录中陈述："这些活塞都是可以销售的成品，是公司历年按订单生产并销售后余留下来的尾货。考虑客户可能还有需要，如果订单刚好有需要同规格类型的活塞，就可以拿来销售"。因此，上诉人伪造产地及厂名的违法行为从2007年8月起至2019年6月被查获止应认为处于连续状态，其违法行为在被查获之时尚未终了，不存在超过二年追诉时效的情形。

（案例索引：福建省龙岩市中级人民法院（2020）闽08行终116号行政判决书）

辽宁某安装集团有限公司与福州市长乐区市场监督管理局行政处罚案

上诉人（一审原告）：辽宁某安装集团有限公司。

被上诉人（一审被告）：福州市长乐区市场监督管理局。

二审法院认为：上诉人因交付未经监督检验的特种设备，违反了《特种设备安全法》的相关规定，本应受到相应的行政处罚。但是，本案中，上诉公司交付未经监督检验的特种设备的行为，是于2018年4月12日在被上诉人对山力公司进行执法检查时发现的。被上诉人认为上诉人交付的涉案设备未经监督检验这一事实依然存在，该设备处于违法存续状态，故认定上诉人违法行为处于继续状态并未终止。但是，行政处罚法规定的“继续”是指违法行为的继续，而不是指危害后果的继续，所有的违法行为都有其危害后果，而大多数的危害后果也都呈现继续状态，违法行为的继续状态应体现违法行为本身具有时间上的不间断性。上诉人交付未经监督检验的特种设备的违法行为，在事实完成交付后就已经完结，行为本身并不具有时间上的不间断性，故不属于行政处罚法规定的继续状态。据此，上诉公司于2015年1月交付未经监督检验的特种设备，该违法行为于2018年4月12日被发现，已经超过法定的不再给予行政处罚的期限。

（案例索引：福建省福州市中级人民法院（2019）闽01行终330号行政判决书）

第37条　法不溯及既往

第三十七条　实施行政处罚，适用违法行为发生时的法律、法规、规章的规定。但是，作出行政处罚决定时，法律、法规、规章已被修改或者废止，且新的规定处罚较轻或者不认为是违法的，适用新的规定。

【立法说明】

本条是新修订增加的条款。

全国人大常委会法制工作委员会副主任许安标2020年6月28日在第十三届全国人民代表大会常务委员会第二十次会议上所作的《关于〈中华人民共和国行政处罚法（修订草案）〉的说明》中指出，经过多年的执法实践，行政处罚的适用规则不断发展完善，在总结实践经验的基础上，作以下补充完善：增加"从旧兼从轻"适用规则，行政处罚的依据适用违法行为发生时的法律、法规和规章的规定，但是新的法律、法规和规章的规定更有利于当事人的，适用新的法律、法规和规章的规定。

【参考案例】

青岛市黄岛区市场和质量监督管理局与青岛某厨柜有限公司行政处罚案

上诉人（原审被告）：青岛市黄岛区市场和质量监督管理局。

被上诉人（原审原告）：青岛某厨柜有限公司。

本院认为：本案中，被上诉人青岛某厨柜有限公司在其公司网站的公司简介中使用的“山东省最早做回转火锅的一家公司”的用语，该内容发布在互联网上，面向不特定的社会公众，属于商业广告范畴。上诉人黄岛区市场和监督管理局适用《反不正当竞争法》对被上诉人在其公司网站宣称“山东省最早做回转火锅的一家公司”的广告行为进行定性、处罚，系适用法律错误。

（案例索引：山东省青岛市中级人民法院（2018）鲁02行终401号行政判决书）

上诉人南通某牧业有限公司与南通市生态环境局行政处罚案

上诉人（原审原告）：南通某牧业有限公司。

被上诉人（原审被告）：南通市生态环境局。

二审法院认为：

第一，被诉行政处罚决定未适用法律法规关于畜禽规模养殖污染防治的特别规定，违反了法律适用基本原则。本案中被查处的违法行为是上诉人在畜禽规模养殖过程中将粪污抽放至土坑中的行为。畜禽规模养殖中产生的畜禽粪便等会对环境造成污染，因此，畜禽养殖单位和其他任何公民、法人或者其他组织一样，应当受到《环境保护法》以及其他环境法律法规的约束。但在社会生活中，不同的行业、不同性质的行为，对环境造成的影响并不完全相同，所承担的环境污染防治义务和法律责任也不尽一致。因此，法律法规也会针对某一特定行业作出特别规定。就畜禽规模养殖而言，国务院专门制定了《畜禽规模养殖污染防治条例》，同时，《固体废物污染环境防治法》中也对畜禽规模养殖的污染防治以及法律责任等作出专门规定。以上法律法规属于对畜禽养殖行业污染防治的特别规定，除非存在与上位法相抵触等排除适用情形外，应当优先适用，以确保违法行为与法律法规规定情形的一致性，达到责罚相当。本案中，被上诉人南通市生态环境局直接适用《环境保护法》《水污染防治法》对上诉人某公司进行处罚，而没有适用对畜禽规模养殖有特别规定的《固体废物污染环境防治法》以及《畜禽规模养殖污染防治条例》，违反了法律适用的基本原则。

第二，法律适用是在具体的案件事实符合抽象法律规范规定的大前提下，适用抽象法律规范作出相应的司法或行政行为的过程。这就要求作为小前提的具体案件事实与所适用的法律法规规定的大前提相一致。就被诉行政处罚决定而言，一方面，根据本案的基本事实，本案并不符合《水污染防治法》第八十三条第三项的适用条件。本案中，上诉人在行政处罚听证程序中即提出因排污口被周围群众堵塞，在蓄粪池无法容纳污水的情况下为防止粪污四处满溢而采取的措施。虽然作为经营企业，不能以任何非正当理由作为实施环境违法行为的借口，但上诉人的这一辩解关系到上诉人排放粪污行为是否存在逃避监管的主观故意。另一方面，被上诉人对这一辩解视而不见，对于坑塘的形成时间、形成原因等未作任何调查即认定上诉人将粪污排放至土坑中是为逃避监管而实施的排放行为系主观臆断。故被上诉人适用上述规定缺乏事实依据，适用法律错误。

综上，被诉行政处罚决定适用法律错误，应予撤销。上诉人关于被诉行政处罚决定违法的主张成立，本院予以支持。本着司法谦抑性原则，人民法院在司法审查中不宜直接代替行政机关对法律适用作出决定，故被诉行政处罚决定被撤销后，仍应由被上诉人南通市生态环境局重新作出相关行政行为。

需要强调的是，环境保护主管部门加强环境监督管理，加大环境执法力度是保护环境、建设生态文明的应有之举。作为人民法院，也应对环境保护提供充分的司法保障。但任何行政执法都应遵守依法行政的基本原则。对环境违法行为应罚不罚固然会对国家、社会以至公民、法人或者其他组织造成危害，但错误处罚也会造成对法治的破坏和对公民、法人或者其他组织合法权益的侵害，因此也无法得到人民法院的支持。希望被上诉人南通市生态环境局在今后工作中，既要积极履行好环境保护监督管理职责，又要提高依法行政水平，维护好公民、法人或者其他组织生产、生活等合法权益。

（案例索引：江苏省南通市中级人民法院（2019）苏06行终402号行政判决书）

某卫生保健中心与北京市海淀区生态环境局行政处罚案

上诉人（一审原告）：某卫生保健中心。

被上诉人（一审被告）：北京市海淀区生态环境局。

二审法院认为：

鉴于依据《水污染防治法》第三十九条和《医疗废物管理条例》第四十七条第五项的规定，区环境局均有权对上诉人进行处罚。在此情况下，根据《环境行政处罚办法》第九条规定，当事人的一个违法行为同时违反两个以上环境法律、法规或者规章条款，应当适用效力等级较高的法律、法规或者规章。效力等级相同的，可以适用处罚较重的条款。区环境局适用法律效力等级更高的水污染防治法对某卫生保健中心实施行政处罚并无不当。且医疗污水直接排放至市政管道，对水资源的污染后果极其严重，直接涉及民生安全问题，应当予以重罚，这亦是水污染防治法修订第三十九条的应有之义。

（案例索引：北京市第一中级人民法院（2019）京01行终837号行政判决书）

曲阜市某文化发展有限公司与曲阜市市场监督管理局行政处罚案

再审申请人（一审原告、二审被上诉人）：曲阜某文化发展有限公司。

被申请人（一审被告、二审上诉人）：曲阜市市场监督管理局。

再审法院认为：

一、被申请人作出的行政处罚认定事实是否清楚

本案中，申请人自2015年3月至2018年4月29日一直存在以向三轮车夫发放介绍费的方式拉拢三轮车夫游说游客到其投资的孔子生迹园参观游览的事实。该行为违反了修订前的《反不正当竞争法》第八条和修订后的该法第七条的规定，已经构成不正当商业竞争行为。

二、被申请人作出的行政处罚是否过罚适当

吊销营业执照在反不正当竞争法规定的罚则中，属于最严重的行政处罚方式，直接关系到一个企业的生死存亡，实施该罚则应当做到审慎适当。修订前的反不正当竞争法和修订后的反不正当竞争法对商业贿赂行为的处罚规定不尽相同，旧法规定的处罚相对较轻，新法规定的处罚相对较重，且增加了吊销营业执照的行政处罚。但无论旧法还是新法，对违法行为“情节严重”的认定都没有相应规定，

属于行政机关的自由裁量权。行政机关在行使行政处罚自由裁量权时，应当根据“过罚相当”原则，综合考虑申请人的主观过错程度、违法行为的情节、性质、后果及危害程度等因素，对相对人作出恰当的处罚方式。也就是说，在保证行政管理目标实现的同时，兼顾保护行政相对人的合法权益，以达到行政执法目的和目标为限，并尽可能使相对人的权益遭受最小的损害。本案中，申请人通过向三轮车夫支付介绍费名义实施不正当竞争行为，违反了相关法律规定，破坏了当地旅游市场秩序，影响了游客参观游览的选择权，被申请人可通过适当的处罚方式予以惩戒，达到纠正违法行为、维护市场秩序的目的，也能起到教育违法者及其他公民自觉守法的作用。如果处罚过度，非但不能起到教育惩戒作用，也会影响投资营商环境，增加行政执法成本，有损行政机关公信力。本案中被申请人对申请人的违法行为同时并处100万元罚款和吊销营业执照，处罚结果与违法行为的社会危害程度之间明显不适应，不符合行政处罚比例原则，属于显失公正的行政处罚。一审法院认为被申请人对申请人的违法行为直接适用处罚较重的新法给予处罚，违反了过罚相当等原则，并无不当。二审法院虽认为申请人在新法实施后所实施的违法行为时间较短，对罚款数额作了一定变更，但仍保留了吊销营业执照的处罚，不符合过罚相当的比例原则。

三、被申请人作出的行政处罚是否适用法律正确

《立法法》及最高人民法院《关于审理行政案件适用法律规范问题的座谈会纪要》中均对适用新旧法律问题作出了“从旧兼从轻”的法律适用规则，人民法院在司法实践中应当遵照执行。申请人实施的违法行为开始于旧法实施期间，结束于新法生效之后，被申请人在适用法律上应当加以区分，对发生在2018年1月1日前的商业贿赂行为应按“旧法”处理，对发生在2018年1月1日后的行为应按“新法”处理。而本案中被申请人在适用法律上并没有加以区分，直接适用了处罚相对较重的新法作出处罚，违反了“从旧兼从轻”的法律适用规则。一审法院判决撤销涉案行政处罚决定并责令被申请人重新处理并无不当。二审法院虽然也认为被申请人作出行政处罚在适用法律上应当加以区分，但同时又决定保留了新法规定的吊销营业执照处罚，不符合“从旧兼从轻”“法不溯及既往”的法律适用规则，确有不当，应予纠正。

应当指出的是，中共中央、国务院连续出台了关于支持民营企业改革发展的

意见，要求各级政府对民营企业实施公平统一的市场监管制度，营造公平良好的投资营商环境，进一步规范执法自由裁量权，既要严格执法，又要加强法治保障，尽可能保护民营企业的合法权益。对于民营企业来讲，在市场经营中只有切实遵法守法，依法合规，增强社会责任感，才能做到持久良性发展。

（案例索引：山东省高级人民法院（2019）鲁行再72号行政判决书）

第 38 条　处罚无效

第三十八条　行政处罚没有依据或者实施主体不具有行政主体资格的，行政处罚无效。

违反法定程序构成重大且明显违法的，行政处罚无效。

【立法说明】

全国人大常委会法制工作委员会副主任许安标 2020 年 6 月 28 日在第十三届全国人民代表大会常务委员会第二十次会议上所作的《关于〈中华人民共和国行政处罚法（修订草案）〉的说明》中指出，经过多年的执法实践，行政处罚的适用规则不断发展完善，在总结实践经验基础上，作以下补充完善：完善行政处罚决定无效制度，行政处罚没有法定依据或者实施主体不具有行政主体资格的，行政处罚无效；不遵守法定程序构成重大且明显违法的，行政处罚无效。

【参考案例】

俞某与无锡市城市管理行政执法局城市管理行政处罚案

原告：俞某。

被告：无锡市城市管理行政执法局。

江苏省无锡市中级人民法院二审认为：为保障行政处罚的公正合法，市城管局在作出行政处罚决定之前，应当将行政处罚的事实、理由和依据事先告知俞某，以保障俞某及时了解行政处罚的内容，可以充分行使陈述权和申辩权。2009 年 6

月25日，在当事人俞某不在现场的情况下，市城管局将行政处罚事先告知书采用张贴的方式进行告知，但俞某提出并未收到该告知书，市城管局未进行合法送达。市城管局提交的现场拍摄照片也不能证明其张贴地址是在何处。根据本案现有证据和法院的调查进行综合评判，不能认定在作出行政处罚决定之前，市城管局已经向被处罚人履行了法定的告知义务，行政处罚决定书亦未以合法方式进行有效送达。因此，市城管局作出的行政处罚决定未能生效。

（最高法院行政庭主编《行政审判指导案例》第113号）

陈某与徐州市泉山区城市管理局行政处罚案

原告：陈某。

被告：江苏省徐州市泉山区城市管理局。

2002年8月21日晚，被告城管局行政执法人员以原告陈某擅自在徐州市淮海路与立达路交叉处附近占道经营，影响市容为由，将陈某在经营中使用的海尔314型冰柜1台、手推车1辆及遮阳伞1把予以扣押，并于第二天向陈某出具了物品暂扣单，暂扣单上盖有综合整治指挥部的印章。

徐州市中级人民法院认为：因综合整治指挥部是城市管理局的内设协调机构，且2002年8月21日晚暂扣原告陈某物品行为是城市管理局工作人员实施的，该局是依法成立具有行政主体资格的行政组织，故本案中城市管理局应作为适格的被告，暂扣陈某物品行为的法律后果，应由城市管理局承担。综合整治指挥部不具行政诉讼的被告资格，区人民政府与本案被诉行政行为无直接的法律关系，也不应承担法律责任。

被告城市管理局在收到原告起诉状副本后的法定期限内，未向法庭提交暂扣原告陈某物品的证据和依据，应认定该暂扣行为无证据和依据，属于违法行政行为，应予撤销。城市管理局应返还违法扣押陈某的海尔314型冰柜1台、遮阳伞1把。违法暂扣的手推车和冰柜内的食品、饮料也应予返还；但鉴于城市管理局现在已无法返还手推车和冰柜内的食品、饮料，故应予折价赔偿。

针对原告陈某要求返还手推车及冰柜内食品和饮料的诉讼主张，应对被扣押的手推车价值及食品、饮料的品种和数量承担举证责任，但考虑到陈某的手推车是自制的，陈某的经营属于流动性的零售摊点，没有销售记录，客观无法准确举证，且被告城市管理局的工作人员在执法时未现场制作扣押清单或笔录，亦是造成该事实难以确定的主要原因，故手推车按陈某主张的价值200元认定比较合理，应予支持，食品、饮料损失根据陈某冰柜型号和经营品种等情况认定为800元比较合理。

一审宣判后，城市管理局不服，向江苏省高级人民法院提起上诉。

江苏省高级人民法院认为：案件当事人一审判决后在法定期限内提起上诉，是其诉讼权利。但本案中，城市管理局在案件的一审期间未在法定期限内提交答辩状，也未提供行政处罚的证据和依据，应当承担败诉的法律后果，且城市管理局的委托代理人在一审庭审陈述时，已自认其行政行为理由不充足。城市管理局在一审被判决败诉后，虽然提起上诉，却怠于行使自己的诉讼权利，未向法院提交法定代表人身份证明书，也未委托诉讼代理人参加诉讼。在接到第一次开庭传票后，既未申请延期开庭也未提供任何材料且拒不到庭，后也未按要求提供有关不能到庭的正当理由的说明。第二次接到开庭传票后，仍然拒不到庭且不说明任何理由，应视为申请撤诉。由于城市管理局不正当地行使了自己的诉讼权利，实际上加重了被上诉人陈某的负担，基于公平原则，城市管理局应当负担陈某因此次诉讼而支付的直接的、合理的费用，即二审期间的委托代理费用及诉讼参与人两次往返必需的交通费用共计人民币1 570元。

（2003年第6期《最高人民法院公报》）

第 39 条　处罚公示

第三十九条　行政处罚的实施机关、立案依据、实施程序和救济渠道等信息应当公示。

【立法说明】

全国人大常委会法制工作委员会副主任许安标 2020 年 6 月 28 日在第十三届全国人民代表大会常务委员会第二十次会议上所作的《关于〈中华人民共和国行政处罚法（修订草案）〉的说明》中指出，为推进严格规范公正文明执法，巩固行政执法公示制度、行政执法全过程记录制度、重大执法决定法制审核制度“三项制度”改革成果，进一步完善行政处罚程序，作以下修改：一是明确公示要求，增加规定行政处罚的实施机关、立案依据、实施程序和救济渠道等信息应当公示；二是行政处罚决定应当依法公开。

【参考案例】

上海某经贸总公司诉新疆维吾尔自治区工商行政管理局行政处罚案

申请再审人（一审原告，二审上诉人）：上海某经贸总公司。

再审被申请人（一审被告，二审被上诉人）：新疆维吾尔自治区工商行政管理局。

最高人民法院认为：根据《行政处罚法》（1996 年）第三十一条、第三十九条的规定，行政机关在作出行政处罚决定前，应当告知当事人作出行政处罚决定的事实、理由和依据，并告知当事人依法享有的权利；行政处罚决定书也应当载明上述必要内容。如果行政机关没有作出正式的行政处罚决定书，而是仅仅向当事人出具罚款证明，且未向当事人告知前述必要内容；致使当事人无从判断。当事人因此未经行政复议直接向人民法院起诉的，人民法院应当予以受理。

（案例索引：最高人民法院（2005）行提字第1号行政判决书）

原告濮阳市某工艺品有限公司与濮阳市市场监督管理局行政处罚案

原告：濮阳市某工艺品有限公司。

被告：濮阳市市场监督管理局。

法院认为，被告市场监督管理局的处罚决定书在认定原告提交虚假材料或者采取其他欺诈手段隐瞒重要事实的违法行为严重违法的情况下，又认定造成轻微后果，情节较轻，认定的违法情节自相矛盾，且处罚决定书是：结合本案事实，建议给予某公司处以“1. 责令改正其违法行为；2. 罚款52 000元”的处罚。是否处罚不具体、不明确，不具有执行性。故被告市场监管局的处罚决定书认定事实不清，程序违法，依法应予撤销。

（案例索引：河南省濮阳市华龙区人民法院（2020）豫0902行初129号行政判决书）

第40条　无事实不处罚

第四十条　公民、法人或者其他组织违反行政管理秩序的行为，依法应当给予行政处罚的，行政机关必须查明事实；违法事实不清、证据不足的，不得给予行政处罚。

【参考案例】

上诉人罗某与宁化县市场监督管理局行政处罚案

上诉人（原审原告）：罗某。

上诉人（原审被告）：宁化县市场监督管理局。

二审法院认为：本案上诉人罗某向HH公司承包了宁化县城区东溪水环境综合整治工程的施工项目。罗某为履行建设工程施工合同，于2018年7月6日通过HH公司支付货款43 368元，向福建X氏管业科技有限公司购买了52根黑色波纹排水管，由经销商直接将涉案管材运输至宁化县翠江镇东大路东山大桥下路边空地。根据这一事实，罗某购买涉案管材是为了建设工程施工使用，不是用于再次销售经营，不属于经营“三无”波纹排水管的行为。宁化监管局所提交的在案证据不足以证明罗某所购买涉案管材有用于销售经营。罗某既不是涉案管材的生产者，也不是涉案管材的销售者，不应成为产品质量责任的行政相对人，为此，上诉人宁化监管局以罗某采购不符合质量标准要求的“三无”管材，构成经营性采购行为，属于以不合格产品冒充合格产品、以次充好的行为，对罗某所作出的行政处罚，系认定事实不清，适用法律错误，应依法予以撤销。

（案例索引：福建省三明市中级人民法院（2019）闽04行终64号行政判决书）

原告王某与涿州市市场监督管理局行政处罚案

原告：王某。

被告：涿州市市场监督管理局。

法院认为，原告在询问笔录中称以12元1包的价格购入口罩10包，共卖出6包。其中本案举报人母亲购买口罩一包时原告王某并未在场；苏某的询问笔录中称其在现场进行安保工作，帮忙看摊时告知买口罩的人扫码付款，价格系通过标有“口罩20元一包”的纸张知晓，但被告涿州市市场监督管理局对原告及举报人的询问笔录中未记载关于口罩价格标识的内容，被告亦未获取原告标识口罩出售价格的其他证据或其他买受人的付款证据。被告涿州市市场监督管理局提交的除现场笔录外的事实证据，虽形式符合法律规定，但内容不能相互有效印证，形成完整的证据链条，以证明王某以20元一包的售价销售口罩6包共获利48元的事实。被诉行政处罚决定事实不清，主要证据不足，应予撤销。

（案例索引：河北省保定市莲池区人民法院（2020）冀0606行初45号行政判决书）

上诉人九华山风景区市场监督管理局与安徽某旅行社有限公司处罚案

上诉人（原审被告）：九华山风景区市场监督管理局。

被上诉人（原审原告）：安徽某旅行社有限公司。

二审法院认为：本案中上诉人没有确实、充分的证据证明从事销售药品的行为系被上诉人安徽某旅行社有限公司，上诉人查处和发现无证经营药品的行为都发生在九华山风景区九华新街10幢101室一楼，系池州市九华山风景区其他公司的注册地和营业地。故上诉人给予被上诉人购买药品货值四倍的从重处罚，量罚不当。

（案例索引：安徽省池州市中级人民法院（2017）皖17行终7号行政判决书）

上诉人禹州市市场监督管理局与禹州市某置业有限公司行政处罚案

上诉人（原审被告）：禹州市市场监督管理局。

被上诉人（原审原告）：禹州市某置业有限公司。

二审法院认为："约五分钟车程到达禹州北高速口"的广告内容属于《广告法》第二十六条第一款第（二）项"以项目到达某一具体参照物的所需时间表示项目位置"所指行为，构成违法，上诉人禹州市市场监督管理局禹市监处（2019）280号行政处罚决定对此部分的事实认定清楚，法律适用正确，程序合法；上诉人禹州市某置业有限公司发布的"藏风聚气、得水为上……可让人中龙凤颐养一生，更可丁财两旺"广告内容不属于"风水""迷信"，上诉人禹州市市场监督管理局禹市监处（2019）280号行政处罚决定对此部分的事实认定错误，法律适用错误。

（案例索引：河南省许昌市中级人民法院（2020）豫10行终49号行政判决书）

原告诸暨市某大药房与诸暨市市场监督管理局行政处罚案

原告：诸暨市某大药房。

被告：诸暨市市场监督管理局。

法院认为：被告在诸市监案字（2016）553号行政处罚决定书中查明的事实为：原告存在处方药"痛定风胶囊"与非处方药"维生素E软胶囊"混放，营业员张某未佩戴工作牌。其中，行政处罚决定书中的处方药"痛定风胶囊"并不存在，经查明应为"痛风定胶囊"。被告在行政处罚决定书中的药名表述即使是笔误，也说明了被告执法的不严谨导致了认定事实有误。而关于张某有无佩戴工作牌这一事实是否清楚，在被告提供的2016年7月13日检查时拍摄并经张某签字确认的现场照片中可以看到，张某当时未佩戴工作牌。但是被告在讯问笔录及行政处罚决定书中混用工作人员、营业员与营业人员的概念，认为工作人员、营业员和营业人员是同一表述，说明在执法过程中对事实认定不严谨、不清楚。而且被告工作人员在庭审中多次陈述到2016年7月13日执法检查时店内只有张某和其丈夫，并无其他营业人员，被告由此认定2016年7月15日张某在讯问笔录中回答说："我们店内营业员均着工作服上班的，但未佩戴工作牌……"中所指的营业员仅指张某，并进而认定营业员张某未佩戴工作牌的事实，这一认定与其他证据相矛盾，因被告提供的现场照片中可以反映出当时店内至少有其他两名营业人员在场，被告认定事实不清。

（案例索引：浙江省诸暨市人民法院（2017）浙0681行初110号行政判决书）

厦门某物业管理有限公司与上海市工商行政管理局黄浦分局无主财产上缴财政案

再审申请人：厦门某物业管理有限公司（承继一审原告、二审上诉人中国建设银行厦门分行的诉讼地位）。

被申请人（一审被告、二审被上诉人）：上海市黄浦区市场监督管理局。

最高人民法院认为：评价被诉行政行为的合法性，一般应当以该行为作出时行政机关能够发现的事实为依据。事后出现的新证据，即使足以证明被诉行政行为作出时所依据的法律事实与客观事实不符，只要该客观事实是行政机关在作出行为时无法发现的，人民法院就不宜以此简单否定行政行为的合法性并据此撤销。但是，按照依法行政的基本原则，行政机关一旦发现已经作出的行政行为赖以存在的基础事实发生重大变化，且该行为会损害或者可能损害公民、法人或者其他组织的合法权益时，即有义务依法及时改正。本案中，被申请人对涉案羊毛进行调查，由于查找不到相关当事人且货物所有人经公告仍未出现，遂依照当时的规定对无主财产认定的相关要求，作出了被诉行政行为。鉴于此，在现有证据不能证明被申请人知道涉案羊毛设有质权的情况下，对再审申请人提出的撤销被诉行政行为的请求，本院不予支持。同时，被申请人事后发现涉案羊毛设有质权，其知道或者应当知道被诉行政行为与客观事实不符，即依法负有改正义务。该义务包括两项内容：一是就涉案羊毛可能涉及的违法问题，依照法律规定的处理权限作出判断。被申请人如果无权处理，则交由有权机关继续调查；如果有权处理，则自行组织调查。二是被申请人如果有权处理，则应一并对再审申请人提出的返还请求作出处理。

被申请人将涉案羊毛拍卖款上缴财政是被诉行政行为的核心内容，再审申请人提出的判令被申请人返还涉案羊毛拍卖款的再审请求能否实现，取决于被申请人在本案判决之后对涉案羊毛涉嫌走私问题如何作出处理。对此，如果能够认定涉案羊毛为走私物，则应当由有权机关依据有关法律规定作出处理决定。如果涉案羊毛不属于走私物，则以无主财产为由没收设有质权的涉案羊毛拍卖款显属不当。虽然被申请人在拍卖款上交国库后已不实际控制这笔款项，但作为给付义务主体，其负有启动涉案羊毛拍卖款返还程序的义务。根据现有证据，涉案羊毛是否为走私物尚不明确。走私物的认定属于海关等行政机关的法定职权，不宜由法院直接作出认定。因此，对涉案羊毛是否属于走私物作出判定并进而判断被申请人是否负有启动返还程序的义务，需要有关行政机关通过相应的行政行为予以认定。

综上，被诉行政行为虽然不宜由法院判决撤销，但有新的证据表明该行为作出时所依据的事实与客观事实不符，且该行为继续存在可能侵害再审申请人的合法权益，对此，被申请人负有改正义务。

（案例索引：最高人民法院（2013）行提字第7号行政判决书）

第 41 条　非现场执法

第四十一条　行政机关依照法律、行政法规规定利用电子技术监控设备收集、固定违法事实的，应当经过法制和技术审核，确保电子技术监控设备符合标准、设置合理、标志明显，设置地点应当向社会公布。

电子技术监控设备记录违法事实应当真实、清晰、完整、准确。行政机关应当审核记录内容是否符合要求；未经审核或者经审核不符合要求的，不得作为行政处罚的证据。

行政机关应当及时告知当事人违法事实，并采取信息化手段或者其他措施，为当事人查询、陈述和申辩提供便利。不得限制或者变相限制当事人享有的陈述权、申辩权。

【立法说明】

这是本次修订新增条款。

全国人大常委会法制工作委员会副主任许安标 2020 年 6 月 28 日在第十三届全国人民代表大会常务委员会第二十次会议上所作的《关于〈中华人民共和国行政处罚法（修订草案）〉的说明》中指出，为推进严格规范公正文明执法，巩固行政执法公示制度、行政执法全过程记录制度、重大执法决定法制审核制度“三项制度”改革成果，进一步完善行政处罚程序，作以下修改：规范非现场执法，增加规定行政机关依照法律、行政法规规定利用电子技术监控设备收集、固定违法事实的，应当经过法制和技术审核，确保设置合理、标准合格、标志明显，设置地点应当向社会公布，并对记录内容和方便当事人查询作出相应规定。

全国人民代表大会宪法和法律委员会 2021 年 1 月 20 日《关于〈中华人民共

和国行政处罚法（修订草案）〉审议结果的报告》中指出：有的常委委员、部门、专家学者和社会公众提出，对运用信息化等手段实施行政处罚应当加强规范，在提高行政效率的同时，也要体现便民原则，保护当事人的陈述、申辩等权利。宪法和法律委员会经研究，建议作以下修改：进一步要求行政机关及时告知当事人电子技术监控设备记录的违法事实，并采取信息化手段或者其他措施，为当事人查询、陈述和申辩提供便利。不得限制或者变相限制当事人享有的陈述权和申辩权。

【参考案例】

申某与晋城市公安局交通警察支队行政处罚案

上诉人（原审原告）：申某。

被上诉人（原审被告）：晋城市公安局交通警察支队。

二审法院认为：公安部《道路交通安全违法行为处理程序规定》第十五条第三款规定“交通技术监控设备应当符合国家标准或者行业标准，并经国家有关部门认定、检定合格后，方可用于收集违法行为证据”、第十六条第二款规定“固定式交通技术监控设备设置地点应当向社会公布”；公安部《道路交通安全违法行为图像取证技术规范》要求“每幅图片上叠加有交通违法日期、时间、地点、方向、图像取证设备编号、防伪等信息”。晋城交警支队并未提供在该路口设置的交通技术监控设备及违法图像符合上述规定的相关证据。根据最高人民法院《关于行政诉讼证据若干问题的规定》第五十五条第（二）项，证据的取得要符合法律、法规、司法解释和规章的要求的规定，晋城交警支队收集的3幅违法图像不具有合法性。

晋城交警支队工作人员是在固定的办公场所向上诉人申某出具处罚决定书的，在出具处罚决定书之前工作人员完全有时间有条件规范的对申某履行告知和听取陈述、申辩的义务。晋城交警支队虽辩陈履行了该程序，但却提供不出这方面的证据予以证明。为此，晋城交警支队对申某实施的道路行政处罚违反了法定程序。

（案例索引：山西省高级人民法院（2013）晋行终字第13号行政判决书）

第 42 条　执法人员和执法要求

第四十二条　行政处罚应当由具有行政执法资格的执法人员实施。执法人员不得少于两人，法律另有规定的除外。

执法人员应当文明执法，尊重和保护当事人合法权益。

【立法说明】

2020 年 10 月 13 日全国人民代表大会宪法和法律委员会《关于〈中华人民共和国行政处罚法（修订草案）〉修改情况的汇报》中指出：有些常委会组成人员、部门、地方和专家学者提出，行政处罚法的重要内容是规范行政处罚程序，建议进一步完善相关程序。宪法和法律委员会经研究，建议作以下修改：增加文明执法内容，执法人员应当文明执法，尊重和保护当事人合法权益。

【参考案例】

A 公司与榆林市知识产权局专利侵权行政处理案

再审申请人（一审原告、二审上诉人）：A 公司。

被申请人（一审被告、二审被上诉人）：榆林市知识产权局。

最高法院认为，被诉行政决定的作出违反法定程序，应予撤销。具体评述如下：

首先，对于 A 公司与 B 公司两个平等民事主体之间的专利侵权纠纷，榆林局根据 A 公司的请求判断 B 公司是否构成专利侵权，实际上处于居中裁决的地位。

对于专利侵权的判断处理，事关专利权权利边界的划定，事关当事人的重大切身利益，事关科技创新和经济社会发展，需要严格、规范的纠纷解决程序予以保障。榆林局在处理涉案专利侵权纠纷时，本应秉持严谨、规范、公开、平等的程序原则。但是，合议组成员艾某在已经被明确变更为冯某的情况下，却又在被诉行政决定书上署名，实质上等于“审理者未裁决、裁决者未审理”。此等情形背离依法行政的宗旨，减损社会公众对行政执法主体的信任。本案历经中、高级人民法院的审理仍难以案结事了，主要原因亦在于此。对于上述重大的、基本的程序事项，榆林局并未给予应有的、足够的审慎和注意，其在该问题上的错误本身即构成对法定程序的重大且明显违反，显然不属于榆林局所称“行政行为程序轻微违法，无需撤销行政行为”之情形。

其次，本案的被诉行政行为是，榆林局对于专利侵权纠纷的行政处理。该行政处理系以榆林局的名义作出，并由 5 人合议组具体实施。行政执法人员具备相应的执法资格，是行政主体资格合法的应有之义，也是全面推进依法行政的必然要求。原则上，作出被诉行政决定的榆林局合议组应由该局具有专利行政执法资格的工作人员组成。各方当事人均确认，《专利行政执法证》所载的执法地域是持证人工作单位所在行政区划的范围，此亦可印证上述结论。即使如榆林局所称，其成立时间短、执法人员少、经验不足，需要调配其他地区经验丰富的行政执法人员参与案件审理，这也不意味着“审理者未裁决、裁决者未审理”的情况可以被允许，不意味着调配执法人员可以不履行正式、完备的公文手续。否则，行政执法程序的规范性和严肃性无从保证，既不利于规范行政执法活动，也不利于强化行政执法责任。然而，榆林局在本案中并未提交调工作人员参与涉案纠纷处理的任何正式公文。其在一审中提交的陕西省知识产权局协调保护处的所谓答复(复印件)，实为该处写给该局领导的内部请示，既无文号，更无公章，过于简单、随意，本院不认可该材料能够作为其参与被诉行政决定合议组的合法、有效依据。至于国家知识产权局专利管理司给陕西省知识产权局的《关于在个案中调度执法人员的复函》，从形式上看，该复函于 2015 年 11 月 20 日作出，晚于被诉行政决定的作出时间。从内容上看，该复函称执法人员的调度不违反公务员交流的有关规定，与本案争议的执法人员调配手续是否正式、程序是否完备，并无直接关联。因此，该复函亦不能作为其合法参与被诉行政决定合议组的依据。

最后，强化对知识产权行政执法行为的司法监督，大力规范和促进行政机关依法行政，是发挥知识产权司法保护主导作用的重要体现，是加强知识产权领域法治建设的重要内容，对于优化科技创新法治环境具有重要意义。在本案中，榆林局虽主张在口头审理时将苟某的具体身份以及参与合议组的理由告知过当事人，但其提交的证据并不能证明该项主张。因此，A 公司是否认可合议组成员身份，并不是本院评判被诉行政行为程序是否合法的前提和要件。需要特别指出的是，合议组成员艾龙变更为冯某后又在被诉行政决定书上署名，已经构成对法定程序的严重违反，不受行政相对人主观认知的影响，也不因行政相对人不持异议而改变。A 公司在本案再审中对该问题提出异议及请求，并无不当。因此，对于榆林局和 B 公司提出的“A 公司对于合议组成员不持异议，故程序合法”的主张，本院不予支持。

（案例索引：最高人民法院（2017）最高法行再 84 号行政判决书）

上诉人鹿邑县公安局与赵某治安处罚案

上诉人（一审被告）：鹿邑县公安局。

被上诉人（一审原告）：赵某。

二审法院认为：根据《公安机关人民警察证使用管理规定》第四条规定“人民警察证是公安机关人民警察身份和依法执行职务的凭证和标志”。这说明人民警察证具有身份证明和执行公务的双重属性。该证上既然明确了有效期限，那么超过了该证规定的有效期限，该证件就自然失去了应有的效力。

本案中，作为执法人员之一的刘某，在执法时其人民警察证已经过期且到目前为止也没有办理新的证件，其执法资格存疑，在此情况下其作为执法人员对被上诉人进行讯问存在明显程序违法的情形，一审以此认定被诉处罚行为程序违法并撤销被诉处罚行为并无不当。

至于在传唤时未通知被上诉人家属以及没有以证据保全决定书的形式而是以扣押清单的形式扣押涉案物品的行为，均应属于程序轻微违法的情形，并不对被上诉人的实体权利和重要的程序权利造成实质影响，不应成为撤销被诉处罚决定的理由，一审判决也把上述情形作为撤销被诉处罚决定的理由是不当的，应予以指正。

（案例索引：河南省周口市中级人民法院（2020）豫16行终97号行政判决书）

张掖市甘州区某便利店与张掖市市场监督管理局行政处罚案

上诉人（一审原告）：张掖市甘州区某便利店。

被上诉人（一审被告）：张掖市市场监督管理局。

二审法院认为：上诉人认为被上诉人在执法过程中执法人员少于2人，部分执法人员没有执法资格的问题。经审查，张掖市司法局对涉案执法人员执法证有效期推迟到新证颁发时间已出具相应的情况说明，且根据被上诉人提供的视听资料、立案审批表、询问笔录、送达回证、听证通知书等证据均可以证实在案件调查时均有2名执法人员进行并出示了执法证件，上诉人的该上诉理由不能成立，本院不予采纳。

（案例索引：甘肃省张掖市中级人民法院（2020）甘07行终52号行政判决书）

库车某医院与库车县卫生健康委员会行政处罚案

上诉人（原审原告）：库车某医院。

被上诉人（原审被告）：库车县卫生健康委员会。

二审法院认为：根据库车县司法局于2019年11月1日出具的关于库车县卫健委李某等二人行政执法证过期的情况说明，载明，2018年12月，库车县人民政府法制办已完成全县各行政单位执法证考试工作，库车县卫健委的执法工作人员李某等二人考试合格，但因机构改革，未收到上级文件，暂缓办理了二人的行政执法证。本院认为，被上诉人库车县卫健委虽在查处上诉人库车某医院违法行为过程中，存在执法人员执法证过期的问题，但在查处过程中认定上诉人库车某医院违法事实清楚，证据确凿，且两名执法人员已于2018年12月通过了库车县人民政府法制办组织的全县行政单位执法证考试，考试合格，二人执法证过期未及时更换是因库车县政府机构改革的客观原因所致。故被上诉人库车县卫健委作出案涉行政处罚程序虽存在瑕疵，但不足以因此而认定案涉行政处罚行为程序不合法。

（案例索引：新疆维吾尔自治区阿克苏地区中级人民法院（2020）新29行终10号行政判决书）

上诉人临猗县公安局交通警察大队与张某道路行政处罚案

上诉人（原审被告）：临猗县公安局交通警察大队。

被上诉人（原审原告）：张某。

二审法院认为：根据规定，交通警察经过考核合格的，才能上岗执法，且交通警察执行职务时，必须佩戴人民警察标志，持有人民警察证件。而本案对被上诉人车辆进行现场调查取证的李某、王某、曲某、张某均不是人民警察，没有执法资格，原审法院认定上诉人的行政处罚行为违反法定程序，予以撤销并无不妥。

（案例索引：山西省运城市中级人民法院（2015）运中行终字第42号行政判决书）

第43条　回避

第四十三条　执法人员与案件有直接利害关系或者有其他关系可能影响公正执法的，应当回避。

当事人认为执法人员与案件有直接利害关系或者有其他关系可能影响公正执法的，有权申请回避。

当事人提出回避申请的，行政机关应当依法审查，由行政机关负责人决定。决定作出之前，不停止调查。

【立法说明】

全国人大常委会法制工作委员会副主任许安标2020年6月28日在第十三届全国人民代表大会常务委员会第二十次会议上所作的《关于〈中华人民共和国行政处罚法（修订草案）〉的说明》中指出：进一步完善回避制度，细化回避情形，明确对回避申请应当依法审查，但不停止调查或者实施行政处罚。

2020年10月13日全国人民代表大会宪法和法律委员会《关于〈中华人民共和国行政处罚法（修订草案）〉修改情况的汇报》中指出：有些常委会组成人员、部门、地方和专家学者提出，行政处罚法的重要内容是规范行政处罚程序，建议进一步完善相关程序。宪法和法律委员会经研究，建议作以下修改：完善回避程序，增加规定执法人员的回避由行政机关负责人决定。

【参考案例】

上诉人石嘴山市市场监督管理局 HN 区分局与宁夏石嘴山某化工有限公司行政处罚案

上诉人（原审被告）：石嘴山市市场监督管理局 HN 区分局。

被上诉人（原审原告）：宁夏石嘴山某化工有限公司。

二审法院认为，行政机关作出行政行为应当遵循程序正当原则，即必须符合法律所规定的程序要求，具体包含程序公开、公众参与和公务回避。本案的焦点问题是上诉人对被上诉人作出的石市监惠处字（2019）122 号《行政处罚决定书》程序是否合法。《市场监督管理行政处罚程序暂行规定》第四条规定，“市场监督管理部门实施行政处罚实行回避制度。参与案件办理的有关人员与当事人有直接利害关系的，应当回避”。《行政处罚法》（2017 年）第三十八条规定，“对情节复杂或者重大违法行为给予较重的行政处罚，行政机关的负责人应当集体讨论决定”。本案中，HN 分局对金通公司作出 15 万元罚款属较重的罚款，HN 分局将该行政处罚案件交由案件审理委员会讨论符合法律规定。但 HN 分局副局长薛某作为案件审理委员会成员之一属于参与案件办理的有关人员，其曾与金通公司法定代表人马某发生过肢体冲突，马某为此承担刑事责任，薛某虽与行政处罚案不存在利益冲突，但因其与案件当事人某公司法定代表人马某存在其他关系，属应当回避的人员，其未回避有违程序正当原则，可能影响行政处罚决定的公平、公正。

（案例索引：宁夏回族自治区石嘴山市中级人民法院（2020）宁 02 行终 33 号行政判决书）

上诉人中宁县自然资源局与中宁县某砂石有限公司行政处罚案

上诉人（原审被告）：中宁县自然资源局。

被上诉人（原审原告）：中宁县某砂石有限公司。

二审法院认为：本案争议是原中宁县林业局作出的中宁林罚决字（2019）第4号林业行政处罚决定书是否合法的问题。经核，原中宁县林业局在对中宁某公司涉嫌擅自改变林地用途一案立案调查后，确定的案件承办人为严某、韩某，而在聘请鉴定机构对涉案专业性问题进行鉴定时，聘请中宁县森林保护工作站作为鉴定机构，鉴定人员也为严某、韩某，即中宁某公司涉嫌擅自改变林地用途一案中，行政机关指定的承办人与鉴定人为同一人员。虽然根据《林业行政处罚程序规定》第二十九条“林业行政执法人员对与违法行为有关的场所、物品可以进行勘验、检查，必要时，可以指派或者聘请具有专门知识的人进行勘验、检查，并可以邀请与案件无关的见证人和有关的当事人参加。当事人拒绝参加的，不影响勘验、检查的进行”的规定，中宁县自然资源局可以聘请具有专门知识的人对本案有关场所、物品进行勘验、检查，但从该条规定内容可以看出，在林业行政处罚案件中行政执法人员与具有专门知识的鉴定人应分别为不同人群主体。严某、韩某在同一行政处罚案件中同时担任承办人与鉴定人，足以使行政相对人怀疑其作为鉴定人所出具鉴定意见的中立性及公正性，继而导致作出的行政处罚决定书主要证据不足。原中宁县林业局的上述行为已严重影响了行政机关作出行政行为的公信力，也背离了依法行政的理念，其作出的行政处罚决定书主要证据不足，明显不当，应当依法撤销。

（案例索引：宁夏回族自治区中卫市中级人民法院（2020）宁05行终3号行政判决书）

第44条　事先告知

第四十四条　行政机关在作出行政处罚决定之前，应当告知当事人拟作出的行政处罚内容及事实、理由、依据，并告知当事人依法享有的陈述、申辩、要求听证等权利。

【参考案例】

原告张某等与中国证券监督管理委员会行政处罚案

原告：张某。

原告：李某。

被告：中国证券监督管理委员会。

法院认为：本案中，被告在《行政处罚事先告知书》中认定张某的违法事实是“向李某泄露了内幕信息”，张某亦仅针对告知的该违法事实进行了陈述和申辩。但被告在最终作出的被诉处罚决定中却认定“张某、李某共同从事内幕交易”，该认定与事先告知的事实、理由及依据均不一致。在此情况下，应当认定被告在作出本案被诉处罚决定之前，未告知原告张某作出行政处罚决定的事实、理由及依据，同时也剥夺了张某进行陈述和申辩的权利，违反了《行政处罚法》的规定，其针对张某作出的行政处罚决定不能成立，依法应予确认无效。

鉴于被诉处罚决定认定张某、李某为内幕交易的共同违法行为人，在被告针对张某作出的行政处罚不能成立的情况下，本院对李某的行政处罚亦不予认定，故被告对其作出的行政处罚，本院一并确认无效。

（案例索引：北京市第一中级人民法院（2015）一中行初字第236号行政判决书）

吕梁市生态环境局岚县分局与岚县某煤业有限公司非诉执行案

申请执行人：吕梁市生态环境局岚县分局。

被执行人：岚县某煤业有限公司。

申请执行人于2018年5月8日申请强制执行，被裁定不予受理。裁定书认为申请执行人申请强制执行欠缺部分法定材料，不符合非诉行政执行案件受理的形式要件，之后申请执行人对材料进行了补充完善，现申请执行人再次提出对上述申请执行事项予以强制执行。

法院经审查认为，本案存在处罚依据不规范、权利未告知的问题：

1. 申请执行人吕梁市生态环境局岚县分局向被执行人岚县某煤业有限公司送达的《行政处罚事先（听证）告知书》中认定被执行人岚县某煤业有限公司违反的是《固体废物污染环境防治法》第三十二条，而送达的《行政处罚决定书》中认定被执行人岚县某煤业有限公司违反的是《固体废物污染环境防治法》第六十八条第二项，故告知当事人拟对其作出的行政处罚决定的依据与作出的行政处罚决定的依据不一致，剥夺了当事人对实际处罚事项依据的知情权。

2. 陈述权和申辩权的告知义务在《行政处罚法》中进行了规定，《行政强制法》也进行了规定，但两部法律所规定的应当告知当事人享有的陈述权和申辩权属于不同的两个阶段，不能以行政处罚决定前的告知事项来免除行政强制执行前应催告事项的告知义务。行政强制执行前以催告的方式告知当事人享有陈述权和申辩权，当事人不单只针对行政处罚决定书所依据的事实、理由和依据可能提出陈述和申辩，对逾期加处的罚款等惩罚内容也可能提出陈述和申辩。本案中，申请执行人吕梁市生态环境局岚县分局虽然在作出行政处罚决定前以《行政处罚事先（听证）告知书》的形式告知了当事人依法享有的权利，但是在行政强制执行决定前的《履行行政决定催告书》中并未告知当事人依法享有的陈述权和申辩权，剥夺了被执行人在该催告阶段享有的陈述权和申辩权，影响了该两项权利的行使，于法不符。

裁定对申请执行人吕梁市生态环境局岚县分局作出的岚环罚字（2018）1 号《行政处罚决定书》行政罚款，不予执行。

（案例索引：山西省岚县人民法院（2019）晋 1127 行审 6 号行政裁定书）

吴某与龙岩市公安局新罗分局治安处罚案

原告：吴某。

被告：福建省龙岩市公安局新罗分局。

法院认为，被告龙岩市公安局新罗分局在对原告作出处罚决定之前，虽然依照行政处罚法的规定对原告进行告知，拟给予治安拘留 15 日、罚款 3 000 元、没收赌资的处罚，但在 2003 年 5 月 27 日重新调查后，实际作出的处罚为治安拘留 15 日，罚款 3 000 元，并没收非法所得 31 000 元、赌资 25 220 元，与处罚前后告知内容不符，没有对原告进行再告知，属程序违法。而且，被告实际作出的处罚中没收非法所得 31 000 元、赌资 25 220 元所依据的事实证据不足。

（案例索引：福建省龙岩市新罗区人民法院（2003）龙新行初字第 29 号行政判决书）

陆某与上海市公安局国际机场分局交通警察支队行政处罚案

原告：陆某。

被告：上海市公安局国际机场分局交通警察支队

2010 年 4 月 27 日上午 8 时 30 分原告陆某驾驶大客车在浦东机场 2 号航站楼出发层内侧过境车道行驶至 29 号门附近发生交通事故，致一人死亡，经公安机关事故认定，陆某负事故的全部责任。2011 年 4 月 28 日经刑事判决确认原告的行为构成交通肇事罪。2011 年 6 月 23 日被告作出《道路交通违法处理通知》并邮寄到原告户籍地，7 月 18 日被告将《行政处罚告知公告》张贴在自己单位内，8 月 8 日被告作出被诉《处罚决定书》并邮寄到原告户籍地。

法院认为：根据《行政处罚法》的规定，事先告知程序和听证程序是互相独立的两项程序，应当分别进行。如果行政机关将事先告知程序和听证程序合并进行，应认定为程序违法。根据《公安机关办理行政案件程序规定》“……因违法行为人逃跑等原因无法履行告知义务的，公安机关可以采取公告方式予以告知……”在不存在“因违法行为人逃跑等原因无法履行告知义务”的情况下，公安机关径行采取公告方式告知，不能视为有效送达，属程序违法。

（案例索引：上海市浦东新区人民法院（2011）浦行初字第293号行政判决书）

上诉人翁牛特旗财政局与翁牛特旗乌丹镇某幼儿园行政处罚案

上诉人（原审被告）：翁牛特旗财政局。

被上诉人（原审原告）：翁牛特旗乌丹镇某幼儿园。

二审法院认为：本案中，上诉人在法定举证期限内向原审法院提交的证据中不包括其负责人对处罚进行集体讨论决定的相关证据，应视为其违反了《行政处罚法》关于对情节复杂或者重大违法行为给予较重的行政处罚，行政机关的负责人应当集体讨论决定的规定。同时，上诉人并未提交关于立案时间的相关证据，因而无证据证明被诉处罚决定是在法定期限内作出。事先告知程序和听证程序是互相独立的两项程序，应当分别进行。就本案而言，本案被告在2017年12月4日作出《行政处罚事项告知书》，该文书包括了拟作出行政处罚决定的事实、理由、依据及原告有陈述权和申辩权、听证权等内容。但被告无法提供相应的法律依据证明其可以将事先告知程序和听证程序两项独立的法定程序合并进行，应认定为程序违法。

（案例索引：内蒙古自治区赤峰市中级人民法院（2019）内04行终237号行政判决书）

原告杨某与抚顺市新抚区市场监督管理局行政处罚案

原告：杨某。

被告：抚顺市新抚区市场监督管理局。

法院认为：本案中，原告经营猪肉摊位登记的个体工商户经营者为任某，被告在未查明实际经营者是原告或是原告与丈夫共同经营的情况下，直接将原告杨某作为处罚主体，属遗漏处罚对象，且被告作出的行政处罚决定认定原告违反《生猪屠宰管理条例》规定，但对原告进行处罚依据的是《食品安全法》，应属不当，故被告作出的《关于杨某违法经营未按规定进行检疫猪肉行为的行政处罚决定》，属于明显缺乏事实依据和明显缺乏法律依据，应予撤销。

（案例索引：抚顺市望花区人民法院（2020）辽0404行初137号行政判决书）

第 45 条　陈述、申辩权

第四十五条　当事人有权进行陈述和申辩。行政机关必须充分听取当事人的意见，对当事人提出的事实、理由和证据，应当进行复核；当事人提出的事实、理由或者证据成立的，行政机关应当采纳。

行政机关不得因当事人陈述、申辩而给予更重的处罚。

【立法说明】

时任全国人大常委会秘书长曹志 1996 年 3 月 12 日在八届全国人大四次会议上所作的《关于〈中华人民共和国行政处罚法（草案）〉的说明》中指出：实行包括听证在内的申辩制度。草案规定，行政机关在作出行政处罚决定之前，必须告知当事人其违法事实、给以行政处罚的理由和依据，并告知当事人依法享有的权利。当事人有权申辩包括依法要求听证。草案规定在给予责令停产停业、吊销营业执照、较大数额罚款等行政处罚之前，当事人要求听证的，行政机关应当组织听证，并规定了听证的基本程序。拒绝当事人申辩或者听证，不得决定处罚。所以要这样做，一是可以使行政机关在作出行政处罚时，注意以事实为根据、以法律为准绳，防止和减少错误。二是事先告诉当事人，由当事人申辩包括要求听证，有利于当事人维护自己的合法权利。三是符合重在教育的原则，使当事人知道自己哪些行为违反了法律，有利于提高法制观念。

全国人民代表大会宪法和法律委员会 2021 年 1 月 22 日《关于〈中华人民共和国行政处罚法（修订草案三次审议稿）〉修改意见的报告》中指出：修订草案三次审议稿第四十五条第二款规定，行政机关不得因当事人申辩而加重处罚。有的常委委员提出，陈述权与申辩权都是重要的程序性权利，都不得因当事人陈述、申辩而给予更重的处罚。宪法和法律委员会经研究，建议修改为：“行政机关不得因当事人陈述、申辩而给予更重的处罚。”

【参考案例】

焦某与天津市和平公安分局治安处罚案

原告（被上诉人）：焦某。

被告（上诉人）：天津市公安局和平分局。

天津市第一中级人民法院二审认为：

一、被上诉人焦某驾驶报废汽车，被执行查车任务的交通民警查获。交通民警暂扣焦某驾驶的汽车和滞留其驾驶证，是依法执行职务。对交通民警依法执行职务的行为，公民有义务配合。而焦某不仅不配合，还拨打“110”报警，无中生有地举报交通民警王某酒后执法，使交通民警正在依法执行的公务不得不中断。经天津市公安局督察处查证，确认焦某的举报不实。上诉人和平公安分局据此认定焦某的行为触犯了治安管理处罚规定，并作出056号处罚决定书，给予焦某治安罚款200元的处罚。这个处罚决定事实清楚、证据确凿，处罚在法律规定的幅度内，且执法程序合法，是合法的行政处罚决定，并已发生法律效力。依法作出的行政处罚决定一旦生效，其法律效力不仅及于行政相对人，也及于行政机关，不能随意被撤销。已经生效的行政处罚决定如果随意被撤销，也就意味着行政处罚行为本身带有随意性，不利于社会秩序的恢复和稳定。

二、上诉人和平公安分局称，由于天津市公安局公安交通管理局认为056号处罚决定书处罚过轻提出申诉，天津市公安局纪检组指令其重新裁决，因此重新裁决符合法律规定，程序并不违法。

错误的行政处罚决定，只能依照法定程序纠正。交通民警是国家工作人员，交通民警是根据法律的授权才能在路上执行查车任务。交通民警依法执行职务期间，是国家公权力的化身，其一举一动都象征着国家公权力的行使，不是其个人行为的表现。交通民警依法执行职务期间产生的责任，依法由国家承担，与交通民警个人无关。交通民警依法执行职务的行为受法律特别保护，行政相对人如果对依法执行职务的交通民警实施人身攻击，应当依法予以处罚。被上诉人焦某因实施了阻碍国家工作人员依法执行职务的行为被处罚。虽然焦某的不实举报直接指向了交通民警王某，但王某与焦某之间事先不存在民事纠纷，焦某实施违反治安管理行为所侵害的直接客体，不是王某的民事权益，而是公共秩序和执法秩序。因此，无论是交通民警王某还是王某所供职的天津市公安局公安交通管理局，都与焦某不存在个人恩怨，都不是治安管理处罚条例所指的被侵害人，都无权以被侵害人身份对上诉人和平公安分局所作的056号处罚决定书提出申诉。

《公安机关内部执法监督工作规定》要求公安机关纠正在执法活动过程中形成的错误的处理或者决定。纠正的目的，该规定第一条已经明示，是为保障公安机关及其人民警察依法正确履行职责，防止和纠正违法和不当的执法行为，保护公民、法人和其他组织的合法权益。这样做的结果，必然有利于树立人民警察公正执法的良好形象。前已述及，056号处罚决定书依照法定程序作出，事实清楚、证据确凿，处罚在法律规定的幅度内，是合法且已经发生法律效力的处罚决定，不在《公安机关内部执法监督工作规定》所指的“错误的处理或者决定”之列，不能仅因交警部门认为处罚过轻即随意撤销。这样做，只能是与《公安机关内部执法监督工作规定》的制定目的背道而驰。再者，《公安机关内部执法监督工作规定》是公安部为保障公安机关及其人民警察依法正确履行职责，防止和纠正违法和不当的执法行为，保护公民、法人和其他组织的合法权益而制定的内部规章，只在公安机关内部发挥作用，不能成为制作治安管理行政处罚决定的法律依据。

三、行政处罚决定权掌握在行政机关手中。在行政处罚程序中始终贯彻允许当事人陈述和申辩的原则，只能有利于事实的查明和法律的正确适用，不会混淆是非，更不会因此而使违法行为人逃脱应有的惩罚。法律规定不得因当事人申辩而加重处罚，就是对当事人申辩进行鼓励的手段。无论是行政处罚程序还是行政复议程序，都不得因当事人进行申辩而加重对其处罚。认为“不得因当事人申辩而加重处罚”不适用于行政复议程序，是对法律的误解。

（2006年第10期《最高人民法院公报》）

昆明某商贸有限责任公司与昆明市规划局行政处罚案

上诉人（一审原告）：昆明某商贸有限责任公司。

被上诉人（一审被告）：昆明市规划局。

最高人民法院认为：行政机关在作出行政处罚决定之前，应当告知当事人作出行政处罚决定的事实、理由及依据，并告知当事人依法享有的权利。被上诉人昆明市规划局作出昆规法罚（2006）0063号行政处罚决定之前，没有告知第三人东华街道办事处作出处罚决定的事实、理由及依据和第三人东华街道办事处依法享有的权利，一审判决认定程序违法，并无不当。

未取得建设工程规划许可证件或者违反建设工程规划许可证件的规定进行建设的处罚对象是违法建设的建设者，且只有在违法建设达到“严重影响城市规划”的情况下才能作出限期拆除的处罚决定。被上诉人昆明市规划局提供的证据不足以证明小龙路综合楼的建设者是第三人东华街道办事处及小龙路综合楼的建设已经达到“严重影响城乡规划”的事实，一审判决认定作出被诉具体行政行为的主要证据不足，有事实和法律依据。

（2006年第10期《最高人民法院公报》）

北京市海淀区市场监督管理局与北京A超市行政处罚案

上诉人（一审被告）：北京市海淀区市场监督管理局。

被上诉人（一审原告）：北京A超市。

被上诉人（一审第三人）：白山市B公司。

二审法院认为：正当程序原则作为最基本的公正程序规则，只要成文法没有排除或另有特殊情形，行政机关都要遵守。即使法律中没有明确的程序规定，行政机关也不能认为自己不受程序限制。本案中，海淀监管局对A超市作出被诉处罚决定，B公司虽然并非被诉处罚决定的相对人，但该处罚决定直接对B公司的权利造成不利影响，B公司与被诉处罚决定之间具有法律上利害关系，因此海淀区市场监督管理局在作出本案被诉处罚决定时，应当听取B公司的陈述意见。

（案例索引：北京市第一中级人民法院（2019）京01行终746号行政判决书）

黄石某置业公司与黄石市自然资源和规划局城建行政征收案

再审申请人（一审原告、二审上诉人）：黄石某置业公司。

再审被申请人（一审被告、二审被上诉人）：黄石市自然资源和规划局。

再审法院认为：2006年6月，某置业公司基于1997年5月21日黄石市物价局、黄石市财政局印发的《关于调整市政设施配套费用标准的通知》中关于“为鼓励兴建高层建筑……凡兴建28层以上的建设项目免收配套费”的规定，曾向原黄石市规划局申请减免华夏城A座加层部分的城市基础设施配套费，并经过了该局的审批同意，该局仅要求某置业公司缴纳其他规费共计203 636元。根据案涉华夏城项目的建设过程及黄石市的相关政策，该公司对原黄石市规划局减免其城市基础设施配套费的审批处理享有一定的信赖利益。其后，原黄石市规划局于2018年，即时隔十余年后，作出追缴四项收费共计1 501 327.4元的行政决定，对该公司的实体权益产生了重大不利影响，故该行政决定在具有负担性的同时，进而表现出了明显的损益性，在性质上与行政处罚、行政强制等行政行为高度趋同。

在现行法律、行政法规及规章中，并无征收城市基础设施配套费等费用的具体程序性规定。鉴于被诉行政决定与行政处罚、行政强制的性质高度趋同，对该行政决定程序方面的审查，可以参考《行政处罚法》《行政强制法》的相关规定。本案中，原黄石市规划局在作出追缴四项收费的行政决定之前，虽然经过了政府专题会议讨论并制定了会议纪要，但在决定过程中确未向华夏公司履行必要的告知程序，也未听取其陈述、申辩意见，而是在尚未对2006年的审批减免行为进行具有法律效力的处分的前提下，径行作出了与之直接相悖的新决定，与程序正当原则的基本要求不符。由于原黄石市规划局已经向该公司送达了黄规函〔2018〕12号《关于华夏城项目违法建设追缴配套费用的函》，该行政决定已对该公司发生效力，因此也不存在通过其他方式补救上述程序缺陷的可能。据此，本案被诉行政决定在作出过程中未能充分保障该公司的程序权利，并对其实体权益产生了重大不利影响，构成程序违法，应予撤销。

（案例索引：湖北省高级人民法院（2020）鄂行再12号行政判决书）

上诉人临沂市交通运输局与肥乡县某汽车运输队行政处罚案

上诉人（原审被告）：临沂市交通运输局。

被上诉人（原审原告）：肥乡县某汽车运输队。

二审法院认为，本案争议的焦点问题是被上诉人肥乡县某汽车运输队放弃陈述、申辩权后，上诉人在3日内向被上诉人下达行政处罚决定是否合法。

行政相对人明确放弃陈述和申辩，行政机关是否可以在3日内下达正式处罚决定，对此，《行政处罚法》（2009年）没有明确规定。本案中，被上诉人违法超载并强行冲卡，对于该违法事实被上诉人认可无异议。上诉人据此书面告知被上诉人拟作出罚款 6 000 元的决定，已考虑到依法及时行政以减少行政相对人损失与被上诉人行使申辩权之间的关系。上诉人已充分履行了告知义务。被上诉人在收到告知后，当场签字确认书面放弃陈述、申辩权，是其在违法事实真实存在的前提下，以最大限度地减少损失承担相应法律后果的最佳选择。此时其有权对自己应享有的陈述、申辩作出处置，任何人均无权干涉。被上诉人作出放弃陈述、申辩权的处置决定后，其应遵守诚实信用原则而不能事后反悔，放弃权利的后果就是接受行政处罚，对此被上诉人应当是明知的。上诉人在被上诉人放弃陈述、申辩权后所作出的涉案处罚决定，事实清楚、程序适当、适用法律正确。

（案例索引：山东省临沂市中级人民法院（2016）鲁13行终90号行政判决书）

陈某与北票市民政局行政处罚、行政强制案

上诉人：陈某。

被上诉人：北票市民政局。

原告陈某对其妻子的遗体进行土葬安置。北票市民政局于2011年11月25日对其作出《行政处罚先行告知书》和《行政处罚决定书》。陈某未在限定日期内自动履行义务。市民政局于2012年4月18日作出《强制执行通知书》，并于当日强制执行起尸火化。

一审法院认为，市民政局履行送达手续存在程序瑕疵，但结果正确，并未给陈某带来任何损失，判决驳回陈某要求确认被告行政行为违法、要求精神损害赔偿的诉讼请求。二审法院驳回上诉、维持原判。

检察机关认为：市民政局作出的《行政处罚先行告知书》载明，陈某可在5日内陈述或者申辩，但其作出告知书的同一日即作出《行政处罚决定书》，剥夺了陈某的陈述、申辩权，处罚程序违法；市民政局于2012年4月18日强制起尸火化时，其依据的《殡葬管理条例》（国务院第225号令）第20条因与2012年1月1日施行的《行政强制法》第13条规定相冲突而不再适用，市民政局没有行政强制执行权，其实施的强制起尸火化行为违法。

再审法院认为：首先，市民政局作出行政处罚先行告知书的同一天即作出被诉行政处罚决定书，剥夺了陈某的陈述、申辩权，法定应予撤销。其次，市民政局实施被诉强制执行行为时，《行政强制法》已施行，北票市民政局应申请法院强制执行。没有证据证明市民政局强制执行前履行了法定的催告、听取陈述、申辩等程序，作出强制执行通知书同一天即强制执行，违反法定程序。

对于陈某提出精神损失的赔偿请求，再审法院认为，陈某违反《殡葬管理条例》规定，市民政局予以行政处罚、强制执行的结果正确。但其违反法定程序作出的行政处罚决定及强制执行行为，必然给作为死者家属的陈某造成精神痛苦，其提出精神损失的赔偿请求应当给予一定的考虑。依据《国家赔偿法》第35条关于精神损害赔偿的规定，综合考虑市民政局过错程度及案件实际情况等相关因素，酌定市民政局赔偿陈某10 000元精神损害抚慰金。

第46条　证据

第四十六条　证据包括：

（一）书证；

（二）物证；

（三）视听资料；

（四）电子数据；

（五）证人证言；

（六）当事人的陈述；

（七）鉴定意见；

（八）勘验笔录、现场笔录。

证据必须经查证属实，方可作为认定案件事实的根据。

以非法手段取得的证据，不得作为认定案件事实的根据。

【立法说明】

全国人大常委会法制工作委员会副主任许安标2020年6月28日在第十三届全国人民代表大会常务委员会第二十次会议上所作的《关于〈中华人民共和国行政处罚法（修订草案）〉的说明》中指出，经过多年的执法实践，行政处罚的适用规则不断发展完善，在总结实践经验的基础上，作以下补充完善：明确行政处罚证据种类和适用规则，规定证据必须经查证属实，方可作为认定案件事实的根据；以非法手段取得的证据，不得作为认定案件事实的根据。

【政策性文件】

国家药监局综合司关于新修订《药品管理法》原料药认定以及有关法律适用问题的复函

（药监综法函〔2020〕423号）

山东省药品监督管理局：

你局《关于对新〈药品管理法〉中原料药认定问题的请示》（鲁药监字〔2019〕48号）收悉。经研究，现函复如下：

一、关于原料药

全国人大宪法和法律委员会在关于《中华人民共和国药品管理法（修订草案）》审议结果的报告中指出，修订草案按照各方都认可的药品分类，将药品定义中的药品种类进行概括式列举。原料药仍按照药品管理，应当遵守《药品管理法》的规定。

二、关于新修订《药品管理法》第一百二十四条的适用

新修订《药品管理法》主要按照药品的功效，重新界定假药、劣药，并将原《药品管理法》"按照假药论处""按照劣药论处"情形中国务院药品监督管理部门禁止使用的药品，必须批准而未经批准生产、进口的药品，必须检验而未经检验即销售的药品，使用必须批准而未经批准的原料药生产的药品，单独作出规定，明确禁止生产、进口、销售、使用这些药品，并在第一百二十四条规定了行政责任。

在监管执法中，发现应当批准未经批准的药品、使用未经审评审批的原料药生产药品等违法情形的，不能简单一律适用第一百二十四条，应当综合案情，判断是否存在有非药品冒充药品、以此种药品冒充他种药品、使用的原料药是否符合药用要求等违法情形，构成假药或者劣药情形的，应当按照生产、进口、销售假劣药进行处罚。

三、关于“从旧兼从轻”

《立法法》规定，法律、行政法规、地方性法规、自治条例和单行条例、规章不溯及既往，但为了更好地保护公民、法人和其他组织权利和利益而作出特别规定除外。

对于新法施行前实施的违法行为，新法施行后才发现或者查处的，行政机关在对违法行为进行行政处罚时，应当对新旧法律中的行政处罚进行对比分析，选择有利于相对人的法律规定。

针对使用未经审评审批的原料药生产药品具体案件的查处，行政机关应当根据案情，综合判断。该行为涉嫌犯罪的，应当依法移送司法机关。发现上游生产经营企业涉嫌违法犯罪的，应当及时将相关线索通报相关地方监管部门。

四、其他问题

（一）监督检查中发现未经审评审批的原料药的，应当结合原料药来源、检验结果等，对原料药供应商、制剂生产商的行为进行综合判定，依法处理。

（二）根据《刑法》的规定，只要故意实施生产销售假药违法行为，就应当追究刑事责任。但不构成生产销售假药罪并不意味着该违法行为不构成犯罪；对于涉嫌构成生产销售伪劣产品罪、非法经营罪等其他犯罪的，应当按照行刑衔接的规定，及时移送司法机关处理。

国家药监局综合司

2020年7月3日

国家药监局综合司关于假药劣药认定有关问题的复函

（药监综法函〔2020〕431号）

贵州省药品监督管理局：

你局《关于新修订的〈中华人民共和国药品管理法〉假劣药认定有关问题的请示》（黔药监呈〔2020〕20号）收悉。《药品管理法》颁布实施以来，各地对第一百二十一条“对假药、劣药的处罚决定，应当依法载明药品检验机构的质量检验结论”的适用产生了不同理解。经商全国人大法工委，现函复如下：

对假药、劣药的处罚决定，有的无需载明药品检验机构的质量检验结论。根据《药品管理法》第九十八条第二款第四项“药品所标明的适应症或者功能主治超出规定范围”认定为假药，以及根据《药品管理法》第九十八条第三款第三项至第七项认定为劣药，只需要事实认定，不需要对涉案药品进行检验，处罚决定亦无需载明药品检验机构的质量检验结论。

关于假药、劣药的认定，按照《最高人民法院 最高人民检察院关于办理危害药品安全刑事案件适用法律若干问题的解释》（法释〔2014〕14 号）第十四条规定处理，即是否属于假药、劣药难以确定的，司法机关可以根据地市级以上药品监督管理部门出具的认定意见等相关材料进行认定。必要时，可以委托省级以上药品监督管理部门设置或者确定的药品检验机构进行检验。

总之，对违法行为的事实认定，应当以合法、有效、充分的证据为基础，药品质量检验结论并非为认定违法行为的必要证据，除非法律、法规、规章等明确规定对涉案药品依法进行检验并根据质量检验结论才能认定违法事实，或者不对涉案药品依法进行检验就无法对案件所涉事实予以认定。如对黑窝点生产的药品，是否需要进行质量检验，应当根据案件调查取证的情况具体案件具体分析。

国家药监局综合司

2020 年 7 月 10 日

46.1 证据种类

【参考案例】

上诉人怀远县市场监督管理局与怀远县某超市有限责任公司行政处罚案

上诉人（一审被告）：怀远县市场监督管理局。

被上诉人（一审原告）：怀远县某超市有限责任公司。

二审法院认为：本案争议的焦点是贵州茅台酒股份有限公司的鉴定证明表能否作为本案行政处罚的依据。国家工商行政管理总局商标局在《关于假冒注册商标商品及标识鉴定有关问题的批复》（商标案字〔2005〕第172号）中规定，在查处商标违法行为过程中，工商行政管理部门可以委托商标注册人对涉嫌假冒注册商标及商标标识进行鉴定，出具书面鉴定意见，并承担相应的法律责任。被鉴定者无相反证据推翻该鉴定结论的，工商行政管理机关将该鉴定结论作为证据予以采纳。根据国家工商行政管理总局商标局的该文件规定精神，贵州茅台酒股份有限公司作为商标注册持有人，有权对茅台酒的注册商标及商标标识的真伪进行鉴定，本案的鉴定证明表有鉴定人员签名，加盖鉴定机构公章，且被鉴定者无相反证据推翻该鉴定证明，因此，该鉴定证明应作为本案行政处罚的依据。而且上诉人在行政处罚时，进行了立案、调查、听证告知等程序，处罚程序合法。

（案例索引：安徽省蚌埠市中级人民法院（2018）皖03行终68号行政判决书）

上诉人某百货（北京）有限公司与北京市工商行政管理局西城分局行政处罚案

上诉人（一审原告）：某百货（北京）有限公司。

被上诉人（一审被告）：北京市工商行政管理局西城分局。

二审法院认为：

1. 本院认为皮革中心检验报告与某百货公司在行政处罚程序中的自认相结合，能够作为处罚的事实依据。虽然该检验报告是由举报人在举报之前自行委托检验，仅凭该检验报告尚难确认被诉处罚决定所认定的违法事实。但是，某百货公司在行政处罚程序中已经明确表示对该检验报告予以认可，构成对自己不利事实的自认。而某百货公司是在陈述、申辩权以及申请听证权等程序权利得到充分保障的情况下作出的上述自认，故皮革中心检验报告证明效力的不足之处，能够通过上诉人在行政处罚程序中的自认予以弥补。

2. 在行政处罚案件中证明被处罚人存在违法事实的证明责任在行政机关，但被处罚人的自认同样也是行政程序中的重要证据形式。在行政机关已经充分保障被处罚人的程序权利，且无其他相反证据能够推翻的情况下，被处罚人的自认可以作为认定案件事实的依据。而在行政程序之后，被处罚人再行推翻上述事实，则需要提供充分的相反证据，否则将对行政法律秩序的安定性造成损害。至于某百货公司在二审期间提供的林业局检验报告，本院认为其已经超过法定举证期限。如果某百货公司对被诉处罚决定认定的事实不服，其在行政处罚程序中完全有机会提出反驳意见，而某百货公司在处罚程序中对皮革中心检验报告明确予以认可，同时又放弃了听证的权利。在此情况下，其在诉讼程序中才又委托检验，该检验报告已经超过了《最高人民法院关于行政诉讼证据若干问题的规定》第五十九条规定所要求的举证期限，故对该检验报告不予采纳。

（案例索引：北京市第一中级人民法院（2016）京01行终916号行政判决书）

再审申请人魏某与西安市公安局高新分局唐延路派出所不履行法定职责案

再审申请人（一审原告、二审上诉人）：魏某。

再审被申请人（一审被告、二审被上诉人）：西安市公安局高新分局唐延路派出所。

法院认为：本案应为履行法定职责之诉。一般认为，申请行政机关履行的法定职责是指行政机关对外作出产生法律效力的行政行为，行政机关在作出行政行为前进行的调查取证等活动仅是过程性行为，不是最终对外生效的行政行为，因此不能成为履行法定职责诉讼所请求的对象。行政机关在作出行政行为过程中是否履行法定程序或者所依据的证据是否真实合法，应该在针对该行政行为提起的诉讼中予以审查，而非针对过程性行为提起诉讼。本案中，魏某以被路某殴打为由向唐延路派出所报案，该所于2014年5月12日作出行政处罚决定，对路某给予行政罚款200元。魏某对该行政处罚决定不服，先后申请复议、提起诉讼及上诉，结果分别为维持行政处罚决定、驳回诉讼请求及维持原判。之后，魏某向唐延路派出所提出前述申请。魏某在该申请中所要求的出具人身伤害程序诊断证明、给予其重新鉴定的权利，实质是对治安行政处罚案件办理过程中相关伤情鉴定活动合法性的质疑，属于行政处罚决定的证据问题，该问题属于对行政处罚决定进行合法性审查的内容之一，不能单独对该鉴定活动或者在鉴定中未履行相关程序而提起诉讼，也不能以此为由要求行政机关承担赔偿责任。

（案例索引：最高人民法院（2019）最高法行申14 727号行政裁定书）

上诉人广西某木业有限公司与贵港市生态环境局行政处罚案

上诉人（一审原告）：广西贵港市某木业有限公司。

被上诉人（一审被告）：贵港市生态环境局。

二审法院认为：根据《环境监测管理办法》第十二条第二款、《环境监测质量管理规定》第十条和《环境监测人员持证上岗考核制度》第二条、第十二条规定，环境监测报告必须是由经国家、省级环境保护行政主管部门或其授权部门考核认证，取得上岗合格证的监测人员作出。而本案1号监测报告的分析人员高某的合格证是由GH公司自行颁发，不符合上述规定，高某不具有环境监测资格，1号监测报告不能作为13号处罚决定的有效证据，不能认定上诉人在2018年11月24日的监测中存在违法排放污染物的行为。在13号处罚决定所依据的1号监测报告不能作为证据作用的情况下，3号连续处罚决定亦失去了其作出的依据。被上诉人市生态环境局在未依法对1号监测报告的分析人员的资格进行审查的情况下，就采纳为3号连续处罚决定的依据，属于主要证据不足，依法应予撤销。

（案例索引：广西壮族自治区贵港市中级人民法院（2020）桂08行终65号行政判决书）

上诉人濮阳某化工公司与濮阳县环境保护局行政处罚案

上诉人（原审原告）：濮阳某化工公司。

被上诉人（原审被告）：濮阳县环境保护局。

二审法院认为：

首先，据《环境行政处罚办法》第三十四条规定，需要取样的，应当制作取样记录或者将取样过程记入现场检查（勘察）笔录，可以采取拍照、录像或者其他方式记录取样情况。对于濮阳县环境保护局提交的现场检查（勘察）笔录，仅有“2018年8月7日我局环境执法人员对你公司污水排放口进行了现场采样”的表述，该笔录只能显示濮阳县环境保护局有取样行为，没有载明濮阳县环境保护局对某化工公司排污口污水采样的过程。还有该检查(勘察)笔录显示时间为2018年8月7日15时30分至7日16时05分，与排污口取样照片标注的2018年8月7日16时45分相矛盾。而濮阳县环境保护局的工作人员当天绘制的现场勘查示意图中签字的当事人为迟某，与检查（勘察）笔录中被检查人处签字人为程某，二者并不一致，又有程某在二审中当庭证言，故对该检查（勘察）笔录是否是当天、当场记录存疑。该笔录的不能作为濮阳县环境保护局取样过程的有效证据。

其次，在环境执法过程中对排污企业所排污水的取样，同样应是环境行政执法过程中的证据登记保存措施，应按照《环境行政处罚办法》第三十八条第三款的规定，当场清点，开具清单，由当事人和调查人员签名或者盖章。濮阳县环境保护局仅提交了对某化工公司排污口的采样时照片，且当事人、见证人签字栏为空白，濮阳县环境保护局没能提交按照《环境行政处罚办法》第三十八条第三款的规定由在场的被取样人的工作人员及采样取证人员、样品封存人员签字确认的相关取证、取样清单或相应的文书，用于证明污水水样已被现场封存。同样不能证明是按照《水质采样技术指导》的要求对某化工公司的排污口的污水进行了采样，也不能证明水样送检前按照《水质样品的保存和管理技术规定》的要求在采集后封存和管理。濮阳县环境保护局与河南省政院检测研究院有限公司之间的检测任务委托单中没有显示附送采样清单，没有显示送检水样是以被封存状态送检。濮阳县环境保护局所做的证据登记保存即水样采集的合法性不能得到印证。

最后，对于河南省政院检测研究院作出的检测报告，虽然从形式上符合《环境行政处罚办法》第三十五条关于检测报告的要求，但因濮阳县环境保护局对某化工公司的污水水样采集程序不合法，河南省政院检测研究院出具检测报告不能作为认定某化工公司排污超标的依据。

（案例索引：河南省濮阳市中级人民法院（2019）豫09行终44号行政判决书）

46.2 查证属实

【参考案例】

上诉人王某与北京市公安局海淀分局行政拘留案

上诉人（一审原告）：王某。

被上诉人（一审被告）：北京市公安局海淀分局。

二审法院认为，本案应采取何种程度的证明标准以及处罚机关提供的证据能否起到相应的证明标准。

一般而言在行政处罚案件中，待定事实的认定应采用优势证明标准，即当证据显示待证事实存在的可能性明显大于不存在的可能性，法官可据此进行合理判断以排除疑问，在已能达到确信其存在的证明标准时，即使还不能完全排除存在相反的可能性，但也可以根据已有证据认定待证事实存在的结论。优势证据标准中推定的适用要求可分为基础事实是否清楚以及推定事实是否达到相应的证明标准。证明标准，是法律上运用证据证明待证事实所要达到的程度要求。其重要价值之一，在于为衡量负有举证责任的一方当事人是否切实尽到举证责任提供判断标准，如果对主张的事实的证明没有达到法定的证明标准，其诉讼主张就不能成立。而推定是根据严密的逻辑推理和日常生活经验，从已知事实推断未知事实存在的证明规则。根据该规则，行政机关一旦查明某一事实，即可直接认定另一事实，主张推定的行政机关对据以推定的基础事实承担举证责任，反驳推定的相对人对基础事实和推定事实的不成立承担举证责任。本案中，“王某与刘某错身而过时抬了一下左手”“王某朝刘某的胸部伸出一只手掌”“刘某拍打、追逐王某（反应激烈）”属于基础事实，王某对刘某实施摸胸的猥亵行为属于推定事实。海淀公安分局需要对基础事实承担举证责任，王某则对推翻基础事实和推定事实承担举证责任，前者是后者的前提和基础，只有海淀公安分局认定的基础事实成立，才需要王某承担后续举证责任。

海淀公安分局向法院提供的被害人刘某的陈述笔录、证人周某、王某的询问笔录、刘某辨认笔录、现场监控视频等证据可以证明本案基础事实的存在，而王某未能提供证据推翻本案的基础事实和推定事实。根据优势证据标准可以认定王某对刘某实施摸胸的猥亵行为。海淀公安分局作出被诉处罚决定书，履行了相应的职责，程序合法，结论正确。

（案例索引：北京市第一中级人民法院（2020）京01行终364号行政判决书）

海南某水务有限公司与海南省儋州市生态环境保护局行政处罚案

2013年6月5日，海南省环境监测中心站出具琼环监字〔2013〕第153号《监测报告》。儋州环保局根据该《监测报告》，认为某水务公司涉嫌违法排放水污染物，于2014年4月16日拟对某水务公司作出行政处罚。某水务公司在法定期限内未提出陈述、申辩和听证的申请。6月16日，儋州环保局对某水务公司处以2013年5月应缴纳排污费2倍的罚款177 719元。

海南省儋州市人民法院一审认为：根据《环境行政处罚办法》第三十四条规定，采样是本案监测的必经程序。但儋州环保局未能提供采样记录或采样过程等相关证据，无法证明其采样程序合法，进而无法证明送检样品的真实性，直接影响监测结果的真实性。因此，儋州环保局在没有收集确凿证据证实样品来源真实可靠的情况下，仅以海南省环境监测中心站出具的153号《监测报告》认定某水务公司超标排放废水，主要证据不足。儋州环保局于2014年6月16日同时分别对某水务公司2013年1月14日和5月22日超标排放行为给予二次处罚，程序违法。被诉处罚决定只给予某水务公司罚款，未责令某水务公司限期改正，行政处罚行为明显不当。海南省第二中级人民法院二审认为，153号《监测报告》的合法性是审查本案被诉环保行政处罚事实认定是否清楚的基础。由于153号《监测报告》的取样程序违法，不能作为认定某水务公司存在环境违法行为事实的主要证据。而除153号《监测报告》外，儋州环保局没有进行相关调查，并且违反查处分离的规定，程序违法。

本案系环保行政处罚纠纷，涉及对环保行政处罚行为所依据证据的审查认定，具有典型性和指导意义。近年来，各级环保行政执法部门加大了生态环境违法案件的行政执法力度，有效遏制了环境持续恶化的基本态势。但从法院审理环境行政处罚案件情况看，环保行政执法不同程度存在执法不规范，“重结果、轻程序”等问题。环保行政执法部门在环境监测过程中，应重视环境监测程序的合法性，特别是在涉及水污染的环保处罚案件中，被检测标本的取样是否合乎技术规范，直接影响该标本检测结果正确与否。因此，《环境行政处罚办法》专门进行对现场调查取样程序作了规定，要求制作取样记录或者将取样过程记入现场检查（勘察）笔录，并可以采取拍照、录像或者其他方式记录取样情况。由于儋州环保局在一审中未能提供取样记录或取样过程等相关证据，无法证明其取样程序的合法性，故法院认定153号《监测报告》不能作为认定某水务公司存在环境违法行为事实的主要证据，依法撤销处罚决定。本案判决体现了人民法院对环保行政执法行为的监督，对于推动环境保护行政主管部门规范行使行政处罚职权、促进依法行政具有积极作用。

（2017年全国环境资源十大典型案例）

邻水县袁市镇某牙科门市与邻水县市场监督管理局行政处罚案

原告：邻水县袁市镇某牙科门市。

被告：邻水县市场监督管理局。

法院认为：由于医疗器械是指直接或间接用于人体的特殊物品，与人体的生命健康安全以及社会公共卫生联系密切，使用过期不合格的医疗器械带来的危害难以估量，故在实践中，对医疗器械的存放、管理必须严格要求，对是否“使用”过期医疗器械也宜采扩大解释。本案中，在原告的牙科综合治疗机的器械放置台上发现有已开封的止血海绵，且并未与合格的医疗器械严格区别，混放于同一场所，同时，执法人员在原告的陈列柜亦发现有已开封的止血海绵，不能排除原告在医疗活动中使用了该过期医疗器械的合理推断，故原告提出的“未使用过期器械”的辩解，本院不予支持。

（案例索引：四川省广安市前锋区人民法院（2020）川 1603 行初 239 号行政判决书）

上诉人北京市朝阳区市场监督管理局与北京某食品有限公司行政处罚案

上诉人（一审被告）：北京市朝阳区市场监督管理局。

被上诉人（一审原告）：北京某食品有限公司。

二审法院认为：对于异物的判定，不能仅凭感官观察，而应结合食品配料表中的食品原料属性及食品本身属性、加工工艺流程等因素综合判断。本案中，原朝阳区食品药品监督管理局在接到举报人的举报后，对举报事项予以立案调查，但执法人员仅仅通过对该食品有限公司的香橙果酱实物进行肉眼观察，发现瓶底部有黑色物质，但未进行开瓶检查，现没有证据显示原朝阳区食品药品监督管理局采用适当方式排除涉案果酱瓶底部的黑色物质是存在于包装瓶体本身的可能性或是果酱配料的可能性，也没有结合涉案果酱的加工工艺对瓶底的黑色物质是否属于合理范畴进行分析判断，即径行作出了“混有异物”的判断，应属于认定事实不清，证据不足，法律适用错误。

（案例索引：北京市第三中级人民法院（2019）京 03 行终 305 号行政判决书）

温州某贸易有限公司诉温州市工商行政管理局鹿城分局行政处罚案

原告：温州某贸易有限公司。

被告：温州市工商行政管理局鹿城分局。

鹿城工商分局于 2011 年 3 月 16 日认为：温州某贸易有限公司经销假冒“贵州茅台”牌白酒，已构成侵犯他人注册商标专用权违法行为。决定对原告的违法行为作如下处罚：一、责令立即停止侵权行为；二、依法扣押的假冒“贵州茅台”

牌白酒956瓶予以没收销毁，其余的“贵州茅台”牌白酒129瓶、白酒109箱予以发还；三、处以罚款500 000元。

温州市中级人民法院二审认为：行政证据应在依法收集并经行政机关审核确认可以证明案件事实的情况下，才能作为定案依据。由于对商标的真伪鉴别涉及一般人并不熟悉的专业判断，其结论的准确性对当事人至关重要。因此，鉴别人员应当对辨认经过、使用的方法、与真品的差异等基本情况进行说明，以供行政机关对其结论的准确性进行判断和确认。但本案贵州茅台酒股份有限公司出具的五份鉴定表只简单记载“包装材料属假冒；酒质不是我公司生产的酒”，从而判断：“属假冒”，该所谓鉴定内容过于简单，实难确保结论的准确性和可靠性，法院不予采信。鹿城工商分局仅以贵州茅台股份有限公司有权鉴定及该公司可以承担相应法律责任为由，而将涉案商标真伪的鉴别判断权完全交给该公司，法院不予支持。鹿城工商分局对该公司作出的行政处罚决定，主要证据不足。

根据我国现行法律规定，对知识产权的保护分为行政和司法两个途径。本案是行政机关对侵权知识产权的行为进行查处，产生行政争议的典型案例，因此入选2011年浙江知识产权审判十大案例。本案关键问题是商标侵权行政案件中工商行政管理机关的证据审核义务，司法既应支持行政机关依法查处知识产权侵权行为，同时也要履行对行政机关的司法审查职责，通过行政诉讼妥善化解知识产权执法中引发的行政争议。

近年来，随着市场经济的发展，商标注册申请日趋活跃。商标侵权案件的数量不断上升，行政执法实践中存在的问题日益凸显。由于商标的真伪鉴别涉及专业知识，辨别判断难度较大，故在当前对侵权商标查处的行政执法实践中，工商行政主管部门一般将商标真伪的鉴定工作交由商标注册人或合法使用人进行，并将其出具的书面鉴定结论作为行政处罚案件的证据。一旦进入行政诉讼程序，行政机关往往以商标注册人有权鉴定并由其承担相应法律责任提出抗辩，本案正是这方面的典型案例。司法实践中发现，商标注册人或合法使用人因其鉴定结论在行政案件中的“权威性”，鉴定结论内容日趋简单，甚至无法反映辨认经过、使用方法、与真品的差异等基本情况，其准确性和可靠性无法确保。严格从证据分类看，该鉴定结论在证据性质上相当于“被害人陈述”，而非证据法中的鉴定结论，况且在很多商标处罚案件中，商标注册人或合法使用人往往也是举报人。如果行政机关一味放弃审查职责而径行采纳作为定案证据，不仅不符合证据法的相关规定，也有违公平原则。因此，在做法尚未完全统一之前，探讨商标侵权案件中工商行政主管机关的证据审核义务具有积极且现实的实践意义。

青岛某房地产开发有限公司与山东省青岛市地震局行政处罚案

上诉人（原审原告）：青岛某房地产开发有限公司。

被上诉人（原审被告）：山东省青岛市地震局。

二审法院认为：被上诉人作为本行政区域内负责地震安全性评价的主管机关，在作出大额处罚之前，必须依法查明事实。为查明处罚事实，被上诉人应当到有权机关查明涉案奥润府新嘉苑工程的总建筑面积。而本案中，被上诉人仅仅依照宣传资料，就作出了处罚决定，导致了所查明违法事实不清，应当予以撤销。

（江必新主编，《中国行政审判指导案例》第1卷，中国法制出版社2010年版，第34～35页）

46.3 非法证据排除

【参考案例】

上诉人杭州市富阳区市场监督管理局与浙江某输变电设备股份有限公司行政处罚案

上诉人（原审被告）：杭州市富阳区市场监督管理局。

被上诉人（原审原告：）浙江某输变电设备股份有限公司。

二审法院认为：诚如一审法院所说，本案核心争议在于作为定案主要证据的《检验报告》是否具有可采性。该份证据由湖南省衡阳市质量技术监督局制作形成并移送本案上诉人富阳市场监督管理局，作为上诉人作出被诉行政处罚决定的主要证据。本案中，湖南省衡阳市质量技术监督局于2018年5月21日进行现场检查及抽取样品时，没有（书面）通知被上诉人到场，违反相关规定，由此制作形成的《检验报告》不具有证据的合法性，应予排除，被诉行政处罚决定认定事实的主要证据不足，遂判决予以撤销。

（案例索引：浙江省杭州市中级人民法院（2020）浙01行终417号行政判决书）

上诉人周口市环境保护局与周口某新型建材有限公司行政处罚案

上诉人（原审被告）：周口市环境保护局。

被上诉人（原审原告）：周口市某新型建材有限公司。

二审法院认为：

一、被诉行政处罚决定主要证据不足。依照行政诉讼举证责任的分配规则，被告对行政行为的合法性承担举证责任，本案中，周口市环境保护局作出行政处罚的主要理由是被上诉人公司存在超标准排放二氧化硫行为，即应举证证明被上诉人公司存在超标排放这一基本事实。在环境行政处罚案件调查过程中，取样过程的合法性直接关系到检测结果的真实性、处罚决定的合法性，周口市环境保护局在没有确凿证据证实检测样品来源真实可靠的情况下，应当承担举证不能的不利法律后果，一审判决撤销其作出的处罚决定并无不当。

二、被诉行政处罚决定明显不当。《环境行政处罚办法》第六条规定："行使行政处罚自由裁量权必须符合立法目的，并综合考虑以下情节：……（六）当事人改正违法行为的态度和所采取的改正措施和效果。……"《河南省环境行政处罚裁量标准适用规则》第八条第二款规定："有下列情形之一的，可以依法适用从轻或者减轻的处罚标准：……主动改正或者及时中止环境违法行为……积极配合环保部门查处环境违法行为的。"基于上述规定，行政机关作出环境行政处罚决定应当将当事人整改情况、是否积极配合检查等情节在行政处罚中予以综合考量，体现处罚与教育相结合的基本原则，本案中，周口市环境保护局在作出处罚决定前已经对被上诉人作出责令停产决定并提出了整改意见，河南省环保厅现场检查笔录中也明确载明上诉人单位负责人在检查中能够积极配合执法人员检查，即使是上诉人环境违法事实成立的情况下，其在作出处罚决定应当将整改情况、是否配合检查情况作为一个情节予以考量，周口市环保局未对上述情节予以考量的情况下作出的处罚决定，明显不当。

三、被诉行政处罚决定程序违法。程序合法是行政行为合法的要素之一，程序违法，行政行为就失去了合法性的基础。《环境行政处罚办法》对环境行政违法案件查处的一般程序规定为立案、调查取证、案件审查、告知和听证、处理决定。本案中，周口市环境保护局在河南省环境保护厅立案审批表签署“同意立案”意见的时间为2016年11月7日，而此时，河南省环境保护厅已经调查终结并形成处理意见，周口市环境保护局也是依该调查结果作出处罚决定，不符合《环境行政处罚办法》的程序规定。

（案例索引：河南省周口市中级人民法院（2019）豫16行终31号行政判决书）

上诉人仙游县某便利店因与仙游县市场监督管理局行政处罚案

上诉人（原审原告）：仙游县某便利店。

被上诉人（原审被告）：仙游县市场监督管理局。

二审法院认为：本案中，上诉人某便利店在接受执法检查时已如实说明案涉龙胆鱼的购进渠道，其在购进龙胆鱼时亦依照日常交易习惯，履行了基本的进货查验义务，且其采购龙胆鱼为2千克，违法所得仅8元，并未出现严重社会危害后果。被上诉人仙游县市场监管局未充分考虑上述基本事实，亦未参照《行政处罚法》中关于从轻、减轻或者免除处罚的情形，即作出罚款10万元的行政处罚，明显不当。根据《食品安全抽样检验管理办法》第十四条规定，食品药品监督管理部门可以自行抽样或者委托具有法定资质的食品检验机构承担食品安全抽样工作。本案从被上诉人仙游县市场监管局在法定举证期限内向法院提供的《莆田市食品安全抽检监测任务委托书》，认定福建某食品安全监测有限公司受委托进行抽检工作的期限为2018年6月4日至12月15日，但案涉抽检时间是发生在2019年7月10日，已超出其受委托期限，故福建某食品安全监测有限公司在本案中不具有抽检权限。

（案例索引：福建省莆田市中级人民法院（2020）闽03行终287号行政判决书）

第47条　执法全过程记录

第四十七条　行政机关应当依法以文字、音像等形式，对行政处罚的启动、调查取证、审核、决定、送达、执行等进行全过程记录，归档保存。

【立法说明】

全国人大常委会法制工作委员会副主任许安标2020年6月28日在第十三届全国人民代表大会常务委员会第二十次会议上所作的《关于〈中华人民共和国行政处罚法（修订草案）〉的说明》中指出，为推进严格规范公正文明执法，巩固行政执法公示制度、行政执法全过程记录制度、重大执法决定法制审核制度“三项制度”改革成果，进一步完善行政处罚程序，作以下修改：体现全程记录，增加规定行政机关应当依法以文字、音像等形式，对行政处罚的启动、调查取证、审核、决定、送达、执行等进行全过程记录，归档保存。

【参考案例】

青岛某餐饮管理有限公司与青岛市市南区消防救援大队行政处罚案

上诉人（原审原告）：青岛某餐饮管理有限公司。

被上诉人（原审被告）：青岛市市南区消防救援大队。

本院认为：具体到本案中，被上诉人作出涉案行政处罚决定的理由是上诉人公司实际经营面积与其申领的消防安全检查合格证载明的面积不符。根据前述规定，被上诉人市南区消防大队理应对其认定上诉人存在的前述违法事实提供相应证据。证据5检查记录中记载场所使用面积与《公众聚集场所投入使用、营业前消防安全检查合格证》不符，该检查记录虽由上诉人工作人员签字确认，但被上诉人并未提供其作出该认定的具体事实依据，仅凭该份证据无法证实被上诉人所确认的违法事实。证据14测绘报告系被上诉人听证程序后获得的测绘结果，在被上诉人向上诉人进行行政处罚告知时，该测绘结果并未作出，因此，该份测绘报告未经处罚前告知，且该测绘报告不符合法定的形式要件要求，故不能作为本案被上诉人认定上诉人违法事实成立的证据使用。被上诉人并无直接合法有效的证据证实上诉人实际经营场所面积大于所持消防安全检查合格证所载面积。被上诉人称其工作人员在现场检查时已对涉案场所进行实际测量，但未能提供相应证据证实，应承担举证不能的不利后果。

关于第二个焦点问题。关于被上诉人执法人员身份问题，被上诉人工作人员进行消防监督检查时，应不少于两人，且应出示执法身份证件。本案中，被上诉人虽主张其工作人员在监督检查时向上诉人出示了执法身份证件，但未能提供有效证据证明该主张，现场检查记录中也并无检查人员出示证件的相关记载。鉴于上诉人提交的公安消防岗位资格考试成绩能够证实对上诉人场所进行检查的两位工作人员具备从事消防监督执法的公安消防岗位资格，故原审法院认定该程序轻微违法并无不当。关于测绘报告问题，首先，如前所述，该测绘报告系在行政处罚告知及听证程序后取得的，被上诉人该行为明显有悖于行政处罚的调查取证、处罚告知、听取陈述申辩或举行听证、作出处罚决定的正当顺序。其次，被上诉人虽主张其在获得测绘报告后已通过短信形式向上诉人送达，但上诉人对此不予认可，且被上诉人并未提交证据证明其保障了当事人关于该测绘报告的知情权和申辩权。因此，被上诉人的调查程序存在违法之处，原审法院对此认定有误。

关于第三个焦点问题，本案中，被上诉人认定上诉人实际经营场所与其申领消防安全检查合格证载面积不符的证据不足，其适用对上诉人作出处罚的结果亦无法成立，本院不予支持。被上诉人作为消防安全监督检查机关，其所作行政行为关系到社会公众的消防安全，但行政处罚不得随意作出，须立足于事实清楚、程序合法及适用法律正确的前提之下，消防处罚亦应在确保消防安全的情况下保障经营者的合法权益。而综观本案，被上诉人经初步检查后，在主要证据不足的情况下即向上诉人作出行政处罚告知，在处罚告知及听证前未对上诉人实际经营面积进行具体测绘，在听证后才获得现场测绘报告并作出处罚，该行政处罚主要证据不足，程序违法，应予撤销。

（案例索引：山东省青岛市中级人民法院（2020）鲁02行终225号行政判决书）

第 48 条　处罚决定信息公开

第四十八条　具有一定社会影响的行政处罚决定应当依法公开。

公开的行政处罚决定被依法变更、撤销、确认违法或者确认无效的，行政机关应当在三日内撤回行政处罚决定信息并公开说明理由。

【立法说明】

这是本次修订新增条文。

全国人大常委会法制工作委员会副主任许安标 2020 年 6 月 28 日在第十三届全国人民代表大会常务委员会第二十次会议上所作的《关于〈中华人民共和国行政处罚法（修订草案）〉的说明》中指出，为推进严格规范公正文明执法，巩固行政执法公示制度、行政执法全过程记录制度、重大执法决定法制审核制度“三项制度”改革成果，进一步完善行政处罚程序，作以下修改：一是明确公示要求，增加规定行政处罚的实施机关、立案依据、实施程序和救济渠道等信息应当公示，行政处罚决定应当依法公开。二是体现全程记录，增加规定行政机关应当依法以文字、音像等形式，对行政处罚的启动、调查取证、审核、决定、送达、执行等进行全过程记录，归档保存。

2020 年 10 月 13 日全国人民代表大会宪法和法律委员会《关于〈中华人民共和国行政处罚法（修订草案）〉修改情况的汇报》中指出：有些常委会组成人员、部门、地方和专家学者提出，行政处罚法的重要内容是规范行政处罚程序，建议进一步完善相关程序。宪法和法律委员会经研究，建议作以下修改：细化行政处罚决定公开要求，明确行政处罚决定应当按照政府信息公开的有关规定予以公开。

全国人民代表大会宪法和法律委员会 2021 年 1 月 20 日《关于〈中华人民共

和国行政处罚法（修订草案）〉审议结果的报告》指出：有的常委委员、代表、地方、专家学者和社会公众建议进一步完善行政处罚程序，健全行政处罚执行制度。宪法和法律委员会经研究，建议作以下修改：明确行政处罚决定公开的适当范围，要求具有一定社会影响的行政处罚决定依法公开。

【参考案例】

上诉人杨某与江苏省市场监督管理局行政赔偿案

上诉人（原审原告）：杨某。

被上诉人（原审被告）：江苏省市场监督管理局。

二审法院认为：本案中，上诉人杨某以省市场监督管理局将447号行政裁定提供给原泰州市工商局、泰州市政府的行为侵犯其合法权益为由，向省市场监督管理局提出赔偿申请。但根据《最高人民法院关于人民法院在互联网公布裁判文书的规定》，447号行政裁定应当在互联网上向公众公开，并不存在省市场监督管理局泄露裁定书所含杨某投诉情况的情形。且即便存在省市场监督管理局因应诉等工作需要将447号行政裁定提供给原泰州市工商局、泰州市政府的事实，该行为也不构成侵害杨某人身权、财产权的法定违法情形。

（案例索引：江苏省高级人民法院（2019）苏行赔终9号行政赔偿裁定书）

王某与南京市雨花台区市场监督管理局信息公开案

原告：王某。

被告：南京市雨花台区市场监督管理局。

法院认为：本案中，原告要求雨花台区市场监管局公开其在履行其投诉举报的某超市监督法定义务时所做的处罚决定书，该决定书雨花台区市场监管局已在网上进行了公示，雨花台区市场监管局告知其可通过公示系统查询并无不当；对原告提出受理消费者投诉举报告知书、立案审批表、询问调查笔录、现场检查笔录、销售台账、销售票据、检验告知书、商品照片、案件调查终结报告、处罚告知书等材料系行政机关行政处罚案件的案卷材料，依法不属于信息公开的内容，雨花台区市场监管局亦告之可按档案管理相关规定至其处进行查阅。

（案例索引：南京铁路运输法院（2016）苏8602行初715号行政判决书）

华某与宁波市海曙区市场监督管理局政府信息公开案

上诉人（原审原告）：华某。

被上诉人（原审被告）：宁波市海曙区市场监督管理局。

二审法院认为：《政府信息公开条例》第十六条第二款规定，行政机关在履行行政管理职能过程中形成的讨论记录、过程稿、磋商信函、请示报告等过程性信息以及行政执法案卷信息，可以不予公开。因此，行政机关对于是否公开执法案卷信息具有裁量权。涉案信息系海曙区市场监督管理局在办理华某投诉宁波市海曙区某手机店销售假冒伪劣手机一案中形成的卷宗材料，依法属于执法案卷信息。

（案例索引：浙江省宁波市中级人民法院（2020）浙02行终391号行政判决书）

第49条　应急处罚

第四十九条　发生重大传染病疫情等突发事件，为了控制、减轻和消除突发事件引起的社会危害，行政机关对违反突发事件应对措施的行为，依法快速、从重处罚。

【立法说明】

全国人大常委会法制工作委员会副主任许安标2020年6月28日在第十三届全国人民代表大会常务委员会第二十次会议上所作的《关于〈中华人民共和国行政处罚法（修订草案）〉的说明》中指出，为推进严格规范公正文明执法，巩固行政执法公示制度、行政执法全过程记录制度、重大执法决定法制审核制度“三项制度”改革成果，进一步完善行政处罚程序，作以下修改：增加规定发生重大传染病疫情等突发事件，为了控制、减轻和消除突发事件引起的社会危害，行政机关对违反突发事件应对措施的行为，依法从重处罚，并可以简化程序。

【参考案例】

邓某与中山市公安局行政处罚案

原告：邓某。

被告：中山市公安局。

法院认为：在新型冠状病毒肺炎疫情防控期间，市政府及中山市新型冠状病毒感染肺炎疫情防控指挥部依照上级人民政府响应并结合中山市防控形势，启动重大突发公共卫生事件一级响应，并发布《关于实行疫情管控“十严”措施的通告》，要求各村、社区实行封闭管理，市民外出必须按规定戴口罩，无特殊情况不得外出。中山市范围内的公民、法人和其他组织有义务依照前述通告的规定，积极配合、参与重大突发公共卫生事件的应对工作。

本案中，邓某未按政府防疫通告要求佩戴口罩，不听从防疫检查人员的劝阻强行离开防疫卡口，并实施驾车逆向快速驶向防疫检查点工作人员的危险行为，威胁检查站工作人员及路面人群的人身安全。市公安局认定其实施以其他方法威胁他人人身安全和拒不执行人民政府在紧急状态情况下依法发布的决定、命令的违法行为，且情节严重，事实清楚，证据充足。

（案例索引：中山市第一人民法院（2020）粤2071行初311号行政判决书）

上诉人阳江市海陵岛经济开发试验区管理委员会与阳江市某酒店管理咨询有限公司行政处罚案

上诉人（原审被告）：阳江市海陵岛经济开发试验区管理委员会。

被上诉人（原审原告）：阳江市某酒店管理咨询有限公司。

上诉人海陵岛开发区管委会不服一审判决，上诉称：本案行政处罚系来源于食品安全事故的发生和处置，根据《食品安全法》第七章“食品安全事故处置”紧急实施的检验检测及其报告结论，是否同时适用于《食品安全法》第八十八条规定的一般食品质量安全抽查中的复检申请权利尚不明确。食物中毒事件中的样品检验具有很强的时效性和结论上的确定力，阳江市疾病预防控制中心出具检验报告单后抄送省疾控中心、市食药监局和海陵区食药监局，有无义务将检验报告单送达被上诉人以及复检，无相应的法律明确规定。《食品安全法》第八十八条属于该法第五章“食品检验”，明显是针对食品安全日常管理中的一般性抽查及食品经营者自行检验等情形，并非指中毒事件发生、涉嫌违法情形下的行政执法调查取证。从制度设计及公平效率兼顾等考量，前者应更注重公平和审慎，后者则更注重效率和果断。原审判决首先援引的《食品药品行政处罚程序规定》第三十二条“执法人员调查违法事实，需要抽取样品检验的，应当按照有关规定抽取样品。

检验机构应当在规定时限内及时进行检验”也重点强调时效性，并未对《食品安全法》第八十八条予以衔接指引。该法第八十八条可见优先注重的是公平和审慎，“对依照本法规定实施的检验结论有异议”，该句限制了复检程序系依照本法（第五章）规定实施的检验结论，强调的范围是“实施抽样检验”，完全没有提及对行政执法处罚案件、食品中毒事件处置之情形的适用。由于食品安全事故处置及相应行政处罚取证的特殊性，撤销本案行政处罚决定后上诉人也无从重新作出，将导致较多负面影响。由于食品安全事故处置及相应行政处罚取证的特殊性，在相应检材样品已经无法寻获或继续使用情形下，上诉人也无从重新取证和作出新的行政处罚。鉴于本案行政处罚行为系游客集体食物中毒事件源起，上诉人辖区内餐饮经营者众多，监管任务繁重，食品安全形势严峻。如发生游客集体食物中毒事件后的行政处罚却因程序问题被撤销且不能再重新作出处罚，于食品安全监管的执法威慑会产生严重的负面影响。

二审法院认为：本案中，上诉人海陵岛区管委会作出涉案行政处罚决定，应当符合上述法律法规的规定。《食品安全法》第八十八条对食品检验的相关规定是对食品安全检验、检测最基本、最一般性的规定，对于食品安全事故的检测，不仅应遵照该一般性规定，还应当注重时效性，二者并无冲突。《食品安全法》对紧急情况下实施的食品安全检测规定并未排斥适用一般性食品安全检测的规定，且《食品安全法》第七章关于“食品安全事故处置”的规定也并未明确规定对于食品安全事故的检测不适用《食品安全法》第八十八条。因此，海陵岛区管委会在作出涉案行政处罚决定前，没有依照上述法律规定，依被上诉人公司提出的复检申请进行复检，保障被上诉人公司依法享有的复检申请权利，违反了法定程序。

（案例索引：广东省高级人民法院（2019）粤行终686号行政判决书）

第50条　保密责任

第五十条　行政机关及其工作人员对实施行政处罚过程中知悉的国家秘密、商业秘密或者个人隐私，应当依法予以保密。

【立法参考】

民法典第一千零三十九条：国家机关、承担行政职能的法定机构及其工作人员对于履行职责过程中知悉的自然人的隐私和个人信息，应当予以保密，不得泄露或者向他人非法提供。

【参考案例】

再审申请人北京市海淀区市场监督管理局与北京A超市行政处罚案

再审申请人（一审被告、二审上诉人）：北京市海淀区市场监督管理局。

被申请人（一审原告、二审被上诉人）：北京A超市。

被申请人（一审第三人、二审被上诉人）：白山市B公司。

再审法院认为：本案的焦点问题在于本案是否应适用正当程序原则、海淀市场监督管理局是否应向白山市B公司进行调查核实。正当程序原则是行政法领域的基本原则之一，其要求将受到行政决定影响的人能够充分而有效地参与行政决定的制作过程，从而对决定的结果发挥积极的作用，故行政机关在行政执法中应遵循正当程序原则。本案中，被诉行政处罚系认定该公司生产的蓝莓果汁饮料标签配料表中标注的成分涉嫌非法添加或者没有使用食品添加剂通用名称的违法行为，B 公司虽然不是被诉处罚决定的行政相对人，但其作为生产涉案产品及标注预包装标签的生产厂家，可能会受到被诉处罚决定的不利影响，故海淀区市场监督管理局在查处案件时有必要保障其对调查程序的参与权，就案件事实情况向其进行调查核实。同时需指出，调查程序的参与并不意味着生产商据此取得与行政处罚相对人同等的程序性权利，故海淀区市场监督管理局认为二审判决降低行政执法工作效率，产生不利社会效果的主张不能成立，本院不予支持。

（案例索引：北京市高级人民法院（2019）京行申 1194 号行政裁定书）

上诉人杨某与曲靖市麒麟区市场监督管理局政府信息公开案

上诉人（原审原告）：杨某。

被上诉人（原审被告）：曲靖市麒麟区市场监督管理局。

法院认为：《政府信息公开条例》第九条至第十二条对政府应当主动公开的信息进行了肯定列举式规定，其中第十条第十一项的“监督检查”是指一种行政监督检查，它是指行政主体依法定职权对行政相对人遵守法律、法规、规章，执行检查、行政命令、决定的情况进行检查、了解、监督的行政行为，方法主要是检查、审查、调查、调阅、查验、检验、鉴定、勘验、统计、要求相对人作出说明等。行政处罚决定书是行政主体针对行政相对人的违法行为，在经过调查取证掌握违法事实的基础上，制作的记载当事人违法的事实、处罚的理由、依据和决定等事项的具有法律强制力的书面法律文书，主要功能在于惩戒违法行为；行政监督检查情况是行政管理机关作出行政处罚的事实依据，主要功能在于预防和及时纠正行政相对人的违法行为，核心内容在于调查取证，查明行为人的违法事实。根据行政监督检查的具体情况，行政主体可以依法对管理相对人采取行政强制或者行政处罚。因此，行政处罚是行政主体在行政监督检查后选择的一种结果（如果能够实现行政管理目标，也可以不予处罚，而选择查封、扣押、冻结、限制人身自由等行政强制措施）。行政处罚决定书不能约束举报人，在此意义上与举报人无关，一般不会影响举报人的权利义务，但行政处罚决定书可能涉及行政相对人的商业秘密或者个人隐私，甚至可能是国家秘密，为了维护行政相对人合法权益或者国家利益，行政机关在决定公开前应当对行政处罚决定书进行必要的审查。否则，可能造成依法不能公开的政府信息予以公开，将可能承担法律责任。因此，行政处罚决定书并不是当然应当主动公开的政府信息，应界定为依申请公开的政府信息。原告认为行政处罚决定书属于政府应当主动公开的政府信息，要求被告向其提供行政处罚决定书全部内容的理由不能成立，被告在其网站上主动公开了行政处罚决定书的部分内容，告知原告在网站查询后获取的方式并无不当。

（案例索引：云南省曲靖市中级人民法院（2018）云03行终43号行政判决书）

第51条　当场处罚

第五十一条　违法事实确凿并有法定依据，对公民处以二百元以下、对法人或者其他组织处以三千元以下罚款或者警告的行政处罚的，可以当场作出行政处罚决定。法律另有规定的，从其规定。

【立法说明】

时任全国人大常委会秘书长曹志1996年3月12日在八届全国人大四次会议上所作的《关于〈中华人民共和国行政处罚法（草案）〉的说明》中指出：为适应实际需要，分别规定了简易程序和一般程序。简易程序是对违法事实确凿并有法定依据、处罚较轻的行为，由执法人员当场作出处罚决定。其他违法行为，都要依照一般程序经过认真调查、取证之后再决定给予处罚。

全国人大常委会法制工作委员会副主任许安标2020年6月28日在第十三届全国人民代表大会常务委员会第二十次会议上所作的《关于〈中华人民共和国行政处罚法（修订草案）〉的说明》中指出：适应行政执法实际需要，将适用简易程序的罚款数额由五十元以下和一千元以下，分别提高至二百元以下和三千元以下。

【参考案例】

廖某与重庆市公安局交通管理局第二支队行政处罚决定案

原告：廖某。

被告：重庆市公安局交通管理局第二支队。

本案争议焦点：交通警察一人执法时的证据效力如何认定？交通警察一人执法时当场给予行政管理相对人罚款200元的行政处罚，是否合法？

重庆市渝中区人民法院认为：

一、经查，大溪沟嘉陵江滨江路加油（气）站道路隔离带确实有一缺口，此处确实树立着禁止左转弯的交通标志，而且2005年7月26日8时许廖某确实驾车途经此处。对廖某是否在此处违反禁令左转弯，虽然只有陶某一人的陈述证实，但只要陶某是依法执行公务的人员，其陈述的客观真实性得到证实，且没有证据证明陶某与廖某之间存在利害关系，陶某一人的陈述就是证明廖某有违反禁令左转弯行为的优势证据，应当作为认定事实的根据。

二、行政处罚法确实有当场对公民作出的罚款只能在50元以下，行政机关调查或者检查时执法人员不得少于两人的规定。但行政处罚法制定于1996年，此后的2003年10月28日，第十届全国人民代表大会常务委员会第五次会议通过了道路交通安全法。该法是处理道路交通安全问题的专门法律。为了落实道路交通安全法，国务院于2004年4月28日颁布了《道路交通安全法实施条例》，公安部也于2004年4月30日发布了《道路交通安全违法行为处理程序规定》。一切因道路交通安全管理产生的社会关系，应当纳入上述法律、行政法规和规章的调整范畴。

道路交通安全管理具有其特殊性。道路上的交通违法行为一般都是瞬间发生，对这些突发的交通违法行为如果不及时纠正，就会埋下交通安全隐患，甚至当即引发交通安全事故，破坏道路交通安全秩序。但要及时纠正这些突发的交通违法行为，则会面临取证难题。交通警察发现交通违法行为后应当及时纠正，如果必须先取证再纠正违法，则可能既无法取得足够的证据，也无法及时纠正违法行为，甚至还可能在现场影响车辆、行人的通行。考虑到上述因素，为了遵循道路交通安全法第三条确立的依法管理，方便群众，保障道路交通有序、安全、畅通的原则，《道路交通安全法》第七十九条规定："公安机关交通管理部门及其交通警察实施道路交通安全管理，应当依据法定的职权和程序，简化办事手续，做到公正、严格、文明、高效。"第一百零七条规定："对道路交通违法行为人予以警告、二百元以下的罚款，交通警察可以当场作出行政处罚决定，并出具行政处罚决定书"。《道路交通安全违法行为处理程序规定》第八条规定："公安机关交通管理部门按照简易程序作出处罚决定的，可以由一名交通警察实施"。因此，交通警察一人执法时，当场给予行政管理相对人罚款 200 元的行政处罚，是合法的行政行为。

（2007 年第 1 期《最高人民法院公报》）

第52条　当场处罚程序

第五十二条　执法人员当场作出行政处罚决定的，应当向当事人出示执法证件，填写预定格式、编有号码的行政处罚决定书，并当场交付当事人。当事人拒绝签收的，应当在行政处罚决定书上注明。

前款规定的行政处罚决定书应当载明当事人的违法行为，行政处罚的种类和依据、罚款数额、时间、地点，申请行政复议、提起行政诉讼的途径和期限以及行政机关名称，并由执法人员签名或者盖章。

执法人员当场作出的行政处罚决定，应当报所属行政机关备案。

【参考案例】

再审申请人满某与黑龙江省建三江农垦公安局治安处罚案

再审申请人（一审原告、二审上诉人）：满某。

再审被申请人（一审被告、二审被上诉人）：黑龙江省建三江农垦公安局。

最高人民法院认为：《行政处罚法》（2009年）第三十四条第一款规定："执法人员当场作出行政处罚决定的，应当向当事人出示执法身份证件，填写预定格式、编有号码的行政处罚决定书。行政处罚决定书应当当场交付当事人。"本案中，建三江农垦公安局在对满某所雇驾驶员高某因违章停车及未携带驾驶证进行当场处罚的过程中，既未出示执法身份证件，又未出具书面处罚决定，违反了行政处罚法第三十四条的相关规定。此外，建三江农垦公安局对本案违章停车、不携带驾驶证行为处以50元罚款并扣押车辆的行为，亦缺乏相关法律依据。对此，原审认定建三江农垦公安局应当依法承担赔偿责任并无不当。但再审判决认定建三江农垦公安局已经通知申请人取车以及通知的时间，仅有事后相关证人证言，并无正式书面通知，在再审申请人予以否认的情况下，再审判决作出该项认定证据不足。对于滞留车辆存在损坏或者灭失及应否予以赔偿的问题，再审判决未作出认定，显属不当。

综上，裁定如下：一、本案指令黑龙江省高级人民法院再审；二、再审期间，中止原判决的执行。

（案例索引：最高人民法院（2014）行监字第21号行政裁定书）

第 53 条　当场处罚的履行

第五十三条　对当场作出的行政处罚决定，当事人应当依照本法第六十七条至第六十九条的规定履行。

【参考案例】

朔州市纪委监委公开曝光违反中央八项规定精神典型问题

2021 年 1 月 8 日，朔州市纪委监委公开曝光一起违反中央八项规定精神典型问题：朔州市右玉县公安局交通警察大队法制股股长王某在执法工作中不正确履行职责问题。

2020 年 2 月 5 日，省公安厅督导检查时，在呼北高速右玉西口发现一辆无牌车辆，要求右玉县公安局交通警察大队依规依法作出处理。随后，王某负责处理过程中，在未依法下发相关法律文书的情况下，违反罚、缴分离的规定，安排他人以微信方式收取罚款，并将该无牌车辆予以放行，造成不良影响。2020 年 6 月，王某受到党内警告处分。

（来源：山西省纪委监委网站）

第 54 条　调查取证

第五十四条　除本法第五十一条规定的可以当场作出的行政处罚外，行政机关发现公民、法人或者其他组织有依法应当给予行政处罚的行为的，必须全面、客观、公正地调查，收集有关证据；必要时，依照法律、法规的规定，可以进行检查。

符合立案标准的，行政机关应当及时立案。

【立法说明】

本条第二款新增了关于立案程序的规定。

全国人大常委会法制工作委员会副主任许安标 2020 年 6 月 28 日在第十三届全国人民代表大会常务委员会第二十次会议上所作的《关于〈中华人民共和国行政处罚法（修订草案）〉的说明》中指出，为推进严格规范公正文明执法，巩固行政执法公示制度、行政执法全过程记录制度、重大执法决定法制审核制度“三项制度”改革成果，进一步完善行政处罚程序，作以下修改：增加立案程序，除当场作出的行政处罚外，行政机关认为符合立案标准的，应当立案。

2020 年 10 月 13 日全国人民代表大会宪法和法律委员会《关于〈中华人民共和国行政处罚法（修订草案）〉修改情况的汇报》中指出：有些常委会组成人员、部门、地方和专家学者提出，行政处罚法的重要内容是规范行政处罚程序，建议进一步完善相关程序。宪法和法律委员会经研究，建议作以下修改：完善立案程序，规定符合立案标准的，行政机关应当及时立案。同时，对应当立案不及时立案的，设定相应法律责任。

【参考案例】

上诉人苏某与中国证券监督管理委员会行政处罚案

上诉人（一审原告）：苏某。

被上诉人（一审被告）：中国证券监督管理委员会。

二审法院认为：先调查取证，后作出认定和处理，是行政执法的基本原则。行政程序启动后，调查收集证据并在证据基础上认定事实，是行政机关负有的法定义务。在行政处罚一般程序中，行政机关发现公民、法人或者其他组织有依法应当给予行政处罚的行为的，必须全面、客观、公正地调查，收集有关证据。结合行政执法实践，该规定的理解主要包含以下几层含义：一是行政机关调查收集证据必须全面，在内容上既包括对相对人有利的证据，也包括对相对人不利的证据，在范围上既要向涉嫌违法的相对人进行调查，也要向了解案件事实的直接当事人和利害关系人进行调查，特别是案件涉及的直接当事方，是案件事实的直接经历者，也是权利攸关方，理当成为行政调查不可或缺的对象。二是行政机关调查收集证据必须客观，避免主观随意性，遵循证据相互印证的规则，将调查来的直接证据和间接证据、直接当事方证言与其他了解案情的证人证言相互比对，提升据以认定事实的客观性。三是行政机关调查收集证据必须公正，即调查收集证据不存在偏私或武断，不仅要做到调查手段和程序合法，还应当以当事人看得见的方式实现全面客观调查收集证据的目标。当然，上述三个方面是行政处罚一般程序中调查收集证据的原则要求，并不排除行政机关在具体调查收集证据方法、时机和手段上享有一定的裁量空间，只要裁量没有超出必要限度，法院在审查行政处罚合法性时应当予以尊重。

本案中，中国证监会认定苏某从事法律所禁止的内幕交易，其中殷某为内幕信息知情人是关键的事实基础，应当做到证据扎实充分。按照前述行政处罚调查收集证据的法定要求，中国证监会在认定这一关键事实的时候，应当遵循全面、客观、公正的原则调查收集有关证明殷某为内幕信息知情人的证据，既调查收集有关“物”的证据，比如相关会议记录，又调查收集有关“人”的证据，比如涉案的利害关系人，在调查收集有关“人”的证据的时候，既要向知道殷某是否参与内幕信息形成的其他人调查收集证据，也要向直接当事方的殷某调查收集证据，以确保调查的全面性；既需要向内幕信息其他知情人调查了解内幕信息知情人范围以及殷某是否属于内幕信息知情人，也需要直接向殷某本人调查了解其在内幕信息形成和发展乃至传递过程中的情况，通过证据相互印证并排除矛盾来确保据以定案事实的客观性；在认定殷某为内幕信息知情人且苏某对此提出异议的情况下，既需要让殷某参与调查程序并陈述其所知晓的事实，还需要将该调查程序和方式以殷某以及受该认定影响的其他利害关系人看得见的方式展示出来，通过公开公平的程序确保调查的公正性。简而言之，中国证监会认定殷某为内幕信息知情人，除相关会议记录以及其他相关人员的证人证言外，还必须向殷某本人进行调查询问，除非穷尽调查手段而客观上无法向殷某本人进行调查了解。这就是说，虽然有关会议记录和其他涉案人员询问笔录均显示殷某为内幕信息知情人，中国证监会还应当向作为直接当事人的殷某进行调查了解，除非穷尽调查手段仍存在客观上无法调查的情况。至于调查的手段，一般情况下是向当事人发送调查或询问通知书，具体方式可以由中国证监会裁量；至于通知的方式，按照法律的规定和日常生活经验，可以在当事人的住所地、经常居住地或户籍所在地以及当事人的工作场所等地方向当事人进行送达，也可以根据实际情况使用电话、传真等便捷方式通知当事人接受调查或询问，并做好相应的证据留存工作。本案中，中国证监会认为需要向殷某进行直接调查了解，实际上也为寻找殷某接受调查采取了一定的实际行动，比如通过电话方式联系殷某，还试图到殷某可能从业的单位进行调查了解，但是，中国证监会的这些努力尚不构成穷尽调查方法和手段，也不能根据这些努力得出客观上存在无法向殷某进行调查了解的情况。这是因为，中国证监会寻找殷某的相关场所，只是殷某可能从业的单位，并不是确定的实际可以通知到殷某的地址，而且看不出中国证监会曾到殷某住所地、经常居住地或户籍所在地等地方进行必要的调查了解。即使是便捷通知方式，在案证据显示，中国证监会联系殷某的方式也并不全面，电话联络中遗漏掉了一个号码，且遗漏掉的该号码恰恰是苏某接受询问时强调的殷某联系方式，也是中国证监会调查人员重点询问的殷某联系方式，更是中国证监会认定苏某与殷某存在数十次电话和短信联络的手机号码。执法中存在的上述疏漏，说明中国证监会对殷某的调查询问并没有穷尽必要的调查方式和手段，直接导致其认定殷某为内幕信息知情人的证据，因未向本人调查了解而不全面、因其他证据未能与本人陈述相互印证并排除矛盾而导致事实在客观性上存疑、因未让当事人本人参与内幕信息知情人的认定并将该过程以当事人看得见的方式展示出来而使得公正性打了折扣。据此，本院确认中国证监会在认定殷某为内幕信息知情人时未尽到全面、客观、公正的法定调查义务，中国证监会认定殷某为内幕信息知情人事实不清、证据不足。

对于中国证监会认为是否向殷某本人进行调查了解属于其执法裁量范围的主张，本院认为，殷某系中国证监会认定的内幕信息知情人，在认定苏某内幕交易中起着关键的"连接点"作用，依法应当纳入调查范围，中国证监会在开展调查的方式、程序和手段上存在一定的裁量空间，但在是否对殷某进行调查了解的问题上不存在裁量的空间，因此对中国证监会的该项主张，本院不予采纳。中国证监会还认为，即使找到了殷某，其也可能不配合调查。本院认为，这是一个基于假设的主张，本身不足为据。而且，进一步来说，中国证监会在调查过程中所需要做的是把法定调查义务履行到位，对应当开展调查的当事人穷尽调查方式和手段，无论如何，法定调查义务的履行都不是以被调查人配合为前提的，更不能以被调查人可能不配合调查为由怠于履行法定调查职责。因此，对中国证监会的该项意见，本院不予采纳。

（案例索引：北京市高级人民法院（2018）京行终445号行政判决书）

衡水某制造有限公司与衡水市市场监督管理局桃城区分局行政处罚案

原告：衡水某制造有限公司。

被告：衡水市市场监督管理局桃城区分局。

法院认为，本案中，被告无证据证明依照法定程序立案受理，且罚款数额较大，案件未依法经集体讨论，违反法律规定。

（案例索引：河北省衡水市桃城区人民法院（2019）冀1102行初109号行政判决书）

上诉人开封市水利局与开封市某房地产开发有限公司行政处罚案

上诉人：开封市水利局。

被上诉人：开封市某房地产开发有限公司。

一审法院认为：被告2015年对原告作出汴水责缴字〔2015〕第01号《责令缴纳水资源费决定书》。原告诉至本院后，双方庭外达成协议，原告撤诉，被告重新作出行政行为。被告应当先自行撤销汴水责缴字〔2015〕第01号《责令缴纳水资源费决定书》，才能对原告重新作出汴水责缴字〔2016〕第01号《缴纳水资源费决定书》。而被告在未撤销的情况下，又对原告重新作出《缴纳水资源费决定书》，属程序违法，应当予以撤销。因此，对原告要求撤销被告作出的汴水责缴字〔2016〕第01号《缴纳水资源费决定书》的诉讼请求，本院予以支持。

二审法院认为，上诉人作出的汴水责缴字〔2015〕第01号《责令缴纳水资源费决定书》并不因上诉人与被上诉人在原诉讼程序中达成的庭外协议而自行失效，上诉人在作出涉案行政行为时仍需对其先行撤销。

（案例索引：河南省开封市中级人民法院（2017）豫02行终3号行政判决书）

第55条　执法要求

第五十五条　执法人员在调查或者进行检查时，应当主动向当事人或者有关人员出示执法证件。当事人或者有关人员有权要求执法人员出示执法证件。执法人员不出示执法证件的，当事人或者有关人员有权拒绝接受调查或者检查。

当事人或者有关人员应当如实回答询问，并协助调查或者检查，不得拒绝或者阻挠。询问或者检查应当制作笔录。

【参考案例】

上诉人天津市财政局与天津市某酒店用品有限公司行政处罚案

上诉人（一审被告）：天津市财政局。

被上诉人（一审原告）：天津市某酒店用品有限公司。

二审法院认为：本案中，某酒店用品有限公司以虚假材料谋取中标，其行为违反《政府采购法》的规定，应予处罚。被诉处罚决定认定事实清楚，证据确凿。但天津财政局提交的证据材料不足以证明该局在作出被诉处罚决定的过程中履行了告知执法人员身份的程序，亦无法证明系由二人完成执法过程，故一审认定被诉处罚决定系程序违法、应予撤销是正确的。

关于天津财政局所持其曾向某酒店用品公司告知执法人员身份的上诉意见。本院认为，首先，天津财政局向法院提交的2017年12月28日的录音及文字整理材料，并不包含告知执法人员身份的内容；其次，其在政务网上公示的执法人员清单中包含15名执法人员，仅凭清单无法确定本案被诉处罚决定的具体经办人，且该清单并未在一审期间向法院提交；最后，依据某酒店用品公司2018年5月第二次投诉时的处理情况等，无法认定天津财政局在作出被诉处罚决定时履行了告知执法人员身份的义务。综上，天津财政局的此项上诉意见不能成立。

关于天津财政局所持本案不具有出示执法证件的客观情形的上诉意见。本院认为，行政机关对案件事实的调查方式与对行政相对人程序权利的保护是行政行为的两个不同方面，应分别考虑、独立评价。尽管天津财政局主张通过向有关机关发函的方式即可查清案件事实，但此亦无法免除其在执法程序中示明身份、保障行政相对人合法权利的义务。天津财政局以其已查清案件事实为由，规避出示证件、示明身份的法定义务，缺乏法律依据，不能成立。

（案例索引：北京市第二中级人民法院（2019）京02行终575号行政判决书）

复议申请人莆田市市场监督管理局北岸分局申请强制执行柳某行政处罚案

复议申请人（原申请执行人）：莆田市市场监督管理局北岸分局。

被申请人（原被执行人）：柳某。

法院认为：《食品安全抽样检验管理办法》第十一条规定，市场监督管理部门可以自行抽样或者委托承检机构抽样。第十四条规定，案件稽查、事故调查中的食品安全抽样活动，应当由食品安全行政执法人员进行或者陪同。由此可知，抽样行为应属行政执法范畴。本案中，莆田市食品药品监督管理局委托福建中检华日食品安全检测有限公司负责食品的抽样，不符合上述规定。而涉案食品的抽样是行政处罚的基础和前提，复议申请人据此作出行政处罚的程序违法，不符合强制执行条件。

（案例索引：福建省莆田市中级人民法院（2020）闽03行审复5号行政裁定书）

第56条　证据收集

第五十六条　行政机关在收集证据时，可以采取抽样取证的方法；在证据可能灭失或者以后难以取得的情况下，经行政机关负责人批准，可以先行登记保存，并应当在七日内及时作出处理决定，在此期间，当事人或者有关人员不得销毁或者转移证据。

行政处罚法规定，行政机关在收集证据时，可以采取抽样取证的方法；在证据可能灭失或者以后难以取得的情况下，经行政机关负责人批准，可以先行登记保存。

【参考案例】

北京某科贸有限公司与无锡市工商局行政处罚案

原告：北京某科贸有限公司。

被告：江苏省无锡市工商行政管理局（以下简称工商局）。

无锡市崇安区人民法院认为：对原告的财产，被告无锡市工商局先后采取过扣留、查封的强制措施和决定行政处罚。扣留、查封与行政处罚，都是行政机关可能实施的、各自独立的具体行政行为。无锡市工商局采取扣留、查封强制措施时，均向原告告知了复议权、诉讼权以及起诉期限。在法定期限内，原告未对扣留、查封强制措施行使复议或起诉的权利。在本案中，原告虽然指控3个行政行为都违法，但只诉请撤销行政处罚决定。根据原告的诉请，本案审查对象应当是无锡市工商局的行政处罚行为。至于扣留、查封行为是否违法，不在本案审查范围，故不予审查。

（2006 年第 3 期《最高人民法院公报》）

56.1　抽样取证

【参考案例】

上诉人米易县某商店与米易县市场监督管理局行政处罚案

上诉人（原审原告）：米易县某商店。

被上诉人（原审被告）：米易县市场监督管理局。

二审法院认为：根据《国家食品安全监督抽样实施细则》以及《国家食品药品监督管理总局令》对食品抽样检验的相关规定，食品安全监督抽样中的样品应当现场封样，抽样完成后由抽样人与被抽样单位在抽样单和封条上签字、盖章。为保证样品的真实性，要有相应的防拆封措施，并保证封条在运输过程中不会破损。本案中，米易县市场监督管理局未提供证据证实在对米易县某商店的“晨帅”多味鸡爪进行抽样过程中，对抽样样品进行了现场封存，并由米易县市场监督管理局现场抽样工作人员及米易县某商店经营者签名或盖章确认。被上诉人未提供证据证实在抽样过程中履行了现场封样及签字确认等相关程序，对所抽样检测的食品未现场封存后由某商店经营者签字盖章，不能完全保证样品的真实性，直接影响到作出行政处罚所依据的事实是否成立。

（案例索引：四川省攀枝花市中级人民法院（2018）川 04 行终 53 号行政判决书）

再审申请人吴川市某皮革有限公司与湛江市生态环境局责令停产整治决定案

再审申请人（一审原告、二审被上诉人）：吴川市某皮革有限公司。

被申请人（一审被告、二审上诉人）：湛江市生态环境局。

二审法院认为：

一、关于被诉《责令停产整治决定书》所依据的主要证据即茂名环保监测站出具的涉案《监测报告》是否合法的问题，具体包括取样是否有效、样品封存是否合法的问题。

1. 关于取样是否有效的问题，结合本案材料主要包含取样点是否合法、采样频次为瞬时样是否合法的问题。

关于取样点是否合法的问题。本案中，申请人及被申请人均认可被检测废水中的污染物总铬为第一类污染物，按规定应在废水产生车间或车间处理设施的排放口取样。因 2018 年 5 月 7 日茂名环保监测站工作人员取样时无法在车间或者车间处理设施排放口采样，故监测人员应在申请人的废水总排放口或查实由该企业排入其他外环境处进行取样。但从湛江市生态环境局提交的 2018 年 5 月 7 日现场检查照片看，当时工作人员并未在申请人工厂与外界相接的废水排放口处取样，而是在废水排放口之前的废水收集池取样，对此被申请人并未充分举证证明茂名环保监测站取样的废水收集池可视同申请人污染物排入的“外环境”，以及该废水收集池的废水即是申请人对外排放的污染物。

关于采样频次为瞬时样是否合法的问题。执法监测采瞬时样是有前提条件的，需要证明排污单位的污水稳定排放。在本院组织的听证调查中，湛江市生态环境局主张执法监测通常都采瞬时样而无须判断被检查人的废水是否稳定排放，明显不符合生态环境部办公厅对广东省生态环境厅作出的环办水体函〔2019〕503 号《关于医疗废水监督性监测采样频次和分析方法等有关问题的复函》第 3 点“《地表水和污水监测技术规范》规定：‘排污单位如有污水处理设施并能正常运转使污水能稳定排放，则污染物排放曲线比较平稳，监督监测可以采瞬时样’。据此，在满足上述要求后，瞬时样可用于监督性监测”的规定要求，本院不予采纳。

虽然 2018 年 6 月 8 日制作的《调查询问笔录》记载申请人答 2018 年 5 月 7 日检查当天正常生产污水处理设施正常运行，废水经处理后正常外排，《废水治理设施运行情况记录表》记录 5 月 7 日废水治理设施正常运行，但在 2018 年 8 月 16 日听证会上，参加 2018 年 5 月 7 日现场检查的湛江市生态环境局工作人员陈述 5 月 7 日看到是不生产，湛江市生态环境局调查人员亦陈述 5 月 7 日的废水量不大但能采样，且从茂名环保监测站未在废水排放口而前移至废水收集池取样的行为看，亦可间接反映当时申请人的废水排放量不足以直接在废水排放口进行取样的情况，而湛江市生态环境局提交的《调查询问笔录》并非2018年5月7日现场检查记录，而是在《监测报告》作出后补作的。因此，本案现有证据尚不足以证明2018年5月7日检查当天申请人的废水稳定排放，涉案监测取样具备采瞬时样的前提条件。

2. 关于样品封存是否合法的问题。

《地表水和污水监测技术规范》与《工业污染源现场检查技术规范》关于样品采集的规定并无冲突，两者均属于国务院环境保护行政主管部门发布的推荐性标准，所规定的适用范围均包括涉案执法监测活动。本案亦不存在申请人不配合等无法由申请人代表在封条上签名确认的情形，且在湛江市生态环境局应本院要求提交能证实其同类执法惯例的采样封存照片显示在该局实际执法过程中会对采集样品进行封存并由排污者代表在封条上签名确认。因采集样品程序是否合法，样品是否按规定进行封存，能否确定送检样品的唯一性直接关系到茂名环保监测站对该样品进行检测后所出具的《监测报告》结论的准确性、可靠性。本案湛江市生态环境局没有证据证明茂名环保监测站2018年5月7日取样时按照《工业污染源现场检查技术规范》的规定对样品进行封存并由申请人代表在封条上签名确认，申请人主张茂名环保监测站的样品封存行为不合法，具有事实依据和法律依据，本院予以采纳。

因此，在没有充分证据证明涉案《监测报告》的取样有效、样品封存合法的情况下，湛江市生态环境局采信该《监测报告》作为主要证据认定申请人实施了违法行为，主要证据不足。

二、关于湛江市生态环境局作出被诉《责令停产整治决定书》的程序是否合法的问题，具体包括取样记录是否合法、《监测报告》应否送达申请人并听取申请人意见的问题。

1. 关于取样记录是否合法的问题。

制作取样记录或将取样过程记入现场检查（勘察）笔录是应当采取的必要记录方式，而采取拍照、录像或者其他方式记录取样情况是其他补充辅助记录方式。而湛江市生态环境局对涉案取样并未制作取样记录或将取样过程记入《现场检查

（勘查）笔录》，不符合前述法律规定，程序违法。

2. 关于《监测报告》应否送达申请人并听取申请人意见的问题。

湛江市生态环境局应当先查证属实后才能采信涉案《监测报告》作为认定申请人实施了违法行为的证据，即湛江市生态环境局对应否采信该《监测报告》作为证据负有审查职责，而保障被检查人对《监测报告》的知情权、异议权不仅有利于行政机关对《监测报告》的效力作出准确判断，而且是正当程序的必然要求、应有之义。涉案《监测报告》采瞬时样，是湛江市生态环境局认定申请人实施环保违法行为的关键证据，且该《监测报告》的结论还可能导致相关责任人被追究刑事责任，基于正当程序的要求，湛江市生态环境局不仅应该依职权对该《监测报告》进行严格审查，而且在决定是否采纳《监测报告》作为执法证据前应将《监测报告》送达给申请人并听取申请人相关意见，保障其充分行使陈述、申辩权利。

（案例索引：广东省高级人民法院（2020）粤行申61号行政裁定书）

上诉人莆田市市场监督管理局北岸分局与陈某行政处罚案

上诉人（原审被告）：莆田市市场监督管理局北岸分局。

被上诉人（原审原告）：陈某。

二审法院认为，本案上诉人北岸市场监督管理局作出的莆湄北食药监食罚(2018) 14号《行政处罚决定书》未达到上述基本标准。

第一，本案中，被上诉人陈某在接受执法检查时已如实说明案涉鲈鱼的购进渠道，其在购进鲈鱼时亦依照日常交易习惯，履行了基本的进货查验义务；且其采购鲈鱼为3.5千克，违法所得仅28元，并未出现严重社会危害后果。上诉人北岸市场监督管理局未充分考虑上述基本事实，亦未参照《行政处罚法》中关于从轻、减轻或者免除处罚的情形，对被上诉人陈某作出罚款10万元的行政处罚，明显不当。

第二，本案行政处罚违反法定程序。根据《行政处罚法》（2017年）第三十七条第一款的规定，行政机关在进行检查时，执法人员不得少于两人，并应当向当事人或者有关人员出示证件。本案上诉人据以作出处罚的《检验报告》在抽检时，仅有福建某食品安全监测有限公司的人员在场，无行政机关执法人员，故上诉人的行为违反上述法律规定。

（案例索引：福建省莆田市中级人民法院（2020）闽03行终276号行政判决书）

56.2 先行登记保存

【参考案例】

杜某与陕西省西安市人力资源和社会保障局行政查封赔偿案

再审申请人（一审原告、二审上诉人法定代表人）：杜某。

再审被申请人（一审被告、二审被上诉人）：陕西省西安市人力资源和社会保障局。

最高人民法院再审认为：再审被申请人西安市人力资源和社会保障局称其采取被诉行为的依据是当时生效的《劳动行政处罚若干规定》第十五条："劳动行政部门在收集证据时，对可能灭失或者以后难以取得的证据，可以依据法律、行政法规的规定，采取行政强制措施；在法律、行政法规没有赋予采取行政强制措施的情况下，经劳动行政部门负责人批准，可以将证据先行登记，就地保存。"该规定虽未明确保存的期限，以及是否允许以对场所查封的方式实施就地保存，但根据其上位法依据，即《行政处罚法》（1996 年）第三十七条第二款关于"行政机关在收集证据时，可以采取抽样取证的方法；在证据可能灭失或者以后难以取得的情况下，经行政机关负责人批准，可以先行登记保存，并应当在七日内及时作出处理决定，在此期间，当事人或者有关人员不得销毁或者转移证据"之规定，至少以下两点是明确的：一是证据保存的时间不得超过 7 日；二是由于上位法未授权行政机关以查封的方式实施证据保存行为，因此，采取证据登记就地保存时不能采取对场所的查封或者变相查封的方式。

本案中，被诉扣押行为自 1997 年 2 月 1 日起实施，至 1999 年 7 月 26 日结束。期间，再审被申请人西安市人力资源和社会保障局于 1997 年 9 月 1 日已经明确"世纪购物中心违法处理已完结，今后不再处罚”。在此情况下，再审被申请人继续扣押涉案货物长达600余天，明显违反了《行政处罚法》关于证据登记保存时间的有关规定。此外，再审被申请人在没有法律、法规授权的情况下，以对商业协会342号房间进行查封的方式实施扣押财物的行为，同时构成超越职权。

在被诉行为违法的情况下，再审被申请人西安市人力资源和社会保障局应当对由此给再审申请人杜某造成的损失承担赔偿责任。具体而言，再审被申请人在货物扣押期间对被扣货物负有清点保管的义务，但其于1997年2月1日对涉案的5包货物重新查封时，没有制作相关笔录。在本案审查过程中，其亦未能就杜某丢失部分被扣货物的主张及相应证据提出相反证据。因此，应当推定杜某关于部分货物丢失的主张成立，西安市人力资源和社会保障局应当对此损失承担赔偿责任。此外，违法查封行为造成再审申请人相关营业场所无法正常使用，由此给再审申请人带来的损失，再审被申请人西安市人力资源和社会保障局亦应在合理范围内予以赔偿。

（案例索引：最高人民法院（2006）行监字第187—2号行政裁定书）

上诉人大连某制盐厂与榆树市盐务管理局先行登记保存通知案

上诉人（原审原告）：大连某制盐厂（原瓦房店五岛粉洗盐厂）。

被上诉人（原审被告）：榆树市盐务管理局。

二审法院认为：

一、榆树市盐务局作出的先行登记保存行为属于受案范围

先行登记保存属于证据收集和保全行为，而非行政强制措施，其是一种执法手段，是行政行为中的一个环节，不是最终的处理结果，通常不具有可诉性。但法定的先行登记保存期限是7日，7日内行政机关就应当作出处理。结合行政案件查处的一般程序和案件实际情况，这种处理可能是予以返还，送交检验、检测、检疫、鉴定，也可能是采取查封、扣押措施，作出处罚没收违法物品，或者是解除先行登记保全措施。本案中，榆树市盐务局作出法定代表人处载明“张某”的《先行登记保存通知书》之后，直至今日没有后续的处理行为，其行为明显对当事

人的权益产生实际影响。故大连某制盐厂的起诉符合人民法院审理行政案件的受理条件。

二、被先行登记保存的盐所有权人应进一步查清

如前所述，大连某制盐厂提供了相关证据以支持其对被先行登记保存的盐享有所有权，而榆树市盐业局虽主张案涉盐为胡某所有，却未提供胡某对案涉盐有所有权或从外观上判断胡某享有所有权的相关证据。故榆树市盐务局所称先行保存的盐与大连某制盐厂无关，事实依据不足。

（案例索引：吉林省高级人民法院（2020）吉行再12号行政裁定书）

第57条　处罚决定

第五十七条　调查终结，行政机关负责人应当对调查结果进行审查，根据不同情况，分别作出如下决定：

（一）确有应受行政处罚的违法行为的，根据情节轻重及具体情况，作出行政处罚决定；

（二）违法行为轻微，依法可以不予行政处罚的，不予行政处罚；

（三）违法事实不能成立的，不予行政处罚；

（四）违法行为涉嫌犯罪的，移送司法机关。

对情节复杂或者重大违法行为给予行政处罚，行政机关负责人应当集体讨论决定。

【立法说明】

时任全国人大常委会秘书长曹志1996年3月12日在八届全国人大四次会议上所作的《关于〈中华人民共和国行政处罚法（草案）〉的说明》中指出：办案的与决定处罚的分开。这是根据一些地方、部门的经验规定的，这样做可以加强制约和监督，有利于提高行政处罚的质量，也有利于克服和防止腐败现象。除当场处罚的外，草案规定，执法人员查明事实后，应当提出处理意见，由行政机关负责人进行审查。依法给予较轻处罚的，由行政机关负责人决定；对情节复杂或者重大违法行为给予较重的行政处罚的，要由行政机关负责人集体讨论决定。执法人员当场作出行政处罚决定的，必须报所属行政机关备案。

2021年1月22日全国人民代表大会宪法和法律委员会《关于〈中华人民共和国行政处罚法（修订草案三次审议稿）〉修改意见的报告》中指出：有的常委委

员、列席人员建议完善集体讨论制度，明确逾期不缴纳罚款而加处罚款数额的上限。宪法和法律委员会经研究，建议作以下修改：一是要求对情节复杂或者重大违法行为给予行政处罚，行政机关负责人应当集体讨论决定。二是增加规定加处罚款的数额不得超出罚款的数额。

【政策性文件】

国家市场监督管理总局办公厅对行政处罚集体讨论决定程序有关问题的复函

（市监法函〔2021〕32号）

广东省市场监督管理局：

你局《关于〈市场监督管理行政处罚程序暂行规定〉相关问题的请示》收悉。经研究，现函复如下：

一、根据《市场监督管理行政处罚程序暂行规定》第五十条、第五十一条、第五十四条等规定，对情节复杂或者重大违法行为给予较重行政处罚的案件，在拟作出的行政处罚决定经市场监管部门负责人批准后，依法履行告知、听证等程序，再由市场监管部门负责人集体讨论决定。

二、如在告知前已进行集体讨论的，在当事人未提出陈述、申辩意见亦未要求举行听证的情况下，可以不再经过集体讨论。当事人提出陈述、申辩意见或者要求举行听证的，按照规定程序办理。

市场监管总局办公厅

2021年1月6日

【参考案例】

上诉人闫某与孟州市市场监督管理局行政处罚案

上诉人（一审原告）：闫某。

被上诉人（一审被告）：孟州市市场监督管理局。

二审法院认为：

1. 处罚认定事实方面。孟州市场监督管理局未在法定期限内提供证据证明销售的4辆电动车的生产日期或批号为“2018.08.24”，检验报告中“抽样基数”栏目为空白，没有记载、确定抽样基数数量，闫某也提供了相反证据，而且，《产品质量监督抽查实施规范》要求抽取样品为同一型号规格、同一批次的产品，所以，孟州市场监督局在本案中提供的证据，不足以认定闫某已经销售的4辆电动车与被检测的电动车属于同一批次且质量均不合格，处罚决定认定销售的4辆电动自行车不合格，属于认定事实不清、证据不足。

2. 处罚程序方面。抽样取证、抽查检验时，办案人员应当制作抽样记录及相关信息，对样品加贴封条，应当有经营者在场并签字确认。本案中，原孟州市工商局制作的“现场笔录”“抽查检验工作单”，没有经营者闫某的签字；对闫某关于抽取样品与检验样品不一致的上诉理由没有给予合理解释；二审期间提供的加贴封条的证据材料，因无正当理由未在法定举证期限内提供，本院不予采纳。因此，原孟州市工商局对闫某作出的处罚，违反上述规定，处罚程序违法。

3. 处罚的法定条件方面。原孟州市工商局在作出处罚决定前，没有将检验结果通知样品的生产厂家，也没有责令即闫某限期改正、立即停止销售，径行对闫某作出行政处罚，不符合法定条件。

4. 适用法律方面。《国务院关于印发全面推进依法行政实施纲要的通知》（国发〔2004〕10号）规定：行政机关行使自由裁量权的，应当在行政决定中说明理由。国家工商行政管理总局《关于工商行政管理机关正确行使行政处罚自由裁量权的指导意见》要求，从轻处罚要在行政处罚的法定种类和法定幅度内适用较轻的种类或者选择法定幅度中较低的部分予以处罚。二审期间，孟州市监管局认为闫某的电动车货款为13 992元、罚款为25 000，属于从轻处罚，其有自由裁量权，对罚款数额没有算比例。监督行政机关依法行使职权是行政诉讼法的立法目的，原孟州市工商局没有在处罚决定中说明自由裁量权的理由，诉讼期间对其自由裁量权的行使也不做全面、合理的释明，其裁量结果是否与违法行为的事实、性质、情节以及社会危害程度相当，是否符合公平公正原则、过罚相当原则以及处罚与教育相结合原则，无法评判，因此，处罚决定适用法律不当。

（案例索引：河南省济源中级人民法院（2019）豫96行终13号行政判决书）

57.1 作出处罚

【参考案例】

上诉人徐某与卫辉市市场监督管理局行政处罚案

上诉人（原审原告）：徐某。

被上诉人（原审被告）：卫辉市市场监督管理局。

二审法院认为：关于涉案药品价值问题，鉴于原告徐某本身就在卫辉市城郊乡卫生院工作，对药品价格较一般人更为了解，其具体实施了购买药品的行为，被上诉人按照徐某的自述认定该批药品价值并无不当。上诉人称存在多种药品价值冲突的情况下，不应该采纳最高价值，而应当采纳最低价值的理由没有事实依据和法律依据，不能成立。

（案例索引：河南省新乡市中级人民法院（2020）豫07行终224号行政判决书）

上诉人西安市未央区市场监督管理局与陕西某商贸有限公司行政处罚案

上诉人（原审被告）：西安市未央区市场监督管理局。

被上诉人（原审原告）：陕西某商贸有限公司。

二审法院认为：行政机关在作出行政处罚决定时，应当全面、一次性地收集涉及违法事实以及违法情节的相关证据。在行政诉讼中，既要提交行政相对人违法事实客观存在的相关证据，也要全面提交违法情节应当从轻、减轻或者从重处罚的相关证据。同时，对于轻微违法行为在量罚时需保持必要克制，坚持处罚与教育相结合以及过罚适当原则。当然，轻微违法行为也是违法行为，法律对此从不例外，在当前优化营商环境的背景下，市场经营者更应珍惜机会，自觉服从、配合监管，依法依规开展经营活动。本案中，上诉人未央区监管局在日常监管中发现被上诉人存在经营超范围、超限量使用食品添加剂的食品且未履行进货查验义务，经过立案调查作出的《行政处罚决定书》，违法事实认定正确，证据确凿充分。具体到本案，上诉人未央区监督管理局并未向法院提交被上诉人存在从重、从轻、减轻等情节的证据，其作出的处罚决定量罚部分缺乏事实依据。

（案例索引：西安铁路运输中级法院（2020）陕71行终919号行政判决书）

史某与沁源县公安局聪子峪派出所治安处罚案

原告：史某。

被告：沁源县公安局聪子峪派出所。

法院认为：公安机关具有保护公民人身权益，对违反治安管理行为人给予行政处罚的法定职责。原告史某与第三人雷某因村民土地确权加盖村委公章一事发生争吵，进而造成了原告受伤。由于原告停止主持村委工作后没有交出村委公章，影响村内正常工作的开展，导致本次纠纷的发生，原告有一定的过错。本案虽无法查清是否是第三人故意将烟头甩向原告造成原告受伤，但毕竟因第三人的行为造成原告受伤。但因原告属于视力有障碍的残疾人，被告聪子峪派出所作出的处罚决定书并没有写明原告有过错及第三人有相应的减轻情节，就直接适用《治安管理处罚法》第四十三条第一款的规定，对第三人作出罚款500元的行政处罚，适用法律错误。

（案例索引：山西省长子县人民法院（2018）晋0428行初98号 ）

上诉人深圳市某实业发展有限公司与深圳市市场监督管理局福田监管局行政处罚案

上诉人（原审原告）：深圳市某实业发展有限公司。

被上诉人（原审被告）：深圳市市场监督管理局福田监管局。

二审法院认为：本案福田市场监督管理局一审答辩时确认上诉人系初次违法，违法行为未造成不良后果，发布广告时间持续不足半年，配合行政机关查处违法行为且已改正其宣传用语。故本案上诉人符合《行政处罚法》（2017 年）第二十七条关于依法应当从轻或减轻处罚的规定。其次，结合行政处罚法第四条第二款关于过罚相当的规定以及第五条关于处罚与教育相结合的规定，行政机关行使行政处罚裁量权，应当综合权衡违法情节及当事人具体情况，充分发挥行政处罚的惩诫与教育功能。本案中，上诉人不仅存在法定应当从轻或减轻的情形，而且上诉人本身系从事网店销售的小微企业，企业规模小，又是身处竞争极为激烈的电商行业，10 万元罚款相对于上诉人的经营规模和经济承受能力而言明显过重。尤其是考虑到今年以来的疫情影响因素，这种处罚过重带来的不利后果将被进一步放大，甚至可能会造成上诉人陷入难以为继的困境。这种不考虑相对人经济承受能力的罚款处罚，已背离了行政处罚法关于实施行政处罚应当坚持处罚与教育相结合的规定。综合全案因素，虽然福田市场监督管理局作出被诉行政处罚时，已在法定处罚幅度内对上诉人予以从轻处罚，但罚款 10 万元仍属处罚过重，法院酌情变更为罚款 1 万元。

（案例索引：广东省深圳市中级人民法院（2020）粤 03 行终 18 号行政判决书）

57.2　轻微违法

【参考案例】

上诉人济南市城市公共客运管理服务中心与陈某行政处罚案

上诉人（一审被告）：济南市城市公共客运管理服务中心。

被上诉人（一审原告）：陈某。

山东省济南市中级人民法院二审认为：

一、本案被诉行政处罚决定是否构成明显不当

比例原则是行政法的重要原则，行政处罚应当遵循比例原则。对当事人实施行政处罚必须与其违法行为的事实、性质、情节和社会危害程度相当。网约车作为客运服务的新业态和分享经济的产物，有助于缓解客运服务的供需矛盾，满足公众多样化出行需求，符合社会发展趋势和创新需求，对其应当保持适度宽容。另外，这种新业态又给既有客运管理秩序带来负面影响，甚至存有安全隐患等问题，确需加强规范引导。《网络预约出租汽车经营服务管理暂行办法》的出台，也从侧面对此予以佐证。当一种新生事物在满足社会需求、促进创新创业方面起到积极推动作用时，对其所带来的社会危害的评判不仅要遵从现行法律法规的规定，亦应充分考虑是否符合社会公众感受。本案被上诉人陈某通过网络约车软件进行道路运输经营的行为，社会危害性较小符合一般社会认知。行政机关在依据现行法律法规对其进行处罚时，应当尽可能将对当事人的不利影响控制在最小范围和限度内，以达到实现行政管理目标和保护新生事物之间的平衡。另外，该行为中有几方主体受益、最终产生的车费是否已经实际支付或结算完毕，上诉人济南客运管理中心未提供证据予以证明。在上述事实尚不明确以及该行为社会危害性较小的情况下，将该行为的后果全部归于被上诉人，并对其个人作出较重处罚，有违比例原则，构成明显不当。原审法院认为处罚幅度和数额畸重，对被诉行政处罚决定予以撤销，符合法律规定。

二、本案行政处罚决定书记载事项是否符合法律规定

《行政处罚法》(2009 年）第三十九条第一款第（二）项规定，行政处罚决定书应当载明违反法律、法规或者规章的事实和证据。上述法律条款虽未对其中的“事实”记载应达到何种程度作出明确规定，但行政处罚决定书作为行政机关对当事人作出处罚的书面证明，记载的事实应当明确具体，包含认定的违法事实的时间、地点、经过、情节等事项，让当事人清楚知晓被处罚的事实依据，以达到警示违法行为再次发生的目的。本案中，行政处罚决定书载明的被上诉人陈某违法事实为“非法经营客运出租汽车”，但未载明被上诉人的具体违法事实，即违法事实的时间、地点、经过以及相关运输经营行为的具体情节等事项。上述记载事项没有达到明确具体的要求，原审法院认为上诉人济南客运管理中心作出的行政处罚决定书记载事项不符合法律规定，应予撤销，并无不当。此外，行政处罚决定书中记载的事实是行政机关最终认定的违法事实，其他法律文书中对具体违法事实的记载不能代替行政处罚决定书中对事实的记载。上诉人关于已在其他法律文书中记载具体违法事实、未侵犯被上诉人合法权益等主张不能成立。

（案例索引：济南市中级人民法院（2017）鲁 01 行终 103 号行政判决书）

上诉人鹿邑县食品药品监督管理局
与鹿邑县某商贸有限公司太清购物广场行政处罚案

上诉人（一审被告）：鹿邑县食品药品监督管理局。

被上诉人（一审原告）：鹿邑县某商贸有限公司购物广场。

2018 年 5 月 8 日，鹿邑县食品药品监督管理局工作人员对某商贸有限公司购物广场销售的韭菜进行监督抽查。对该批案涉韭菜依法抽样，经郑州某测试技术有限公司进行检测单项判定为不合格。该批韭菜于当日以 0.58 元/斤的价格销售完毕，收货款 29 元。2018 年 6 月 16 日鹿邑县食品药品监督管理局将上述检验报告送达原告某商贸有限公司购物广场。2018 年 8 月 7 日鹿邑县食品药品监督管理局对原告作出没收违法所得 29 元及罚款 55 000 元。

二审法院认为：行政处罚法是有关行政处罚的基本法律，所有的行政处罚都

应当适用行政处罚法的规定。行政机关在进行行政处罚时，应当遵守过罚相当原则，只有坚持这一原则，才是公正执法，才能有效地惩戒违法行为。如对严重的违法行为予以轻罚或不罚，客观上是放纵、鼓励违法行为。反过来，对轻微违法行为本来可以不罚或从轻处罚的，如果予以过重的处罚，不但有失公正，客观上也会助长一些人从事严重违法活动。这样将不能实现执法目的和良好的执法效果。行政机关在进行行政处罚时，还要坚持处罚与教育相结合的原则。行政处罚的功能不只是单纯的惩罚，而是惩戒，是通过制裁手段，使违法者改正违法行为，更好地遵守法律，不是为处罚而处罚，也不能以罚代管，以罚代教，要对违法者进行说服教育，告知违法者错在何处，告诫其吸取教训，自觉守法，这样才能使行政处罚收到积极的效果。

本案中，该购物广场涉案的韭菜腐霉利单项超标很低，涉案货值较少，属于违法行为轻微。况且在调查时能够提供进货来源，如实说明情况，积极配合调查，并及时纠正，没有造成危害后果，上诉人对该购物广场处罚过重，不符合过罚相当原则。

该购物广场销售的韭菜是从鹿邑诚信农贸综合批发市场购进的，农贸市场的开办者和食品药品监督管理部门对进入农贸市场销售的食用农产品都有监管的责任，对不符合食品安全标准的食用农产品不准进入农贸市场销售，而事实上该农贸市场缺乏监管，不合格的食用农产品可以顺利销售，消费者和经营者都可以去购买，食品安全没有从源头上得到控制，即使对个别经营者进行处罚，也不能实现食品安全的执法目的，有以罚代管之嫌。再者，食品药品监督管理部门对食用农产品可以采用快速检验方法，发现有食品安全隐患的，应当让销售者暂停销售，防止不合格食品进入百姓的餐桌。而本案中食品药品监督管理部门没有采取快速检验方法，而是送有关检验机构进行检测，等检验结果出来后，所抽检的韭菜已全部销售完毕，即使进行处罚，但消费者已经食用，也达不到食品安全的目的，有为处罚而处罚之嫌。

（案例索引：河南省周口市中级人民法院（2019）豫16行终130号行政判决书）

57.3 事实不成立

【参考案例】

上诉人朱某与广州市公安局海珠区分局治安处罚案

上诉人（原审原告）：朱某。

被上诉人（原审被告）：广州市公安局海珠区分局。

二审法院认为，本案争议焦点在于，上诉人开办的“花城小调”性质是民宿还是旅馆业，以及由此衍生的行政处罚主要证据是否充分、适用法律是否正确的问题。

首先，被上诉人认定上诉人开办“花城小调”系经营旅馆业，并对上诉人作出被诉行政处罚决定，主要证据不足，适用法律错误。

2017年7月27日通过、2017年11月1日起施行的《广东省旅游条例》第二十一条第一款规定，案涉房是上诉人合法拥有使用权的房屋，符合上述《条例》规定的开办民宿旅游经营的基础条件，尽管上诉人实际开办“花城小调”的时间早于该《条例》的出台，但符合国家鼓励发展共享经济的基本政策。

上诉人利用闲置的住房资源，通过与知名文化企业合作，为游客提供具有特殊文化氛围的小型住宿设施，并与游客通过网络进行深入沟通、交流，实现了“民宿主人参与接待”；其经营的“花城小调”提供给游客的房间数为11间，均符合《旅游行业标准—旅游民宿基本要求与评价》规定的行业标准。

《广东省旅游条例》第二十一条第三款规定：“城镇和乡村居民开办民宿旅游经营的具体管理办法，由省人民政府根据本省实际制定。”但是，直至本案审理期间，相关的具体管理办法仍未出台。民宿作为新兴产业，在其产生和发展过程中必然会出现诸多问题，在二审庭审过程中，被上诉人承认当前对于民宿、日租房的行政管理规定缺位，在实践中如何区分和界定旅馆业、民宿、日租房，确属行政执法中的难点。但是，行政机关的执法活动应服从和服务于国家经济和社会发展的大局，鼓励和扶持新兴产业的发展，如果囿于旧的管理思路和管理模式，机械执法，必然会挫伤社会公众发展新兴产业的积极性。传统的旅馆业，确实具有接待不特定的客人住宿、收取租金、有专人负责接待等特征，但在民宿甚至日租房已经出现并蓬勃发展的今天，上述特征已经属于传统旅馆业以及民宿、日租房等经营方式的共性特征，而不是区分上述不同经营方式的个性特征。被上诉人仅依据上述共性特征来认定上诉人开办的“花城小调”不是民宿而是旅馆，主要证据不足且无充分法律依据。

其次，退一步说，即使上诉人开办“花城小调”客观上确实构成经营旅馆业，被上诉人在上诉人并未逃避行政监管、且受到其他行政机关误导的情况下，未给予上诉人正确指引和改正机会即直接予以行政处罚，仍属明显不当。

《治安管理处罚法》(2017 年）第五十四条之所以规定对擅自经营须公安机关许可的行业进行处罚，其原因在于违法者逃避了行政监管，从而导致社会治安隐患。上诉人在开办“花城小调”前，积极了解有关民宿旅游经营的政策法规，并通过 12345（公安）进行咨询，得到“民宿不属于旅馆业，按日租房由街道管理”的答复后，即向街道出租屋管理中心办理了出租屋登记，亦向辖区派出所进行申报，上诉人开办“花城小调”在当地已经属于众所周知的事情，且已纳入街道出租屋管理中心和辖区派出所的监管范围，没有任何证据证明上诉人存在逃避行政监管的主观意图和行为。关于以上咨询、登记、申报、接受监管的事实，上诉人在行政处罚程序中已向被上诉人进行陈述、申辩，且有相应证据予以证明。如果在此种情形下上诉人的行为仍然实质上构成违法经营旅馆业，亦是其他行政机关的错误指引误导上诉人而共同导致的结果，由此产生的法律后果完全由上诉人承担亦明显不公平。在相关政策法规鼓励发展民宿旅游经营而现实中又确实缺乏具体管理办法的时候，对本案这种存有争议的经营行为启动行政处罚程序，应持相当谨慎的态度。被上诉人既然发现其他行政机关对上诉人作出了错误指引，亦应考虑上述实际情况，先给予上诉人正确的指引或者给予其改正的机会，而不是径行作出行政处罚。

（案例索引：广州铁路运输中级法院（2018）粤 71 行终 309 号行政判决书）

王某与沈阳市公安局沈河分局皇城公安派出所治安处罚案

原告：王某。

被告：沈阳市公安局沈河分局皇城公安派出所。

法院认为：对事发当时的案件事实，本案原告与第三人在被告对其二人所作的询问笔录中表述并不一致。原告称其被第三人用拳头殴打，第三人却称其没有打到原告。在此情况下，被告未对其他在场人员进行询问调查。且被告也未能提供确凿有效的证据证明认定的事实。故此，本院认为，被告对该起案件事实认定不清。此外，原告的伤情鉴定结论直接关系到被告对本案的处理结果，被告作为公安机关应依法委托鉴定机构对原告伤情进行鉴定，但在本案中，被告未提供有效证据证明其曾向该鉴定机构出具过委托鉴定手续，办案程序违法。

（案例索引：辽宁省沈阳市皇姑区人民法院（2019）辽0105行初375号行政判决书）

再审申请人赵某与上海市金山区人民政府行政复议案

再审申请人（一审原告、二审上诉人）：赵某。

再审被申请人（一审被告、二审被上诉人）：上海市金山区人民政府。

最高人民法院再审认为：从《行政处罚法》的立法精神来看，行政机关执法既要有利于公共利益和社会秩序的维护，又要有利于公民合法权益的保护。要严格按照法律法规的规定，把握好自由裁量的尺度，坚决防止任性执法和随意执法。只有这样，才能真正实现法律制定和实施的目的。本案中，执法机关金山公安分局在未对涉案违法行为的事实、性质、情节以及社会危害程度进行充分权衡考虑的前提下，即对再审申请人赵某作出拘留十日的行政处罚决定，并当即执行。该行政处罚其程序明显流于形式，其结果明显不当，对赵某的合法权益造成了损害。由于涉案行政处罚决定已被再审被申请人金山区政府复议撤销，赵某可通过申请国家赔偿等方式弥补因行政机关执法不当对其所造成的合法权益的损害。行政复议程序系行政系统内部的自我监督与自我纠错机制。本案中，行政复议机关金山区政府经审查，依法依规撤销了被诉行政处罚决定，对不当行政行为及时进行了纠正，有利于维护行政相对人的合法权益。从原审查明事实来看，被诉行政复议决定程序合法，处理适当，原审判决驳回赵某的诉讼请求于法有据。当然，从本案行政处罚的事实来看，金山公安分局还存在执法程序上的不规范行为。作为上级主管部门，金山区政府应当进一步加强对金山公安分局的日常监督和管理，金山公安分局也要努力提高宗旨意识和执法水平，坚决防止类似情形再次发生。另外，再审申请人赵某也要进一步增强消防意识和法治意识，自觉履行法定义务，努力做一名知法、守法、护法的公民。

（案例索引：最高人民法院（2016）最高法行申2395号行政裁定书）

57.4　移送司法

【参考案例】

公益诉讼起诉人松滋市人民检察院与松滋市市场监督管理局履行职责案

公益诉讼起诉人：松滋市人民检察院。

被告：松滋市市场监督管理局。

法院认为，本案的争议焦点为被告是否依法履行了食品药品安全行政管理法定职责，综合分析如下：

一、关于行政相对人被刑事立案后，行政机关是否存在移送管辖权、能否继续履行监管职责的问题。

（一）关于行政相对人被刑事立案后，行政机关是否存在移送管辖权的问题。

行政管辖权是行政主体之间就某一行政事务的首次处置所作的权限划分。行政管辖权具有内部性，只会在行政主体之间发生冲突。行政机关并不会与司法机关发生行政管辖权冲突，亦不会将行政管辖权移送司法机关。市场监督管理机关对于所查处的案件仅在行政主体之间发生行政管辖权转移；对于发现涉嫌犯罪的，即使将案件移送给司法机关，移送的是司法机关对犯罪行为的管辖权。行政管辖权也从来不会移送司法机关。

行政职权与职责是法定的，非因机构改革、职能转变等法定事由不可转移。行政机关的法定职责必须履行。即使行政相对人的行为涉嫌犯罪被刑事立案，也不能消除其应当接受行政机关行政监管的义务，亦不能消除行政机关对其实施行政监管的职责。因此，行政相对人无论被移送司法机关立案与否，被告都对其享有行政管辖权，并应当积极依法履行行政监管职责。被告辩称行政相对人的违法行为涉嫌犯罪已移送公安机关立案，因而丧失行政管辖权。因该辩解没有法律依据，本院不予支持。

(二)关于行政相对人被刑事立案后,行政机关能否继续履行监管职责的问题。

即使司法机关已对行政相对人刑事立案，行政机关仍应该依法实施监管，并可以依法作出警告、责令停产停业、暂扣或者吊销许可证等行政处罚，且不停止执行。原食品药品监督管理局及被告在掌握行政相对人涉嫌违法线索后，虽积极配合公安机关调查工作，同时自身亦立案调查，但始终没有进行实质处理，未积极履行监管职责。

二、关于被告在收到检察建议后作出的行政行为是否合法，行政机关对行政相对人的违法行为存在从重或从轻情形时如何履行监管职责的问题。

(一)关于被告认为行政相对人从不具有药品生产、经营资格的企业购进药品，购进药品时未执行进货检查验收制度，不验明药品合格证明和其他标识，没有真实完整的购销记录系法条竞合，故根据“从一重处罚”原则，对从不具有药品生产、经营资格的企业购进药品进行处罚的问题。

行政法意义上的法条竞合是指行为人的一个行为同时触犯数个行政法律法规，依法只适用其中一个条文进行行政处理的情况。本案中，公益诉讼起诉人指出的行政相对人从不具有药品生产、经营资格的企业购进药品，购进药品时未执行进货检查验收制度，不验明药品合格证明和其他标识，没有真实完整的购销记录的行为，分别由药品管理法第三十四条、第十七条、第十八条进行调整，是 3 个不同的行为。行政相对人从不具有药品生产、经营资格的企业购进药品，并不能免除行政相对人应建立并执行进货检查验收制度、检验药品合格证明和其他标识的义务，亦不能免除行政相对人应建立真实完整的购销记录的义务。3 个不同行为产生的法律后果，不同于同一行为产生法条竞合的法律后果。被告针对3个不同行为适用法条竞合“从一重处罚”，系法律适用错误。

（二）关于被告认为行政相对人从不具有药品生产、经营资格的企业购进药品与销售假药存在牵连关系，故根据“从一重处罚”原则，依照药品管理法第七十三条的规定，作出责令改正违法行为，并停业整顿6个月的行政处罚的问题。

行政相对人从不具有药品生产、经营资格的企业购进药品与销售假药两种违法行为，没有牵连关系。假药是指该药品所含成分与国家药品标准规定的成分不同以及以非药品冒充药品或者以他种药品冒充此种药品。另国家规定，变质的、被污染的药品按假药论处。是否是假药，判断的是药的成分和属性。从何种渠道购进药品，判断的是生产、经营方面的程序规定。因为判断标准不同，导致销售假药与从何种渠道购进药品不能形成一一对应关系。从不具有药品生产、经营资格的企业购进药品，并不必然购买的是假药，如劣药等。销售假药之“药”，也不一定是从不具有药品生产、经营资格的企业购买，也可能从其他渠道购买，如变质的、被污染的药品起初可能是从具有药品生产、经营资格的企业购进而后变质或被污染。被告适用牵连关系“从一重处罚”，系适用法律错误。

三、关于行政相对人注销后，行政机关能否继续履行监督管理职责的问题。

对行政相对人违法行为的处罚，不仅包括没收违法所得、罚款等财产罚，还包括依法实施禁业限制等行为罚，以及人身罚，并且要求“处罚到人”。不能以注销行政相对人营业执照为由，放任危害药品安全之违法行为从而危害公共利益，而应该根据上述规定，依法追究危害药品安全的单位和个人的行政法律责任，落实国务院关于药品安全“最严谨的标准、最严格的监管、最严厉的处罚、最严肃的问责”的要求。

（案例索引：湖北省松滋市人民法院（2019）鄂1087行初25号行政判决书）

57.5 集体讨论

【参考案例】

申请执行人宾县自然资源局与宾州镇某村民委员会非诉执行案

申请执行人：宾县自然资源局。

被执行人：宾州镇某村民委员会。

法院认为：涉及违法占地案件涉及土地上建筑物、构筑物拆除，属于给予重大违法行为较重的处罚。该类案件必须严格程序，须经过行政机关负责人按着法律规定集体讨论后方可作出。宾县自然资源局经行政机关的负责人集体讨论会研究后作出行政处罚决定，但是在参会人员中未列明时任局长，其仅是在笔录后面签字，且笔录中未能体现讨论的过程及参与人员发表的意见。另外，宾县自然资源局的副职负责人均未参会。故该案件的集体讨论不符合法律规定。

综上，宾县自然资源局作出的行政处罚决定视为未经行政机关负责人集体讨论，该决定的作出违反了法律规定，损害了被执行人的权益，裁定宾县自然资源局申请执行的（2019）000008号行政处罚决定不准予执行。

（案例索引：黑龙江省宾县人民法院（2020）黑0125行审35号行政裁定书）

胡某与海南省海口市人民政府收回国有土地使用权案

再审申请人（一审原告、二审上诉人）：胡某。

被申请人（一审被告、二审被上诉人）：海南省海口市人民政府。

最高人民法院经审理认为：

海口市政府作出的3号处罚决定仍存在认定事实不清的情形。海口市政府在未查清原有综合楼与海口市科技大道西海丽景（西海阁）是否为同一建筑，以及西海丽景（西海阁）的房屋登记及土地使用状态的情况下作出3号处罚决定，收回整块宗地国有土地使用权，可能侵害其他案外人的合法权益。行政机关作出处罚决定，应当针对违法行为影响的程度，选择适当的处罚方法、种类、幅度等，既要保证行政管理目标的实现，又要兼顾保护相对人的权益，应以达到行政执法目的和目标为限，尽可能使相对人的权益遭受最小的侵害。本案中，海口市政府未能提交证据证明必须对 009796 号土地证所涉整块宗地国有土地使用权全部收回的情况下，以胡某等人对其中部分土地用途的改变为由，作出处罚决定收回面积明显大于胡某等人擅自改变土地用途所涉面积，缺乏合理解释，不符合比例原则。

行政处罚法规定行政机关负责人集体讨论是给予较重行政处罚必须履行的法定程序，是与一般行政处罚相区分的特殊程序，旨在更好地保障行政处罚相对人的合法权益，规范行政机关的执法行为。本案中，海口市政府提交海口市国土局《重大事项集体会审（签）表》，拟证明 3 号处罚决定作出前已经过集体讨论。但是如前所述，该证据不属于新证据，本院不予确认。而且，行政机关下属职能部门负责人不能等同于行政机关负责人，即使前述证据符合行政诉讼证据规则的要求并在举证期限内依法提交，海口市国土局的会签讨论情况亦不能作为 3 号处罚决定经过海口市政府负责人集体讨论的相关证据。因此，在案证据不能证明海口市政府作出 3 号处罚决定前，已经机关负责人集体会议讨论通过，违反法定程序。

（案例索引：最高人民法院（2019）最高法行再 22 号行政判决书）

上诉人凯里市自然资源局与龙某行政处罚案

上诉人（一审被告）：凯里市自然资源局。

被上诉人（一审原告）：龙某。

二审法院认为：本案中，上诉人虽然系由其单位副职主持，组织部分科室副职干部和工作人员进行讨论，会审，最后作出行政处罚决定，但根据《最高人民法院关于适用〈中华人民共和国行政诉讼法〉的解释》第一百二十八条“行政诉讼第三条第三款规定的行政机关负责人，包括行政机关的正职、副职负责人以及其他参与分管的负责人”的规定，上诉人参与集体会审人员不属于土地行政管理机关的负责人或领导，其作出的行政处罚决定，不符合法律规定，属程序违法。

行政处罚应当考虑违法行为的程度，违法事实的认定及社会危害性。本案中，被上诉人虽有无证采石并出售获利行为，但其目的是建设“别牙农夫山庄”项目，且其出售获利仅为人民币 840 元，违法所得较少，且违法行为已停止，其违法行为的事实、社会危害程度均不严重。而上诉人以被上诉人曾被林业行政管理部门处罚，且在严打期间未停止开采，现场阻拦执法人员为由，认定被上诉人行为属于从重处罚情形，并按《矿产资源条例》第三十四条第一款的规定对原告处予该条款规定的最高幅度上限罚款，但其在一审诉讼中并没有提交依据来证明该行为属于从重处罚的情形，故上诉人作出的行政处罚明显与违法行为不成比例，明显不当。

（案例索引：贵州省黔东南苗族侗族自治州中级人民法院（2020）黔 26 行终 2 号行政判决书）

申请执行人陆丰市市场监督管理局与陆丰市某牛肉店非诉执行案

申请执行人：陆丰市市场监督管理局。

被执行人：陆丰市某牛肉店。

法院认为：本案中，被执行人所经营的涉案牛肉货值较低，违法所得较少，亦配合查处工作，且检测结果合格，未造成其他危害后果；申请执行人在未综合调查涉案违法行为的事实、性质、情节及社会危害程度情况下，对被执行人作出罚款 130 000 元的行政处罚，处罚明显畸重，违背了处罚与教育相结合的原则；同时，申请执行人于 2019 年 10 月 19 日向被执行人送达《行政处罚听证告知书》，同日就召开单位负责人集体讨论会议，讨论决定了对被执行人的处罚事项，也就是说，申请执行人在未告知被执行人行政处罚决定的事实、理由、依据，及听取陈述申辩之前，已作出行政处罚决定，严重违反了法定程序。

（案例索引：广东省海丰县人民法院（2020）粤 1521 行审 56 号行政裁定书）

第 58 条　法制审核

第五十八条　有下列情形之一，在行政机关负责人作出行政处罚的决定之前，应当由从事行政处罚决定法制审核的人员进行法制审核；未经法制审核或者审核未通过的，不得作出决定：

（一）涉及重大公共利益的；

（二）直接关系当事人或者第三人重大权益，经过听证程序的；

（三）案件情况疑难复杂、涉及多个法律关系的；

（四）法律、法规规定应当进行法制审核的其他情形。

行政机关中初次从事行政处罚决定法制审核的人员，应当通过国家统一法律职业资格考试取得法律职业资格。

【立法说明】

全国人大常委会法制工作委员会副主任许安标 2020 年 6 月 28 日在第十三届全国人民代表大会常务委员会第二十次会议上所作的《关于〈中华人民共和国行政处罚法（修订草案）〉的说明》中指出，为推进严格规范公正文明执法，巩固行政执法公示制度、行政执法全过程记录制度、重大执法决定法制审核制度“三项制度”改革成果，进一步完善行政处罚程序，作以下修改：细化法制审核程序，列明适用情形，明确未经法制审核或者审核未通过的不得作出行政处罚决定。

【参考案例】

再审申请人韶关市某电线厂与广东省住房和城乡建设厅行政处罚案

再审申请人（一审原告、二审被上诉人）：韶关市某电线厂。

被申请人（一审被告、二审上诉人）：广东省住房和城乡建设厅（以下简称住建厅）。

原审第三人：韶关市某建筑公司。

最高人民法院认为：

一、关于某电线厂是否与10号处罚决定具有利害关系

对“利害关系”既不能过分扩大理解，认为所有直接或者间接受行政行为影响的公民、法人或者其他组织都有利害关系，也不能过分限制理解，将“可能性”扩展到必须要有充分证据证实被诉行政行为影响其实体权利。对于“利害关系”的认定需要综合考虑案件情况以及当事人的诉讼请求来予以确定，将当事人是否具有法律保护的权益作为判定当事人是否具有原告资格的重要标准。具体而言，在确定原告资格时，要以行政机关作出行政行为时所依据的行政实体法是否要求行政机关考虑和保护原告诉请保护的权利或法律上的利益，作为判断是否具有“利害关系”的重要标准。需要注意的是，这里所指的行政实体法应当作为一个体系进行整体考察，即不能仅仅考察某一个法律条文或者某一个法律法规，而应当参照整个行政实体法律规范体系、该行政实体法的立法宗旨和目的、作出被诉行政行为的目的和性质，来进行综合考量，从有利于保护公民、法人或者其他组织的合法权益的角度出发，对“利害关系”作出判断，以提高行政争议解决效率、降低当事人维权成本。

本案中，广东省住建厅作出的10号处罚决定认定某建筑公司未按规定进行检验，使用了不合格的电线，对某建筑公司处以罚款。结合广东省住建厅在作出行政处罚过程中认定的证据，案涉的不合格电线系由某电线厂生产。广东省住建厅虽然是对产品使用者就建设工程质量问题作出行政处罚决定，但由于建设工程使用的建筑材料属于产品范围，该处罚决定认定某电线不合格，客观上也是对建筑

材料的产品质量作出负面评价，必然对该产品的生产者产生不利影响，即生产者可能会因此承担《产品质量法》所规定的行政处罚。因此，某电线厂与10号处罚决定具有利害关系。

二、关于10号处罚决定的合法性

对于广东省住建厅作出的10号处罚决定是否具有合法性，需要从以下三个方面进行讨论，即处罚决定认定的违法事实是否清楚，处罚决定适用法律是否正确，以及处罚决定作出的程序是否符合法律规定。

（一）关于违法事实的认定

本案中，经过广东省住建厅调查核实，"百旺花园"项目现场并未建立材料进场检验台账，未对用于施工的建设材料进行检验。广东省建设工程质量安全监督检测总站出具的《电线电缆检验报告》结论为所检项目中导体直流电阻不符合标准要求。该部分电线已经用于工程中的楼梯间照明，尚未造成后果。广东省住建厅根据上述调查认定的事实，认为某建筑公司未按规定进行检验，在工程施工中使用不合格的电线，具有事实根据和法律依据，某建筑公司对上述事实亦未提出异议。广东省住建厅对某建筑公司的违法行为定性准确，证据确凿，本院予以确认。

（二）关于10号处罚决定的法律适用问题

本案中，对于施工单位未按规定对建筑材料进行检验，并且在施工中使用了该不合格建筑材料的情形，应当适用《建筑工程质量管理条例》（以下简称《条例》）第六十四条还是第六十五条进行处罚，需要结合《条例》的规制目的、规范对象进行具体分析。《条例》第六十五条是对施工单位在施工过程中，未按规定对材料、构配件、设备和商品混凝土等进行检验或者未对涉及结构安全的试块、试件以及有关材料取样检测的处罚措施的规定。《条例》第六十四条则是关于施工单位偷工减料、使用不合格建筑材料或不按规定施工的处罚规定。从条文设置的目的来看，两个条文都是为了确保工程质量和安全，要求对建筑材料应当进行检验后才能在工程施工中使用。但是，第六十五条的规定主要是对施工单位建立和落实检验、检测制度的要求，防止把不合格材料、构配件使用到工程上。该条强调的是对检验检测制度的落实，具体可包括两种情形，一是施工单位未检验但尚未使用建筑材料，二是施工单位未经任何检验即使用建筑材料但该建筑材料仍属于合格材料。

第六十四条则是强调对将不合格建筑材料用于施工的行为的处罚。从处罚程度来看，第六十四条规定的处罚力度明显重于第六十五条，这主要是因为违反第六十四条规定的行为，必然严重危及工程质量，损害国家和公众的利益，需要加大对此类违法行为的处罚力度。综上，对于施工单位未按规定对建筑材料进行检验并在施工中使用该不合格建筑材料的，应当适用《条例》第六十四条进行处罚。

本案中，某建筑公司将未经检验的电线用于施工，经广东省住建厅现场抽取检验后确定为不合格材料。由于电线具有隐蔽性的特点，即使不合格的电线是用于楼梯间照明，也会埋下安全隐患，危及工程质量和社会利益。故广东省住建厅依照《条例》第六十四条予以处罚，适用法律并无不当。虽然某建筑公司提交《整改情况》，按照广东省住建厅的要求进行相应整改，广东省住建厅亦查明某建筑公司使用的不合格电线主要用于楼梯间等地方，使用数量较少，且未造成后果，但按照《条例》第六十四条的规定，该行为仍然属于应予处罚中情节轻微的情形。广东省住建厅根据某建筑公司的违法情节和后果，对照该厅下发的处罚自由裁量基准，按照第六十四条规定的处罚幅度的下限，作出处以合同价款2%的罚款，处理得当，应予维持。

（三）关于处罚程序问题

本案中，广东省住建厅已经作出《行政处罚意见告知书》和《行政处罚听证告知书》，告知某建筑公司作出行政处罚决定的事实、理由及依据，并告知某建筑公司有权进行陈述和申辩，有权要求举行听证，履行了相关告知义务，并且就某建筑公司使用不合格建筑材料案件召开集体讨论，处罚程序符合法律规定。

广东省住建厅虽然在《现场抽检项目表》中是否允许复检栏注明“否”，但该项注明仅系对检验机构的技术性规定，并非对被检方的限制。在该项目表的备注栏中另载明：“被检方对此次抽检结果有异议可申请第三方质检机构复检”，故本案并不存在被检方某建筑公司无法通过申请复检对检测结果提出异议的情形。虽然广东省住建厅未将《电线电缆检验报告》送达给某建筑公司，程序上确有不妥，但其后广东省住建厅在送达某建筑公司的《行政处罚意见告知书》中已明确告知相关检测结果及拟处罚的情况，某建筑公司并未对相关检测结果及处罚意见提出申辩或申请听证，其知情权并未受到侵犯。

应当指出的是，《条例》第二十九条、第六十四条及六十五条均明确规定对建筑材料、建筑构配件、设备和商品混凝土需要进行检验，否则将予以相应处罚。但是，建设行政主管部门并未以规范性文件或其他方式，对施工单位如何建立检验制度作出明确而清晰的指引，导致建筑施工单位对此问题缺乏可遵循的标准。对此，建设行政主管部门应当及时制定相应的指南或指引性意见，引导施工单位按照要求和标准建立健全在施工过程中的建筑材料检验制度。其次，《条例》制定的目的是为了加强对建设工程质量的管理，保证建设工程质量，保护人民生命和财产安全。建设行政主管部门依据《条例》第八章的罚则实施行政处罚，也应当围绕保证建设工程质量的目的来进行。《条例》第六十四条规定，对于施工单位使用不合格的建筑材料的行为，建设行政主管部门予以调查以后，应当责令改正并作出相应的罚款处罚。对于施工单位是否按照要求进行相应的整改，建设行政主管部门应当进行确认，确保执法行为的完整性，不能一罚了之。最后，按照正当程序的基本要求，行政机关在作出对行政管理相对人、利害关系人不利的行政决定之前，应当告知并给予其陈述和答辩的机会。一审认为，广东省住建厅在作出10号处罚决定之前，并未通知具有利害关系的某电线厂参与调查处理，不利于对生产者的权益保障，本院予以认可。但是，鉴于目前的法律法规均未明确规定，建设行政主管部门在开展建设工程质量监督管理过程中应当通知建设材料生产者参与调查处理或给予其陈述、申辩的权利，故广东省住建厅的处罚程序并不违反现行法律规定。由于建设工程质量监督管理必然涉及产品质量监督问题，建设行政主管部门应当在今后的执法过程中，逐步完善调查处理程序，探索建立与产品质量监督部门的联合执法、信息共享、线索移交等多种方式，充分保障相关利害关系人的合法权益。综上，建设行政主管部门应当进一步明确执法标准，完善执法流程，给予被管理者明确预期，促使被管理者自觉遵守相关法律法规，主动规范生产经营及建设行为，保障工程质量安全。

（案例索引：最高人民法院（2019）最高法行再107号行政判决书）

上诉人北京市石景山区市场监督管理局与乌鲁木齐某果品公司等行政处罚案

上诉人（一审被告）：北京市石景山区市场监督管理局。

被上诉人（一审原告）：乌鲁木齐某果品公司。

被上诉人（一审第三人）：北京某超市有限公司西黄村二店。

二审法院认为，本案争议焦点为原石景山区食品药品监督管理局基于食品生产环节造成但持续存在至食品流通环节的违法情形而处罚食品销售商时，食品生产商是否应当获得正当程序原则的保护，即原石景山区食品药品监督管理局是否应当告知某果品公司其生产环节存在的违法情形及作出该认定的事实与理由，并听取某果品公司的陈述和申辩。

正当程序原则的要义之一在于，行政机关作出任何对行政相对人或利害关系人不利的行政行为，都必须说明理由并听取行政相对人或利害关系人的意见。本案中，虽然被诉处罚决定是针对某超市西黄村二店作出的，但被诉处罚决定认定某果品公司生产的涉案食品存在不符合《标签通则》及违反《食品安全法》的情形，该处罚决定的内容会对某果品公司造成不利影响。食品药品监督管理部门应遵循正当程序原则的要求，告知食品生产商拟认定其产品存在的违法情形及作出该认定所依据的事实及理由并听取食品生产商的陈述和申辩，使食品生产商真正参与到行政程序中，一方面确保食品药品监督管理部门全面把握案件事实，准确适用法律；另一方面亦可促使食品生产商尽早纠正食品生产违法行为，从源头上避免食品安全事故的发生，以实现食品安全监管的目的。本案中，原石景山区食品药品监督管理局既未告知某果品公司拟认定其产品存在的违法情形及作出该认定所依据的事实及理由，亦未听取某果品公司的陈述和申辩，有违正当程序原则，构成违反法定程序，故原石景山区食品药品监督管理局作出的被诉处罚决定中涉及某果品公司的内容应予撤销。

本案被诉处罚决定认定某超市西黄村二店存在三项违反《食品安全法》的行为，即经营标签不符合规定的预包装食品、进货时未查验相关证明文件及未按规定建立并遵守进货查验制度。上诉人依照《食品安全法》第一百二十五条第一款第二项的规定，对经营标签不符合规定的预包装食品的行为作出行政处罚，另依照《食品安全法》第一百二十六条第一款第三项的规定，对进货时未查验相关证明文件及未按规定建立并遵守进货查验制度的行为进行了处罚。上诉人针对某超市西黄村二店经营标签不符合规定的预包装食品的违法行为作出的行政处罚，违反了正当程序原则，应予撤销。

（案例索引：北京市第一中级人民法院（2019）京01行终440号行政判决书）

上诉人毛某与韶山市自然资源局行政处罚决定案

上诉人（原审原告）：毛某。

被上诉人（原审被告）：韶山市自然资源局。

二审法院认为：

一、本案中，涉案行政处罚决定的内容是责令退还非法占用土地，限期拆除非法占用土地上新建的（建）构筑物，涉及上诉人重大财产权益，属于较重的行政处罚，应当经过集体讨论才能决定实施。被上诉人未提交证据证实本案所涉行政处罚经过集体讨论决定；且在作出行政处罚决定之前，从事审核的汤某系初次从事行政处罚决定审核的人员，未通过国家统一法律职业资格考试取得法律职业资格，不具有对行政处罚决定审核资格。本案中，被上诉人进行调查取证的时间至其作出行政处罚决定，明显超过法定的处理期限，且被上诉人未向本院提交立案行政文书、延长期限批准文书等证据予以证实，违反上述规定。

二、行政法上的比例原则，是指行政权力所采取的措施与其所达到目的之间必须合比例或相称。具体来讲，要求行政主体执行职务时，面对多种可能选择之处置，应就方法与目的的关系权衡更有利者而为之；该原则是从“价值取向”上来规范行政权力与其所采取的措施之间的比例关系的。其中包含了最少侵害原则，即行政主体实施行政行为不能超越实现行政目的的必要程度，也就是说，行政主体在实施行政行为时，有多种可供选择的手段可以达到行政目的，行政主体应该尽可能采取对相对人损害最小的手段。我国土地管理法律、法规针对农村村民未经批准擅自占用集体土地建房的行为作出禁止性规定的目的，旨在为了强化土地管理，保护和合理利用土地，促进社会经济的可持续发展。本案中，上诉人毛某为了配合美丽乡村建设对房屋进行修缮改造，其向韶山市韶山乡人民政府申请在原宅基地全部拆除重建房，所在村民小组、韶山市韶山乡韶山村民委员会、韶山市公安局韶山冲派出所进行了审核盖章，虽然上诉人拆旧建房未取得有权机关的审批，也超出原有宅基地的用地面积，但上诉人的建房申请审批手续已在进行中，有权机关至今未对上诉人的申请作出是否同意建房的决定。上诉人作为本村的常住农业户籍人口，在没有其他宅基地的情况下，在原宅基地上拆旧重新建房，符合一户一宅的建房条件。上诉人在收到责令停止违法行为通知后，在已投入较大建房成本的情况下，已按被上诉人的要求停止建设。此种情形下，被上诉人应考虑上诉人的实际情况，在维护法律尊严的前提下，区别对待，采取相应的补救措施。被上诉人直接作出责令退还非法占用土地，限期拆除房屋的处罚决定，与土地管理法律、法规的立法目的不相符，亦违反了行政比例原则，处罚明显不当。

（案例索引：湖南省湘潭市中级人民法院（2020）湘03行终125号行政判决书）

上诉人河南某机械设备有限公司与濮阳市华龙区环境保护局行政处罚案

上诉人（原审原告）：河南某机械设备有限公司。

被上诉人（原审被告）：濮阳市华龙区环境保护局。

二审法院认为：2018年1月1日之后初次从事行政处罚决定审核工作的人员，应当通过国家统一法律职业资格考试取得法律职业资格。而对于2018年1月1日之前已经从事行政处罚决定审核的人员，则不要求通过国家统一法律职业资格考试取得法律职业资格。二审庭审中，区环保局出示了2017年该局其他行政处罚案件卷宗材料中的行政处罚决定审批表足以证明本案行政处罚决定审核人员李某，在2018年1月1日之前已经开始从事行政处罚决定审核工作。故上诉人以审核人员无法律职业资格证书为由认为本案案行政处罚决定程序违法的理由不能成立。

（案例索引：河南省濮阳市中级人民法院（2020）豫09行终37号行政判决书）

第59条　处罚决定书

第五十九条　行政机关依照本法第五十七条的规定给予行政处罚，应当制作行政处罚决定书。行政处罚决定书应当载明下列事项：

（一）当事人的姓名或者名称、地址；

（二）违反法律、法规、规章的事实和证据；

（三）行政处罚的种类和依据；

（四）行政处罚的履行方式和期限；

（五）申请行政复议、提起行政诉讼的途径和期限；

（六）作出行政处罚决定的行政机关名称和作出决定的日期。

行政处罚决定书必须盖有作出行政处罚决定的行政机关的印章。

59.1　当事人身份

【司法性文件】

法院对写错被处罚人姓名的行政处罚决定应否强制执行?

问题：我院在审查一起某环境保护局申请强制执行某行政处罚决定的非诉执行案件时，发现该行政处罚程序和内容均合法，但被处罚人名字中有一字却误写为同音字。被处罚人自己对此未提出异议。对该案法院应否予以强制执行有两种意见：一种意见认为，环保局工作人员工作马虎，将被处罚人姓名写错了，法院不应予以强制执行，应将有关材料退回行政机关；另一种意见认为，被处罚人姓名误为同音字，被处罚人未提出异议，且法律对此无明文规定，应予以强制执行。请问哪一种意见正确？

《人民司法》研究组认为：行政机关的行政处罚决定书如果将被处罚人姓名写错，仅系笔误的，不属于认定事实不清，而是属于轻微的行政瑕疵，人民法院应通知申请强制执行的行政机关作出决定，补正行政处罚决定书中的笔误。法院在接到补正决定后，经审查确认行政处罚决定合法的，应予以强制执行。但需注意，在申请强制执行的行政机关补正决定未作出之前，人民法院不宜采取强制执行措施。

（《人民司法》1999 年第 4 期）

【参考案例】

复议申请人三亚市天涯区生态环境局与三亚某回收公司非诉执行案

复议申请人（原申请执行人）：三亚市天涯区生态环境局。

被申请人（原被执行人）：三亚某回收公司。

天涯区环境局于 2020 年 1 月 8 日向三亚市城郊人民法院申请强制执行，即强制被申请人三亚某回收公司缴纳 24.15 万元罚款。

一审认为：天涯区环境局于 2019 年 5 月 24 日作出的 12 号处罚决定所处罚的对象为某回收公司，根据本院查明的事实，该公司已于 2019 年 6 月 24 日在工商行政主管部门办理注销登记，已不具备作为本案被申请人的主体资格，天涯区环境局的申请应予驳回。

经审查，法院认为：天涯区环境局 2019 年 5 月 24 日作出 12 号处罚决定对某回收公司作出限期一个月内改正违法行为并罚款 24.15 万元的行政处罚决定，某回收公司于 2019 年 6 月 24 日在工商行政主管部门办理注销登记。根据天涯区环境局提供的某回收公司工商注销档案资料，某回收公司没有解散股东会的决议，也没有该公司在注销前已进行清算的任何资料。关于有限责任公司被注销后权利、义务的承担问题。根据《最高人民法院关于适用〈中华人民共和国民事诉讼法〉

的解释》第六十四条的规定，一是经合法清算后，由取得公司清算财产的股东在取回财产的范围内承担责任；二是未经合法清算的，由有限责任公司的股东承担责任。某回收公司已于2019年6月24日在工商行政主管部门办理注销登记，天涯区环境局于2020年1月8日向三亚市城郊人民法院申请强制执行12号《处罚决定》时，仍把某回收公司列为被执行人不当，但一审法院应根据某回收公司是否已经合法清算的事实，履行释明职责，以便申请人及时变更被执行对象。一审法院在未履行释明职责，以便申请人及时变更被执行对象的情形下，便以某回收公司已在工商行政主管部门办理注销登记，不具备作为本案被执行人的主体资格为由，径行裁定驳回天涯区环境局关于执行12号处罚决定的申请，适用法律不当，本院依法予以纠正。

（案例索引：海南省三亚市中级人民法院（2020）琼02行审复2号行政裁定书）

上诉人郑州市中原区市场监督管理局与河南JM化妆品销售有限公司行政处罚案

上诉人（原审被告）：郑州市中原区市场监督管理局。

被上诉人（原审原告）：河南JM化妆品销售有限公司。

二审院认为：对行政机关作出的行政处罚进行司法审查应当首先评判是否由被处罚人实施了某种行为，之后才涉及该行为是否违法以及是否罚当其过的评判问题。本案中，上诉人提交的证据并不能证明系以被上诉人河南JM化妆品销售有限公司的名义发布广告。另外，广告内容也未显示同被上诉人河南JM化妆品销售有限公司经营范围存在关联，故并不能仅仅基于常某是河南JM化妆品销售有限公司的法定代表人或广告中显示“JM”字样而推定被上诉人河南JM化妆品销售有限公司发布广告。

（案例索引：河南省郑州市中级人民法院（2021）豫01行终177号行政判决书）

上诉人上饶市广丰区市场监督管理局与江某行政处罚案

上诉人（原审被告）：上饶市广丰区市场监督管理局。

被上诉人（原审原告）：江某。

二审法院认为：根据被上诉人在一审期间提供的劳动合同书、社会保险个人参保证明、孝感某制盐有限公司安徽分公司向原审法院出具的证明等证据，足以认定被上诉人是孝感某制盐有限公司安徽分公司的员工，且被上诉人在上饶市广丰区销售配送食盐是履行职务的行为，故被上诉人作为公司员工在上饶市广丰区从事食盐的销售配送活动，非其个人的经营活动，被上诉人不是上诉人作出行政处罚的适格相对人。上诉人作出的被诉行政处罚决定主要依据不足，明显不当，应予撤销。

（案例索引：江西省上饶市中级人民法院（2020）赣11行终174号行政判决书）

上诉人乳源瑶族自治县市场监督管理局与周某行政处罚案

上诉人（原审被告）：乳源瑶族自治县市场监督管理局。

被上诉人（原审原告）：周某。

二审法院认为：本案周某于2019年2月28日出具给刘某的《授权委托书》，委托书记载的委托权限仅为："1. 代表委托人（单位）接受行政机关的调查询问；2. 代委托人（单位）进行陈述、申辩或代为承认相关事实；3. 代签收相关法律文件。"委托书没有接受告知作出行政决定的事实、理由及依据的事项，也没有接受告知听证权利，申请听证的事项。因此，乳源市场监督管理局在未向周某告知上述权利便作出行政处罚，违反法定程序，应当予以撤销。

（案例索引：广东省韶关市中级人民法院（2020）粤02行终72号行政判决书）

59.2 事实和证据

【参考案例】

原告湖北某房地产开发有限公司与国家税务总局孝感市税务局第二稽查局行政处罚案

原告：湖北某房地产开发有限公司。

被告：国家税务总局孝感市税务局第二稽查局。

法院认为：本案中，被告国税第二稽查局作出的行政处罚决定书，没有载明原告的违法事实和证据，也未载明原告违反法律法规的条款。国税第二稽查局作出的行政处罚决定书，违反上述法律规定，属认定事实不清，适用法律错误，依法应予以撤销。

（案例索引：湖北省孝感市孝南区人民法院（2020）鄂0902行初32号行政判决书）

59.3 处罚种类和依据

【参考案例】

宣某等18人与浙江省衢州市国土资源局收回国有土地使用权案

（指导性案例41号，最高人民法院审判委员会讨论通过，
2014年12月25日发布）

原告：宣某等18人。

被告：浙江省衢州市国土资源局。

原告宣某等18人系浙江省衢州市柯城区卫宁巷1号（原14号）衢州府山中

学教工宿舍楼的住户。2002 年 12 月 9 日，衢州市发展计划委员会根据第三人建设银行衢州分行的报告，经审查同意衢州分行在原有的营业综合大楼东南侧扩建营业用房建设项目。同日，衢州市规划局制定建设项目选址意见，衢州分行为扩大营业用房等，拟自行收购、拆除占地面积为 205 平方米的府山中学教工宿舍楼，改建为露天停车场，具体按规划详图实施。18 日，衢州市规划局又规划出衢州分行扩建营业用房建设用地平面红线图。20 日，衢州市规划局发出建设用地规划许可证，衢州分行建设项目用地面积 756 平方米。25 日，被告衢州市国土资源局请示收回衢州府山中学教工宿舍楼住户的国有土地使用权 187.6 平方米，报衢州市人民政府审批同意。同月 31 日，衢州市国土局作出衢市国土（2002）37 号《收回国有土地使用权通知》，并告知宣某等 18 人其正在使用的国有土地使用权将收回及诉权等内容。该《通知》说明了行政决定所依据的法律名称，但没有对所依据的具体法律条款予以说明。

浙江省衢州市柯城区人民法院于 2003 年 8 月 29 日作出（2003）柯行初字第 8 号行政判决：撤销被告衢州市国土资源局 2002 年 12 月 31 日作出的衢市国土（2002）第 37 号《收回国有土地使用权通知》。

法院生效裁判认为：被告衢州市国土局作出《通知》时，虽然说明了该通知所依据的法律名称，但并未引用具体法律条款。衢州市国土局作为土地行政主管部门，有权依照《土地管理法》对辖区内国有土地的使用权进行管理和调整，但其行使职权时必须具有明确的法律依据。被告在作出《通知》时，仅说明是依据《土地管理法》及浙江省的有关规定作出的，但并未引用具体的法律条款，故其作出的具体行政行为没有明确的法律依据，属于适用法律错误。

综上，被告作出的收回国有土地使用权行政行为主要证据不足，适用法律错误，应予撤销。

季某不服宜兴市公安局宜城派出所治安处罚案

上诉人（原审被告）：宜兴市公安局宜城派出所。

被上诉人（原审原告）：季某。

二审法院认为：2013年1月1日起施行的《公安机关办理行政案件程序规定》（以下简称《程序规定》）第二百三十三条第一款规定："经过调查，发现行政案件具有下列情形之一的，经公安派出所、县级公安机关办案部门或者出入境边防检查机关以上负责人批准，终止调查：（一）没有违法事实的；（二）违法行为已过追究时效的；（三）违法嫌疑人死亡的；（四）其他需要终止调查的情形。"设置兜底条款，作为一种立法技术，固然是为了避免法律的不周延性，以适应社会情势的变迁。但是，行政机关通过自由裁量适用兜底条款时，应与同条款中已经明确列举的情形相联系，参照同条款已经明确列举的情形所设置的标准，来确定能否适用兜底条款。适用兜底条款的情形，应与同条款中已经明确列举的情形具有相同或相似的价值，在性质、影响程度等方面具有一致性。另外，适用兜底条款应符合该条款的立法目的，不得任意适用。

《程序规定》第二百三十三条第一款明确列举的"没有违法事实、违法行为已过追究时效、违法嫌疑人死亡"这三种情形都是确定性的事实，该事实的出现使得公安机关无法或没有必要再针对该案件采取任何调查措施，即该事实的出现足以产生终局性的、不可逆的终止案件调查的效果。宜城派出所以"证据不足、办案期限届满"为由终止调查，显然该情形与上述条款明确列举的情形在性质、影响程度上并不具有相同或者相似的价值。

"办案期限届满"并非终止案件调查的合理理由，而"证据不足"也不应产生终止案件调查的效果。即使确如宜城派出所在上诉状及二审询问中所称的"证据不足、办案期限届满"这一终止案件调查的理由存在书写表达欠妥，实际终止原因是"证据不足"，即结合案情不能完全排除涉案人员存在违法事实的可能性。但是，根据依法行政原则，在没有充分的证据证明涉案人员违法事实成立的情况下，宜城派出所应当对涉案人员作出不予处罚决定。其后公安机关又发现新的证据，使违法行为能够认定时，依法重新作出处理决定，并撤销原不予行政处罚决定。所以，即使确如宜城派出所所言，实际终止调查的原因是"证据不足"的情况下，宜城派出所作出终止调查决定也是缺乏依据的。作为司法机关，也应当依法撤销宜城派出所所作的终止调查决定，并责令宜城派出所限期依法重新作出处理决定。

（2020年第12期《最高人民法院公报》）

原告王某某与上海市公安局黄浦分局治安处罚案

原告：王某某。

原告：王某。

被告：上海市公安局黄浦分局。

第三人：张某某。

法院认为：

本案中，被告公安某分局作出被诉处罚决定，查明第三人张某某有殴打王某某、王某的违法事实，该节事实认定清楚。事发时，被害人即原告王某某已经年满60周岁，被告公安某分局应当适用《治安管理处罚法》第四十三条第二款第(二)项予以处罚。而被告公安某分局在行政处罚告知笔录以及最终的行政处罚决定中却将法律依据均记载为第四十三条第一款，已经不再是制作法律文书时操作不当造成的“笔误”问题，而是明显的法律适用错误。被告公安分局以行政案件处理报告中曾将法律依据记载为第四十三条第二款第（二）项而主张法律适用正确的观点不予采纳。基于此，该被诉处罚决定应予撤销。

（案例索引：上海市浦东新区人民法院（2018）沪0115行初740号行政判决书）

59.4　履行方式和期限

【参考案例】

昔阳县自然资源局与昔阳县某风电有限公司非诉执行案

复议申请人（申请执行人）：昔阳县自然资源局。

被申请人（被执行人）：昔阳县某风电有限公司。

复议法院经审查认为：行政机关向人民法院申请强制执行，应当提供相关材料，人民法院对行政机关强制执行的材料进行审查。经审查，昔阳县自然资源局申请该局作出的昔国土资罚字（2019）25号行政处罚决定中没收昔阳县某风电有限公司在非法占用的农用地1 620平方米（合约2.43亩）上新建的建筑物和其他设施部分，该行政处罚决定主文载明的执行标的情况不具体、不明确，不符合的规定。昔阳县自然资源局提供的材料不能证明其执行申请具备执行条件。

（案例索引：山西省晋中市中级人民法院（2020）晋07行审复1号行政裁定书）

59.5 诉权告示

【参考案例】

再审申请人范某与北京市公安局朝阳分局建国门外派出所证明行为案

再审申请人（一审原告、二审上诉人）：范某。

被申请人（一审被告、二审被上诉人）：北京市公安局朝阳分局建国门外派出所。

再审法院认为：行政诉讼起诉期限是法定起诉条件之一，是指公民、法人或者其他组织不服某一行政行为向人民法院请求司法救济的时间限制。《最高人民法院关于执行〈中华人民共和国行政诉讼法〉若干问题的解释》（法释〔2000〕8号，2018年2月8日起废止）第四十一条第一款规定，行政机关作出具体行政行为时，未告知公民、法人或者其他组织诉权或者起诉期限的，起诉期限从公民、法人或者其他组织知道或者应当知道诉权或者起诉期限之日起计算，但从知道或者应当知道具体行政行为内容之日起最长不得超过2年。而2018年2月8日起施行的《最高人民法院关于适用〈中华人民共和国行政诉讼法〉的解释》（法释〔2018〕1号）第六十四条第一款规定，行政机关作出行政行为时，未告知公民、法人或者其他组织起诉期限的，起诉期限从公民、法人或者其他组织知道或者应当知道起诉期限之日起计算，但从知道或者应当知道行政行为内容之日起最长不得超过1年。

对于发生在新司法解释施行之前的行政行为，应当从有利于保护行政相对人合法权益的角度选择法律和司法解释适用，以保护当事人行使诉权为原则。2018年2月8日前作出的行政行为，未告知诉权或起诉期限，当事人于2018年2月8日后提起行政诉讼的，应区分情况确定其起诉期限。如当事人自知道或应当知道被诉行政行为之日起至2018年2月8日已届满2年的，则当事人于2018年2月8日后起诉既超过两年的起诉期限，也超过1年的起诉期限，应裁定驳回起诉；如当事人自知道或应当知道被诉行政行为之日起至2018年2月8日未届满2年，其起诉期限应截至2年届满之日，但不得超过2019年2月7日。本案中，范某要求撤销的证明行为，系建国门外派出所于2015年7月27日作出，范某于同年8月6日在11 024号民事案件，即北京某墨业有限责任公司诉范某证照返还民事案件开庭时被诉证明作为证据予以开示，范某即已知晓被诉证明内容，至2018年2月8日已届满2年。范某于2018年3月提起本案之诉，既超过2年的起诉期限，也超过1年的起诉期限，且无正当理由。

（案例索引：北京市高级人民法院（2019）京行申195号行政裁定书）

59.6　机关名称和日期

【参考案例】

李某与漯河市公安局顺河分局、干河陈分局治安处罚案

原告：李某。

被告：漯河市公安局顺河分局。

被告：漯河市公安局干河陈分局。

被告：漯河市公安局阴阳赵分局。

原告诉请的1995年6月27日作出的第1159号治安管理处罚裁决书系复印件，主要内容载明："漯河市公安局（此处空白）分局治安管理处罚裁决书，第1159号，1995年6月27日，违反治安管理人李某，男，42岁，因嫖娼根据中华人民共和国治安管理处罚条例第30条，决定予以罚款伍仟元、警告处罚，局长戴某。

裁决书未显示公安机关印章。空白处加盖有漯河市郾城区人民法院的公章，加盖有河南省漯河市国家税务局的复印章。”该裁决书是由河南省漯河市国家税务局向漯河市郾城区人民法院提供，原告于2016年8月16日从漯河市郾城区人民法院取得。三被告未提供1995年6月27日作出的第1159号治安管理处罚裁决书原件。被告干河陈分局保管的1995年6月27日治安管理处罚审批表，主要内容载明："填表单位顺河，案别嫖娼，查破时间95.3.24，被处罚人姓名李某，性别男，年龄42，民族汉，承办人意见根据处以罚款伍仟元整，承办单位意见同意承办人意见95.6.27，领导批示同意95.6.27。审批表空白处载有警告并处罚款伍仟元，95.6.27。”

2010年10月，因警务体制改革原漯河市公安局源汇分局被拆分为3个分局，即漯河市公安局顺河分局、漯河市公安局干河陈分局、漯河市公安局阴阳赵分局。原漯河市公安局源汇分局顺河街派出所的职责由漯河市公安局顺河分局承继。拆分后原漯河市公安局源汇分局的流程性卷宗在漯河市公安局干河陈分局保管，具体卷宗仍在原单位保管。

庭审中被告漯河市公安局顺河分局认可1995年6月27日作出的第1159号治安管理处罚裁决书是客观存在的，但是因机构改革没有找到卷宗，也没有找到该裁决书原件，同时认为裁决书系复印件且没有加盖公章并不代表公安局的行政行为。

法院认为：原告向本院提供的1995年6月27日作出的第1159号治安管理处罚裁决书未加盖行政机关公章且为复印件，被告认为未加盖本机关公章的裁决书复印件不能代表本机关的行政行为。本院认为，任何有理智的人均能判断未加盖公章且没有原件的裁决书对外不发生法律效力，因而其没有公定力，不必经法院确认，公民就可以根据自己的判断而不服从。因此，原告的诉请无须人民法院作出评判，不属于人民法院受案范围。

（案例索引：舞阳县人民法院（2017）豫1121行初31号行政裁定书）

59.7 处罚机关印章

【参考案例】

上诉人丹东市自然资源局与潘某行政处罚案

上诉人（原审被告）：丹东市自然资源局。

被上诉人（原审原告）：潘某。

二审法院认为：行政处罚是指行政主体为维护公共利益和社会秩序，依照法定职权和程序，对违反行政法规范但尚未构成犯罪的相对人所实施的行政制裁。处罚法定原则是最基本的行政处罚原则，要求行政处罚主体及其职权法定，法定主体行使处罚权时必须遵守法定的职权范围，不得越权或者滥用权利。本案中，中共丹东市委机构编制委员会于2019年1月8日向被告丹东市自然资源局颁发了统一社会信用代码证书。原丹东市国土资源局不再保留，自2019年1月8日起其职能由被告丹东市自然资源局继续行使。原审审查确认被诉的丹国土资罚〔2018〕72号行政处罚决定于2019年5月16日作出，并加盖丹东市国土资源局公章，此时有权作出上述行政处罚的行政机关应为上诉人丹东市自然资源局，在该被诉处罚决定上加盖丹东市国土资源局公章，属行政处罚作出主体错误。

（案例索引：辽宁省丹东市中级人民法院（2021）辽06行终33号行政判决书）

第60条　办案期限

第六十条　行政机关应当自行政处罚案件立案之日起九十日内作出行政处罚决定。法律、法规、规章另有规定的，从其规定。

【立法说明】

这是本次修订的新增条款。

2020年10月13日全国人民代表大会宪法和法律委员会《关于〈中华人民共和国行政处罚法（修订草案）〉修改情况的汇报》中指出：有些常委会组成人员、部门、地方和专家学者提出，行政处罚法的重要内容是规范行政处罚程序，建议进一步完善相关程序。宪法和法律委员会经研究，建议作以下修改：一是完善立案程序，规定符合立案标准的，行政机关应当及时立案。同时，对应当立案不及时立案的，设定相应法律责任。二是明确行政处罚期限，增加规定行政机关应当自行政处罚案件立案之日起九十日内作出行政处罚决定，法律、法规、规章另有规定的除外。

【参考案例】

潘某与江苏省新沂市公安局治安管理处罚案

原告：潘某。

被告：江苏省新沂市公安局。

1997年8月26日，原告潘某与刘某、陆某、李某4人在新沂市新安镇四华里张某家中利用麻将通过“扳倒胡”比输赢，规则和牌 10 元，自摸 20 元，庄家翻倍，后被徐州市公安局督察大队查获。被告新沂市公安局当日对此事立案调查，并分别对陆某、李某作出治安拘留十五日、罚款 3 000 元的行政处罚。因原告潘某及同案人刘某属于被告单位民警，徐州市公安局督察大队对两人继续进行处理，并于 1998 年 12 月 4 日，退还潘某现金 3 720 元，刘某现金 4 000 元，之后又向当事人出具没收潘某赌资 260 元，刘某 860 元的票据。原告对此不服提起申诉，2000 年 2 月 27 日，徐州市公安局作出徐公局（2000）54 号决定：“撤销市局督察大队、纪委之前就此案出具的一切暂扣、没收、信函处理情况等文书；责成市局督察大队将此案所暂扣的财物随同案件材料一并移交发生地新沂市公安局依法处理。”2000 年 2 月 28 日此案移交新沂市公安局依法处理，但是徐州市公安局并未实际返还原告等人被没收的财产。2000 年 11 月 2 日，原告潘某不服徐州市公安局没收财产决定提起行政诉讼，2000 年 12 月 8 日，徐州市云龙区人民法院作出（2000）云行初字第 34 号行政判决：一、徐州市公安局督察大队没收潘某财产的行为违法。二、自判决生效之日起 3 日内，由徐州市公安局返还没收潘某的现金 260 元。原告潘某提起上诉，经徐州市中级人民法院（2001）徐行终字第 27 号行政判决维持原判。

2006 年 12 月 26 日 8：50 至 11：50 被告对原告进行传唤，并进行询问，同日 14：30 告知原告处罚的事实、理由及依据，并听取原告的陈述及申辩，被告对原告的陈述、申辩进行复核后于 2007 年 1 月 30 日再次告知，并于 2007 年 1 月 31 日作出新公（治）决字（2007）第 N23 号公安行政处罚决定：对潘某予以治安拘留七日并罚款 1 500 元。原告提出不通知家属及暂缓执行申请，被告准许。原告潘某不服该处罚决定，诉请法院判决撤销。

新沂市人民法院经审理认为，本案被告从立案之日至作出行政处罚决定时止，超出《治安管理处罚法》关于办案期限三十日的规定，属于程序瑕疵，但不构成程序违法。

徐州市中级人民法院经审理认为，上诉人潘某等人打麻将行为发生于 1997 年 8 月 26 日，被上诉人新沂市公安局于同日对其他两名参加打麻将人员作出治安处罚，在无违反治安管理人逃跑等客观原因的情况下，再于 2007 年 1 月 31 日对上诉人潘某作出被诉的治安处罚决定，既不符合《治安管理处罚法》“公安机关办理治安案件的期限，自受理之日起不得超过三十日；案情重大、复杂的，经上一级公安机关批准，可以延长三十日。为了查明案情进行鉴定期间，不计入办理治安案件的期限”的规定，也有违《行政处罚法》的立法精神。被上诉人对上诉人作出新公（治）决字（2007）第N23号公安行政处罚决定违反了法定程序，亦属滥用职权，依法应予撤销。

（最高人民法院行政庭主编《行政审判指导案例》第144号）

第 61 条　文书送达

第六十一条　行政处罚决定书应当在宣告后当场交付当事人；当事人不在场的，行政机关应当在七日内依照《中华人民共和国民事诉讼法》的有关规定，将行政处罚决定书送达当事人。

当事人同意并签订确认书的，行政机关可以采用传真、电子邮件等方式，将行政处罚决定书等送达当事人。

【参考案例】

复议申请人西安市雁塔区市场监督管理局与陕西某商贸有限公司非诉执行案

复议申请人（原申请执行人）：西安市雁塔区市场监督管理局。

被申请人（原被执行人）：陕西某商贸有限公司。

法院认为：

本案中，被处罚人陕西某商贸有限公司属于法人性质，依据上述法律及司法解释的规定，西安市雁塔区市场监督管理局在向该公司送达文书时，首先应当直接送达给该公司时任法定代表人石某，也可以直接送达给委托代理人王某。因为首先石某在 2019 年 7 月 19 日至 2020 年 5 月 12 日系陕西某商贸有限公司法定代表人，石某也曾在 2019 年 9 月 6 日给公司经理王某出具授权委托书，委托权限中包含“代领文书资料”。其次，当直接送达文书有困难时，西安市雁塔区市场监督管理局可以采用邮寄送达。但本案中，西安市雁塔区市场监督管理局在对陕西某商贸有限公司作出《行政处罚决定书》和《行政处罚决定催告书》后，均采用直接邮寄送达的方式将上述两份文书寄至“陕西省安康市汉阴县平梁镇集镇兴隆村”，该地址既非陕西某商贸有限公司的营业执照注册地址，也非该公司时任法定代表人石某的经常居住地址。况且，西安市雁塔区市场监督管理局未能提供充足的证据证明陕西某商贸有限公司或者该公司时任法定代表人石某指定上述地址为文书送达地址，且指定代收人代收文书。故西安市雁塔区市场监督管理局送达行政处罚文书的程序不当，不足以证明被处罚人陕西某商贸有限公司已经收到行政处罚文书。

（案例索引：陕西省西安市中级人民法院（2020）陕01行审复2号行政裁定书）

上诉人北京市市场监督管理局与北京某餐饮管理有限公司不受理行政复议案

上诉人（一审被告）：北京市市场监督管理局。

被上诉人（一审原告）：北京某餐饮管理有限公司。

二审法院认为：根据法律规定，直接送达是法律规定的一般的送达方式，也是行政机关应当首先采用的送达方式。本案中，原海淀工商分局称其执法人员电话通知某餐饮公司法定代表人领取行政处罚决定书，该法定代表人未领取。首先，某餐饮公司否认接到过上述电话通知，原海淀工商分局或市场监督管理局亦未提交拨打电话的证据。其次，即使原海淀工商分局的执法人员电话通知后，某餐饮公司法定代表人未到场领取行政处罚决定书，亦不能以此证明某餐饮公司拒绝领取行政处罚决定书。原海淀工商分局在某餐饮公司经营地点送达行政处罚决定书时，某餐饮公司的法定代表人或授权代表未在场，亦不能以此证明无法直接送达。某餐饮公司法定代表人身份证载明的地址并非某餐饮公司的注册或经营地址，原海淀工商分局向该地址邮寄处罚决定书，不具有合法性。

留置送达是直接送达存在困难或障碍时的补充送达方式，适用留置送达的前提条件是法人的法定代表人、该组织的主要负责人拒绝接收处罚决定书，且应当有居民委员会、村民委员会等基层组织的人员作为见证人，原海淀工商分局的工作人员在现场拨打某餐饮公司法定代表人的联系电话，法定代表人未接听电话，仅此不足以证明该公司拒绝接收处罚决定书，现场笔录载明的见证人亦不符合上述法律规定。原海淀工商分局的留置送达不符合法定要件。

只有在直接送达、邮寄送达、留置送达等送达方式完全不能送达的情况下，才能适用公告送达。原海淀工商分局未穷尽合法送达方式，市场监督管理局提交的证据亦不能满足适用公告送达的上述条件。

综上，原海淀工商分局的 4 次送达均不符合法定要件，市场监督管理局认定某餐饮公司至迟应于上述公告送达届满之日即 2018 年 6 月 15 日起六十日内提出行政复议申请，系认定事实不清。

（案例索引：北京市第一中级人民法院（2019）京 01 行终 1138 号行政判决书）

61.1　直接送达

【参考案例】

上诉人西安市临潼区市场监督管理局与陕西大唐燃气安全科技股份有限公司行政处罚案

上诉人（原审被告）：西安市临潼区市场监督管理局。

被上诉人（原审原告）：陕西 DT 公司。

二审法院认为，直接送达即交付送达，是将有关执法文书直接交付受送达人签收的方式，以此保证执法程序的顺利进行以及受送达人的合法权益。本案中，即使按照上诉人临潼区监管局主张，在处罚程序中依法将处罚对象由 DT 分公司变更为被上诉人 DT 公司，亦应依法保障其相关陈述、申辩等重要程序权利。上诉人临潼区监管局自述，2020 年 1 月 6 日载有行政处罚告知书的《送达回证》中“收件人张某某，2020 年 1 月 6 日”，系事后倒签。据此，上诉人临潼区监管局未能严格依照有关程序规定进行直接送达，且无其他证据佐证其采用了有效方式将陈述、申辩等权利告知了被上诉人 DT 公司，故依法不能视为法定的直接送达。

（案例索引：西安铁路运输中级人民法院（2020）陕71行终1498号行政判决书）

61.2　留置送达

【参考案例】

上诉人梁某与荣成市综合行政执法局行政处罚案

上诉人（原审原告）：梁某。

被上诉人（原审被告）：荣成市综合行政执法局。

二审法院认为：根据程序正当原则，行政机关在作出影响上诉人权利义务的行政行为之前应当告知当事人作出行政决定的事实、理由及依据，并听取当事人陈述和申辩；行政机关及其执法人员在作出行政决定之前，不依法向当事人告知给予行政行为的事实、理由和依据，或者拒绝听取当事人的陈述、申辩，行政行为不能成立；当事人放弃陈述或者申辩权利的除外。另外，行政法律文书的送达应当适用民事诉讼法的相关规定。本案中，被上诉人在履行了立案审批、询问调查、现场勘验等法定程序后，作出行政处罚告知书并向上诉人送达。其送达回证显示：送达方式为留置送达，送达地点为荣成市某有限责任公司办公室，并非梁某的住所，不符合上述留置送达的要求，故涉案行政处罚告知书并未有效送达，不能证实被上诉人向上诉人告知了行政行为的事实、理由和依据及其享有的陈述和申辩权，亦不能证实被上诉人听取了上诉人的陈述与申辩，即视为没有履行告知义务，行政行为不能成立。故被诉限期拆除决定书程序违法，依法应当予以撤销。

（案例索引：山东省威海市中级人民法院（2019）鲁10行终101号行政判决书）

南通市崇川区环境保护局与南通某工贸有限公司非诉执行案

申请执行人：南通市崇川区环境保护局。

被执行人：南通某工贸有限公司。

经审理查明：2016年9月1日，因被执行人公司经营场所已关门，无工作人员在场，申请执行人崇川环保局工作人员将崇环罚字（2016）17号《行政处罚决定书》张贴在被执行人公司经营场所门口。

法院认为：行政处罚决定的送达是行政机关将行政处罚的事实、依据与决定及时、适当地告知相对人，履行行政告知义务的法定方式，未经有效送达，行政处罚决定不生效。《民事诉讼法》规定了直接送达、留置送达、邮寄送达、公告送达等方式。本案中，申请执行人崇川环保局选择了留置送达方式。

关于留置送达，《民事诉讼法》第八十六条规定，受送达人或者他的同住成年家属拒绝接收诉讼文书的，送达人可以邀请有关基层组织或者所在单位的代表到场，说明情况，在送达回证上记明拒收事由和日期，由送达人、见证人签名或者盖章，把诉讼文书留在受送达人的住所；也可以把诉讼文书留在受送达人的住所，并采用拍照、录像等方式记录送达过程，即视为送达。由此可见，适用留置送达的前提条件是受送达人或者其同住成年家属明确表示拒绝接收诉讼文书。

本案中，申请执行人崇川环保局未能提供被执行人某公司拒绝接收案涉行政处罚决定的相关证据。而事实上，申请执行人崇川环保局工作人员送达行政处罚决定书时被执行人某公司已关门，申请执行人并未向被执行人送达。该情形不符合留置送达的条件。申请执行人崇川环保局的送达行为明显违法，侵犯了被执行人的利益，且案涉行政处罚决定未生效，故不符合强制执行条件。

（案例索引：江苏省南通市港闸区人民法院（2017）苏0611行审12号行政裁定书）

鹿邑县人民政府与刘某行政强制拆除案

上诉人（一审被告）：鹿邑县人民政府。

上诉人（一审被告）：鹿邑县玄武镇人民政府。

被上诉人（一审原告）：刘某。

二审法院认为：鹿邑县人民政府和玄武镇人民政府分别认可其组织实施或参与了本案被诉的强拆行为，一审确定由该两个行政机关承担拆除责任应予认可。关于鹿邑县国土资源局留置送达涉案处罚决定的问题，因送达回证上没有注明见证人、没有见证人签字，也不能提供送达时的录像资料，送达程序存在严重瑕疵，本院对该送达的法律效力不予认可，应视为未送达，故处罚决定也不产生法律效力。涉案的强拆行为没有生效的处罚决定作为执行依据，其强拆缺乏基本的事实和法律根据，应确认该强拆行为违法。

（案例索引：河南省高级人民法院（2019）豫行终2862号行政判决书）

惠州市国土资源局与谭某非诉执行案

申请执行人：惠州市国土资源局。

被申请执行人：谭某。

法院认为：申请执行人在对被申请执行人作出行政处罚的过程，应严格依照法律的规定向被申请执行人送达相关法律文书，不能直接送达的，应在穷尽送达手段后公告送达。申请执行人没有提供证据证明到过被申请执行人住处送达以及见到过被申请执行人，在送达回证上以被执行申请人拒绝接受处罚为由将《行政处罚告知书》《行政处罚听证告知书》《行政处罚决定书》《履行行政处罚决定催告书》张贴在曾某在建房屋门口，不符合上述法律关于送达的规定，应视为未送达。申请执行人在行政处罚过程中程序违法，损害了被申请执行人陈述、申辩和申请听证的权利，本院不予准许。

（案例索引：广东省博罗县人民法院（2018）粤1322行审291号行政裁定书）

泌阳县盘古乡盘古村民委员会某村民组与驻马店市人民政府行政复议案

上诉人（一审原告）：泌阳县盘古乡盘古村民委员会某村民组。

被上诉人（一审被告）：驻马店市人民政府。

二审法院认为：关于泌阳县人民政府泌政行决字（2000）第08号《土地权属争议案件行政决定书》的送达及送达效力的问题。针对该送达行为的程序和要件规定，法律法规虽没有规定明确的条文，但送达行为应当依法并以适当方式进行，要达到公开、公示的效果。本案中因多个村民组间发生土地权属争议涉及广大村民权益，泌阳县人民政府的送达回证上没有显示村民组组长的情形下，采用仅对一个村民的留置方式送达，不能证明该处理决定对席庄村民组村民以公开、公示的方式告知，不能达到送达的法律效果。

（案例索引：河南省高级人民法院（2014）豫法行终字第00017号行政判决书）

61.3 邮寄送达

【参考案例】

复议申请人莆田市城厢区市场监督管理局与黄某非诉执行案

复议申请人（原申请执行人）：莆田市城厢区市场监督管理局。

被申请人（原被执行人）：黄某。

法院认为：合法有效且具备强制执行力的行政行为，应当事实与法律依据充分，程序合法。就本案而言，莆田市城厢区市场监督管理局虽有通过邮寄方式送达行政处罚听证告知书及行政处罚决定书，但签收人显示为“他人收”，且身份不详，在案证据无法证明黄某实际收到了上述法律文书。送达作为重要的行政程序，涉及当事人听证及救济权的行使，而本案上述情形明显无法保障黄某的相关权利。

故莆田市城厢区市场监督管理局的强制执行申请因程序问题而不具备准予执行的条件。

（案例索引：福建省莆田市中级人民法院（2020）闽03行审复6号行政裁定书）

东莞市城市综合管理局与李某非诉执行案

复议申请人（原申请执行人）：东莞市城市综合管理局。

被申请人：李某。

法院认为：东莞城市综合管理局提供的邮件回执显示，案涉行政处罚告知书、行政处罚决定书均邮寄至李某提供的送达地址，但邮件并非李某签收，东莞城市综合管理局没有提交证据证明代收人为李某同住成年家属或李某指定的邮件收取人，原审法院认定东莞城市综合管理局送达程序不合法，并无不当。

（案例索引：东莞市中级人民法院（2018）粤19行审复1号行政裁定书）

张某与霍山县公安局治安处罚案

上诉人（一审原告）：张某。

被上诉人（一审被告）：霍山县公安局。

二审法院认为：本案中，被告霍山县公安局未在直接送达不能的情况下，径行通过邮寄的送达方式将行政处罚决定书送达给原告，虽有邮寄人员的证人证言，但送达方式不合法，不能视为在期限内送达，原告当庭承认行政处罚决定书系2019年1月7日收到，于2019年5月21日向一审法院提起行政诉讼，未超过《行政诉讼法》第四十六条规定的六个月的起诉期限。

（案例索引：安徽省六安市中级人民法院（2019）皖15行终96号行政判决书）

61.4 转交送达

【参考案例】

复议申请人太原市市场监督管理局与山西某公司非诉执行案

复议申请人（原申请执行人）：太原市市场监督管理局。

被申请人（原被执行人）：山西某公司。

本院认为：行政机关申请人民法院强制执行的行政行为，应当已经生效。本案中，复议申请人证明其将《行政处罚决定书》依法送达被申请人的证据不足。

某公司只委托其工作人员穆某去做相关询问笔录，并未与李某建立任何委托关系，对于穆某委托李某去接收送达书，某公司并不知情而且李某并不是某公司的工作人员，所以李某没有代表某公司接收送达回证的权利，另外，太原市市场监督管理局未对李某的身份、职务、代理权限等进行核实，且在明知某公司只委托了穆某的情况下，仍将处罚文书让李某签字领走，视为送达，其做法严重违反法律规定。行政处罚决定作出前，未依法听取被执行人的陈述与申辩，也没有向被执行人合法有效送达。

（案例索引：山西省太原市中级人民法院（2020）晋01行审复4号行政裁定书）

61.5 公告送达

【参考案例】

原告吴某与玉林市玉州区食品药品监督管理局行政处罚案

原告：吴某。

被告：玉林市玉州区食品药品监督管理局。

法院认为：一、《民事诉讼法》第九十二条规定，“受送达人下落不明，或者用本节规定的其他方式无法送达的，公告送达。自发出公告之日起，经过六十日，即视为送达。公告送达，应当在案卷中记明原因和经过”。食药监督管理局未能提供证据证明吴某下落不明，也没有证据证明通过了除公告送达方式外的其他方式无法送达，就于55号处罚决定作出的第二天（8月24日），在政府门户网站发布行政处罚书送达公告，26日在玉林日报刊登公告，告知涉案当事人吴某协助调查并领取有关文书。食药监督管理局通过公告送达方式向吴某送达55号处罚决定书，不符合民事诉讼法规定公告送达的前提条件，故食药监督管理局公告送达55号处罚决定书不属于有效送达。因此，不能确认2017年8月24日起，或者8月26日起，经过六十日视为食药监督管理局送达55号处罚决定书给吴某。

二、《食品药品行政处罚程序规定》第三十五条第一款规定，承办人提交案件调查终结报告后，食品药品监督管理部门应当组织3名以上有关人员对违法行为的事实、性质、情节、社会危害程度、办案程序、处罚意见等进行合议。第三十六条第一款规定，食品药品监督管理部门在作出处罚决定之前应当填写行政处罚事先告知书，告知当事人违法事实，处罚的理由和依据，以及当事人依法享有的陈述、申辩权。食药监督管理局未能提供证据证明组织3名以上有关人员对违法行为的事实、性质、情节、社会危害程度、办案程序、处罚意见等进行合议，也没有证据证明在作出55号处罚决定之前，已告知吴某享有的陈述、申辩权利，属于违反法定程序，应依法撤销55号处罚决定。

（案例索引：广西壮族自治区玉林市玉州区人民法院（2020）桂0902行初31号行政判决书）

再审申请人甘肃省白银市公安局与朱某行政处罚案

再审申请人（一审被告、二审上诉人）：甘肃省白银市公安局。

被申请人（一审原告、二审被上诉人）：朱某。

再审法院认为：本案中，白银市公安局在已经获取朱某本人的联系方式、地址的情况下，且尚无有效证据证明其在无法履行告知义务的情况下，径行以公告方式送达行政处罚告知；同时，在公告中告知朱某陈述权和申辩权，该权利告知未能通过更有效送达方式让朱某知晓，致使朱某不能及时行使陈述权和申辩权，不利于对行政被处罚人合法权益的保护。

（案例索引：最高人民法院（2019）最高法行申14170号行政裁定书）

申请执行人中山市生态环境局与胡某非诉执行案

申请执行人：中山市生态环境局。

被执行人：胡某。

法院认为：本案中，原市环保局在胡某有指定送达地址的情况下，未向该地址送达材料，而仅以"湖南省某处"作为送达地址，在退件后于原市环保局政务网上向胡某公告送达。即原市环保局提交的材料不足以证明用其他方式无法向胡某送达该行政处罚决定书。因此，该局的行为程序违法，损害了胡某的合法权益。

（案例索引：广东省中山市第一人民法院（2019）粤2071行审1878号行政裁定书）

61.6 地址确认

【参考案例】

再审申请人邢某与傅某民间借贷纠纷案

再审申请人（一审被告）：邢某。

被申请人（一审原告、二审被上诉人）：傅某。

最高人民法院认为：送达制度不仅以保障当事人及诉讼参与人诉讼权利为核心，便于当事人参加诉讼，实现其知情权，还承担了推动诉讼进程的重要功能，文书一经送达，就会产生一定的法律后果。一审法院以邢某提供的身份证复印件载明住所为送达地址，先后采取邮寄送达、留置送达的方式送达起诉状副本、原告证据、开庭传票，邢某也部分签收，一审法院从而将该地址明确为送达地址具有事实和法律依据。一审法院继续通过邮寄送达一审判决书、上诉状副本并无不当。在诉讼期间内，邢某未将送达地址变动及时告知受案法院，导致一审法院通过邮寄送达法律文书未能被受送达人实际接收的，文书退回之日视为送达之日。并且，一审法院在邮寄送达退回之后，还以公告送达方式再次送达一审判决书、上诉状副本，已对当事人诉讼权利尽到较大的保护，因此，邢某主张一审法院剥夺其辩论权利，不能成立。

（案例索引：最高人民法院（2019）最高法民申 292 号民事裁定书）

卢某与魏某合同纠纷再审案

再审申请人（一审被告）：卢某。

被申请人（一审被告）：魏某。

最高人民法院经审查认为，再审申请人卢某提出，卢某系某实业公司的员工，向原审法院留了某实业公司的地址，其在填写送达地址确认书后，某实业公司将卢某调往秀山工作，无法收取诉讼文书。法院没有穷尽显而易见的送达手段，对其公告送达，严重影响了卢某行使诉讼权利，送达存在程序瑕疵。本院认为，受送达人应在送达地址确认书中如实提供确切的送达地址，诉讼期间送达地址如有变更，应及时告知人民法院变更后的送达地址。如提供的地址不确切，或未及时告知变更后的地址，致使诉讼文书无法送达或未及时送达，受送达人应自行承担由此产生的法律后果。故再审申请人卢某工作的调动不能作为其不能收取诉讼文书的正当理由，其自认填写了送达确认书，即应按照送达地址确认书所告知的事项，及时告知人民法院其变更后的送达地址。原审法院因无法正常送达诉讼文书而对其进行公告送达，并无不当。其经合法传票传唤无正当理由拒不到庭，不存在未经传票传唤缺席判决的程序错误，该再审申请理由不能成立。

（案例索引：最高人民法院（2017）最高法民申 2045 号民事裁定书）

第62条　不得作出处罚的情形

第六十二条　行政机关及其执法人员在作出行政处罚决定之前，未依照本法第四十四条、第四十五条的规定向当事人告知拟作出的行政处罚内容及事实、理由、依据，或者拒绝听取当事人的陈述、申辩，不得作出行政处罚决定；当事人明确放弃陈述或者申辩权利的除外。

【参考案例】

再审申请人浑源县某烟花鞭炮厂诉山西省大同市人民政府等行政赔偿案

再审申请人（一审原告、二审上诉人）：浑源县某烟花鞭炮厂。

被申请人（一审被告、二审被上诉人）：山西省大同市人民政府。

被申请人（一审被告、二审被上诉人）：山西省浑源县人民政府。

再审法院认为：

本案中大同市人民政府、浑源县人民政府对某烟花鞭炮厂实施了相关的行政行为属实，但其并未举示充分证据证明其在实施行政行为时履行了听取当事人陈述、申辩等正当程序，仅主张具备维护公共利益基础并依政策实施了行政行为。故原一审、二审法院据此认定本案被诉行政行为合法的证据并不充分，应做进一步的审查确认，并在查明事实的基础上做出实质性的处理。

（案例索引：山西省高级人民法院（2019）晋行再41号行政裁定书）

洪某与昌江县城市管理局行政处罚案

原告：洪某。

被告：昌江县城市管理局。

本院认为，本案焦点有二：一是被告行政处罚行为是否程序合法；二是被告的行政处罚是否符合法律规定。

（一）关于被告行政处罚行为程序的合法性问题。本案原告洪某、黄某及第三人谭某、洪某共同生活，用共同享有的征地补偿款及洪某、洪某义、洪某萍3个危房改造指标共同建造房屋，是该建筑物的共有人。这是违法事实的重要内容，被告在行政处罚程序中未查清，即作出昌城管罚字（2013）第8号《行政处罚决定书》对该建筑物限期拆除，属事实不清。由于处罚决定涉及原告黄某与第三人谭某、洪某萍的权利，原告黄某与第三人谭某、洪某萍有权进行陈述申辩。被告在未征得原告黄某与第三人谭某、洪某萍同意的情况下仅以洪某为违法行为人进行处罚，剥夺了原告黄某与第三人谭某、洪某萍的陈述、申辩权，违反了规定。同时，被告在对原告洪某实施行政处罚时，于2013年11月4日送达行政处罚告知书，该告知书载明陈述申辩期限为3日，于7日作出处罚决定，在陈述申辩3日期限未届满即作出处罚决定，剥夺了原告洪某的陈述申辩权。因此，原告关于被告行政处罚决定程序违法的主张有理，本院予以支持。

（二）被告限期拆除建筑物的行政处罚行为是否合法的问题。本案原告家庭已在该地上建房居住30年，且在村里没有住房、没有宅基地，2011年通过县政府批准危房改造拆旧建新。建房时该地块尚未确定为城市规划区，对该建筑物是否属违法建筑应按照农村拆旧建新的相关规定来衡量。虽然被告对原告洪某作出行政处罚行为时，规划已被批准，但原告的建设行为是在规划批准之前，因此，被告依据后批准的规划对原告洪某在前的建设行为认定为违法建筑，并依据的规定作出限期拆除的处罚决定，适用法律不当。

（案例索引：昌江黎族自治县人民法院（2014）昌行初字第1号行政判决书）

第63条　听证权利

第六十三条　行政机关拟作出下列行政处罚决定，应当告知当事人有要求听证的权利，当事人要求听证的，行政机关应当组织听证：

（一）较大数额罚款；

（二）没收较大数额违法所得、没收较大价值非法财物；

（三）降低资质等级、吊销许可证件；

（四）责令停产停业、责令关闭、限制从业；

（五）其他较重的行政处罚；

（六）法律、法规、规章规定的其他情形。

当事人不承担行政机关组织听证的费用。

【立法说明】

2020年10月13日全国人民代表大会宪法和法律委员会《关于〈中华人民共和国行政处罚法（修订草案）〉修改情况的汇报》中指出：有些常委会组成人员、部门、地方和专家学者提出，行政处罚法的重要内容是规范行政处罚程序，建议进一步完善相关程序。宪法和法律委员会经研究，建议作以下修改：完善听证程序，在听证范围中增加“降低资质等级”的行政处罚种类；明确听证结束后，行政机关应当根据听证笔录作出行政处罚决定。

全国人民代表大会宪法和法律委员会2021年1月20日《关于〈中华人民共和国行政处罚法（修订草案）〉审议结果的报告》指出：有的常委委员、代表、地方、专家学者和社会公众建议进一步完善行政处罚程序，健全行政处罚执行制度。宪法和法律委员会经研究，建议作以下修改：扩大听证范围，明确将其他较重的行政处罚纳入听证范围。

【参考案例】

上诉人大连市甘井子区市场监督管理局与某文化传媒有限公司行政处罚案

上诉人（原审被告）：大连市甘井子区市场监督管理局。

被上诉人（原审原告）：某文化传媒有限公司。

二审法院认为：听证权是一项重要程序性权利。本案中，被处罚人即被上诉人在接到告知通知以后，明确表示要求听证以进行申辩，上诉人应当择期举行听证，并以书面通知的形式告知听证时间、地点等。现上诉人以电话通知不上为由，放弃通知，并以被上诉人的相关申请有瑕疵为由，不举行听证，其行为与前述规定相悖，剥夺了被上诉人的陈述、申辩权利，程序违法。

（案例索引：辽宁省大连市中级人民法院（2019）辽02行终356号行政判决书）

原告温州市鹿城区某便利店与温州市鹿城区市场监督管理局行政处罚案

原告：温州市鹿城区某便利店。

被告：温州市鹿城区市场监督管理局。

法院认为：本案中，被告鹿城区市场监督管理局对原告某便利店处以罚款的数额为3 000元，确非法律、法规和规章规定的行政机关应当主动组织听证的情形，但被告鹿城区市场监督管理局已向原告送达温鹿市监听字（2019）39号《行政处罚听证告知书》，告知其享有听证权利，应视为被告鹿城区市场监督管理局认为该案有必要组织听证，在原告提出听证申请的情形下，应当组织听证。若被告鹿城区市场监督管理局认为该案确无必要组织听证，温鹿市监听字（2019）39号《行政处罚听证告知书》系告知错误，也应当通过谈话或制发撤销（更正）文书的形式明确告知原告，并驳回其听证申请。然而，被告鹿城区市场监督管理局在制发温鹿市监听字（2019）39号《行政处罚听证告知书》后，又制发了两份温鹿市监告字（2019）39号《行政处罚告知书》，但未曾撤销或更正相关听证内容，亦未明确驳回原告的听证申请，更未组织听证即作出被诉处罚决定，程序违法。

（案例索引：温州市鹿城区人民法院（2019）浙0302行初524号行政判决书）

63.1 较大额罚款

【参考案例】

上诉人阜新蒙古族自治县林业和草原局与齐某行政处罚案

上诉人（原审被告）：阜新蒙古族自治县林业和草原局。

被上诉人（原审原告）：齐某。

二审法院认为：本案的争议焦点是阜蒙县林草局作出的林业行政处罚决定程序是否违法。齐某称其已向阜蒙县林业和草原局提出听证申请，该局在原审时亦表示齐某提出了听证申请，故可以认定齐某提出听证申请的事实存在。阜蒙县林草局称齐某超期提出听证申请，但不能提供相应证据证明该主张成立，原审因此认为其应承担举证不能因而诉讼不利的后果，该举证责任分配及认定符合行政诉讼举证责任的规定。本案行政处罚决定因涉及较大数额罚款，该种情况下，依据《行政处罚法》（2017年）第四十二条规定，当事人要求听证的，行政机关应当组织听证，本案在齐某提出了听证申请的情况下，阜蒙县林业和草原局未组织进行听证，违反了上述法律规定，因而原审认定其程序违法正确。关于《林业行政处罚决定书》告知的起诉期限为3个月违反法律规定的情况，因该告知并未影响被处罚人齐某诉权的行使，因而应属于程序瑕疵，不宜认定为程序违法。

（案例索引：辽宁省阜新市中级人民法院（2020）辽09行终114号行政判决书）

63.2 较大没收

【参考案例】

原告房某与上海市公安局边防和港航公安分局行政处罚案

原告：房某。

被告：上海市公安局边防和港航公安分局。

法院认为：首先，被告负有向行政相对人告知听证程序的义务。根据《行政处罚法》第四十二条的规定，行政机关作出责令停产停业、吊销许可证或者执照、较大数额罚款等行政处罚决定之前，应当告知当事人有要求举行听证的权利。根据最高人民法院指导性案例6号的阐释，该条款虽未列明“没收财产”，但“等”系不完全列举，应当包括与该条列明类似的其他对行政相对人权益产生较大影响的行政处罚。被没收的涉案成品油达232.974吨，具有较大财产价值，被告执法实践中亦已将听证事项作为告知范围。因此，被告在作出罚没涉案成品油决定之前，应当履行向原告告知听证程序的义务。

其次，原告放弃陈述和申辩权利不能推定其放弃听证权利。根据《行政处罚法》第四十一条的规定，行政机关在作出行政处罚决定之前，应当听取当事人的陈述和申辩意见，陈述和申辩属基本权利范畴，即任何行政相对人都有权以口头或书面形式行使。根据该法第四十二条，听证是特定行政处罚决定的相对人享有的重要程序权利，听证需要符合法律程序规范，不但包括听取当事人的陈述和申辩，还包括安排听证时间和地点、指定非本案调查人员主持听证、当事人委托代理人与质证等事项。当事人陈述和申辩权利的行使与要求举行听证并行不悖，只要具体行政处罚行为依法属于听证范畴，行政机关应当主动明确予以告知。同时，行政机关履行法定义务与当事人权利行使无直接关系，无论当事人是否放弃听证权利，行政机关都应当依法告知当事人有权要求举行听证。原告虽明确表示放弃陈述和申辩权利，但不等于其放弃听证权利，更不意味着可以免除被告的法定告知义务。

最后，被告未能证实其已实际履行听证告知义务。前文已述，陈述、申辩权利与听证权利应当分别进行告知，行政机关也应当分别予以证明。制作行政处罚告知笔录是一种规范的行政处罚告知形式，但只有经相对人签字、盖章或捺印确认的，才具有证明力。涉案告知笔录共有两页，第一页记载了陈述和申辩权利的告知内容，第二页记载了听证权利的告知内容，原告仅在第一页签字捺印确认，并通过手写明确放弃陈述和申辩权利，而第二页没有原告签字或捺印，且原告放弃听证权利的答复内容也系打印，该笔录无法证明被告已告知了听证权利内容。被告称已经向原告进行了口头告知，并表示该笔录系向原告告知并得到其确认之后才进行打印的。该种解释存在一定可能性，但行政机关对作出的行政行为依法负有完全的举证责任。在没有其他证据佐证的情况下，且与办案民警在出庭时陈述的事实相矛盾，故本院难以支持被告的该项抗辩主张。根据现有证据，尚不足以证明被告依法已向原告告知了听证权利。因此，被告在作出被诉行政行为时未履行听证告知义务，属程序违法，应当予以撤销，须依法重新作出处理，切实履行告知相应听证程序的义务。

本案原告无合法手续运输成品油的事实清楚，应当依法予以规制。原告需充分认识到自身行为的危害性，不应抱有免予承担法律责任的侥幸心理。相应地，申请听证是法律赋予行政相对人的重要权利，行政机关是否切实履行告知义务会对相对人听证权利行使产生实质性影响。本案虽为个案，望被告以此为鉴，增强依法行政的程序意识，要求执法人员严格遵循制度规定和系统流程，规范执行、完备手续，以更加有效地打击海上走私活动。

（案例索引：上海海事法院（2019）沪72行初34号行政判决书）

63.3 降资质吊证

【参考案例】

徐某与沈阳市公安局交警支队皇姑区大队吊销驾驶证行政处罚决定案

原告：徐某。

被告：辽宁省沈阳市公安局交通警察支队皇姑区大队。

沈阳市皇姑区法院认为：本案中交通机关在原告提出要求履行听证的情况下，行政机关已经受理，并发给了履行听证程序的申请书，但在吊销驾驶证前没有听证，导致公民的听证权没有得到保障。法院依法判决撤销吊销驾驶证的行政处罚。

（2005 年第 1 辑《人民法院案例选》）

欧阳某与宁远县公安局交通警察大队行政处罚案

原告：欧阳某。

被告：宁远县公安局交通警察大队。

原告欧阳某原持有驾驶证，准驾车型为 B2D。2015 年 4 月 21 日 20 时 16 分，欧阳某酒后驾驶普通摩托车行至湖南省宁远县九亿街路段时，被被告宁远县公安局交通警察大队的民警查获。5 月 7 日，被告作出注销最高准驾车型通知，欧阳某因在一个记分周期内有记满 12 分记录，机动车驾驶证最高准驾车型驾驶资格将被依法注销。在被告下发通知之前，欧阳某要求陈述和申辩，并要求听证。被告复核后认为，计分降级不属于行政处罚的内容，被告未举行听证。同年 6 月 1 日，原告收到被告的《机动车驾驶人违法满分考试信息反馈通知书》，原告原持有的 B2D 准驾车型驾照已降级为 C1DM 准驾车型驾照。原告起诉至法院，请求确认被告作出的注销最高准驾车型通知违法并依法撤销。

湖南省宁远县人民法院经审理认为：根据《行政处罚法》（2009 年）第八条的规定，“暂扣或者吊销许可证”属于行政处罚的一种种类。公民的机动车驾驶证是一种行政许可证。被告宁远县公安局交通警察大队注销原告欧阳某最高准驾车型属吊销许可证的行为，是一种行政处罚行为。根据《行政处罚法》第四十二条的规定，原告欧阳某对注销其最高准驾车型的处罚要求听证，被告应当组织听证。但被告没有组织听证，因此其于 2015 年 5 月 7 日作出的注销最高准驾车型通知，不符合法律规定，程序违法。

（案例索引：湖南省宁远县人民法院（2015 年）宁法行初字第 36 号行政判决书）

63.4 停产停业、关闭、限制从业

【参考案例】

寿光某燃气有限公司诉寿光市人民政府解除政府特许经营协议案

原告：寿光某燃气有限公司。

被告：寿光市人民政府。

2011 年 7 月 15 日，被告寿光市人民政府授权寿光市住房和城乡建设局（甲方）与原告寿光某燃气有限公司（乙方）协商共同开发寿光市天然气综合利用项目，双方签订了《山东省寿光市天然气综合利用项目合作协议》，主要内容为："甲方同意乙方在寿光市从事城市天然气特许经营，特许经营范围包括渤海化工园区（羊口镇）、侯镇化工园区、东城工业园区，特许经营期限为 30 年。"协议签署前后，原告某燃气公司陆续取得了寿光市天然气综合利用项目的立项批复、管线路由规划意见、建设用地规划设计条件通知书、国有土地使用证、环评意见书等手续。同时，原告某燃气公司对项目进行了部分开工建设。

2016 年 4 月 6 日，被告寿光市人民政府作出《关于印发寿光市"镇村通"天然气工作推进方案的通知》（寿政办发〔2016〕47 号），决定按照相关框架合作协议中有关违约责任，收回某燃气公司在羊口镇、侯镇的燃气经营区域授权，并授权寿光市城市基础设施建设投资管理中心经营管理。

山东省高级人民法院于 2017 年 4 月 11 日作出（2017）鲁行终 191 号行政判决：确认寿光市人民政府作出《关于印发寿光市"镇村通"天然气工作推进方案的通知》（寿政办发〔2016〕47 号）收回某燃气公司燃气特许经营权的行政行为程序违法，但不撤销该行政行为。

法院生效裁判认为：

一、本案中，涉案合作协议系寿光市人民政府为满足公共利益之需要，对天然气综合利用项目实施特许经营而与某燃气公司签订的政府特许经营协议，属行政协议，可以适用合同法相关规定予以调整，双方均应按协议约定履行相应义务。

二、根据《市政公用事业特许经营管理办法》第二十五条的规定，对获得特许经营权的企业取消特许经营权并实施临时接管的，必须按照有关法律、法规的规定进行，并召开听证会。本案中，寿光市人民政府决定收回某燃气公司已获得的燃气特许经营权，应当依法告知某燃气公司享有听证的权利，听取某燃气公司的陈述和申辩。某燃气公司要求进行听证的，寿光市人民政府应当组织听证。然而，寿光市人民政府并未提供证据证明其已履行了相应的听证程序，其收回某燃气公司燃气特许经营权的行为不符合上述规定，属于程序违法。

（2018 年第 9 期《最高人民法院公报》）

63.5　较重处罚

【参考案例】

上诉人格尔木市自然资源局与格尔木某餐饮公司行政处罚案

上诉人（原审被告）：格尔木市自然资源局。

被上诉人（原审原告）：格尔木某餐饮公司。

二审法院认为：合法的行政行为一般应当具备以下 4 个要件：一是行政机关拥有作出行政行为的法定职权；二是行政机关作出行政行为认定事实清楚，证据确实充分；三是行政机关作出行政行为适用法律正确；四是行政机关作出行政行为符合法定程序。

本案中，格尔木市自然资源局针对某餐饮公司的违法事实组织召开案件会审会，会议由副局长主持，相关工作人员参加，会议决定对某餐饮公司拟作出行政处罚决定。经执法人员呈报，副局长审批，格尔木市自然资源局作出《行政处罚告知书》，依法送达某餐饮公司。收到某餐饮公司提交的《申辩书》《行政处罚听证申请书》后，格尔木市自然资源局再次组织召开案件会审会，由副局长主持，相关工作人员参加，针对某餐饮公司的申辩意见和听证申请进行研究，会议决定原行政处罚意见成立，不组织听证，同时决定对某餐饮公司作出《行政处罚决定书》，决定书中载明当事人违法事实和处罚种类、依据，告知诉权和起诉期限。格尔木市自然资源局二审庭审中述称，1 号处罚决定实际送达某餐饮公司，但因工作人员疏忽，未让受送达人在《国土资源法律文书送达回证》上签名捺印。根据《民事诉讼法》第八十四条“送达诉讼文书必须有送达回证，由受送达人在送达回证上记明收到日期，签名或者盖章。受送达人在送达回证上的签收日期为送达日期”的规定，1 号处罚决定送达程序违法，但从某餐饮公司在法定期限内提起行政复议和行政诉讼的事实看，送达程序违法并未对某餐饮公司的权利产生实际影响，属于行政行为程序轻微违法，但对原告权利不产生实际影响的情形。

格尔木市自然资源局上诉主张，《国土资源行政处罚办法》中并未规定《国土资源违法案件现场勘测笔录》须由当事人签字。但《最高人民法院关于行政诉讼证据若干问题的规定》第十五条对此有明确规定，且制作现场勘测笔录的目的在于查清案件事实，若邀请行政相对人参加并签字确认，更有利于查明事实，固定证据。本案中，格尔木市自然资源局对某餐饮公司所作行政处罚虽非法定听证事项，但限期拆除经营用房的处罚结果对其权利义务影响重大，在某餐饮公司已经提出听证申请的前提下，组织听证更有利于全面保护行政相对人权益。因此，建议格尔木市自然资源局在今后的工作中给予高度重视。

综上，判决确认格尔木市自然资源局作出的格国土资罚字（2019）1 号《行政处罚决定书》违法。

（案例索引：青海省高级人民法院（2020）青行终 49 号行政判决书）

63.6　另有规定

【参考案例】

贺州市八步区市场监督管理局与贺州市八步区某米粉加工厂非诉执行案

复议申请人（原申请执行人）：贺州市八步区市场监督管理局。

被申请人（原被执行人）：贺州市八步区某米粉加工厂。

贺州市八步区人民法院认为：复议申请人向八步区人民法院法院申请强制执

行时，应当提交作出行政行为的全部证据和依据，而没有向八步区人民法院提供留置送达现场照片及被申请人销售给沙田某粉店的八步米粉 1 580 公斤等的证据，违反了上述规定。八步区人民法院认定复议申请人没有留置送达现场照片佐证是否将相关文书留置在被申请人住所，送达程序存在瑕疵，以及被申请人销售给沙田某粉店的八步米粉 1 580 公斤缺乏相应的证据，并无不当。复议申请人在申请复议时提交了送货单，可以证明被申请人销售给沙田某粉店的八步米粉 1 580 公斤的事实，但其提交的送达文书的照片不能分辨送达文书的内容。

在广西壮族自治区范围内，县级人民政府所属行政执法机关对于法人或者其他组织在非经营性活动中的违法行为作出 3 000 元以上或在经营性活动中的违法行为作出 1 万元以上的罚款处罚，应告知相对人有要求举行听证的权利。复议申请人在对被申请人作出罚款 95 000 元和没收相关物品，属于较大数额的罚款，其作出行政处罚决定前，没有告知被申请人有要求听证的权利，违反法定程序。部门规章《市场监督管理行政处罚听证暂行办法》有对法人或者其他组织处以十万元以上罚款的才告知当事人有要求听证权利的规定，地方政府规章《广西壮族自治区行政执法程序规定》也有对在经营性活动中的违法行为作出一万元以上罚款的应当告知当事人有要求听证权利的规定，复议申请人选择不适用地方政府的规定，不告知被申请人有要求听证的权利，复议申请人的该自由裁量权没有切实保护被申请人的合法权利。当两部规章对于是否给予行政相对人听证权利事项的规定不一致时，复议申请人应当按照《立法法》的相关规定处理，或者适用保护当事人合法权利优先的原则，给予行政相对人听证的权利，确保行政处罚程序合法公正。

（案例索引：广西壮族自治区贺州市中级人民法院（2020）桂 11 行审复 2 号行政裁定书）

张某诉上海理工大学开除学籍处分决定案

原告：张某。

被告：上海理工大学。

法院经审理认为：本案中，原告于 2015 年 5 月 9 日在上海市普通高等学校面向应届中等职业学校毕业生招生统一文化考试中存在替考行为，由上海市教育考试院的调查通报、公安机关的询问笔录以及原告本人的情况说明等证据佐证，对该替考事实原告亦无异议，被告认定事实清楚。《上海理工大学学生违纪处分条例》系根据《普通高等学校学生管理规定》第六十八条的规定制定，与上位法不相悖，对其效力可予确认。该条例第五十条第二款规定，学生对拟处分决定有异议的，可以向学校主管部门提出申辩；其中拟给予开除学籍处分的学生有申请召开听证会的权利。该规定系被告自我设定的较上位法更为严格的程序性规范，有利于充分保障受教育者的合法权益，不违背《普通高等学校学生管理规定》及《国家教育考试违规处理办法》相应条文的立法本意，被告应予遵守。本案中，被告在被诉处分决定作出前未告知原告有申请听证的权利，属违反法定程序。另外，被告出具的《处分决定书》落款错列为上海理工大学研究生院，不符合《普通高等学校学生管理规定》第五十八条的要求，应予纠正。综上，被诉处分决定依法应予撤销，撤销后原告的学籍自行恢复，被告应当重新作出处理决定。

（2018 年第 2 辑《人民法院案例选》）

北京某物业公司诉北京市海淀区人民防空办公室行政处罚案

原告：北京某物业公司。

被告：北京市海淀区人民防空办公室。

2003 年 8 月 8 日，被告海淀区人民防空办公室（以下简称人防办）作出海防罚字（2003）第 011 号行政处罚决定，对原告某物业公司做出如下处罚：一、警告；二、罚款人民币 2 万元整。北京某物业公司不服，向法院提起行政诉讼。

海淀区人民法院经审理认为，《行政处罚法》第四十条对行政处罚决定书送达方式中，也规定了依照《民事诉讼法》的有关规定执行。《民事诉讼法》第七十五条第二款、第三款规定，期间以时、日、月、年计算；期间开始的时和日，不计算在期间内；期间届满的最后一日是节假日的，以节假日后的第一日为期限届满的日期。原告某物业公司于 2003 年 8 月 8 日收到行政处罚决定，起诉期限起算时间应为 2003 年 8 月 9 日，届满之日应为 2003 年 11 月 8 日（编者注：此处现行法律已经修改为 6 个月）。由于 2003 年 11 月 8 日、9 日为双休日，应当以双休日后的第一日即11月10日为期间届满的日期。故原告于2003年11月10日提起诉讼，没有超过法定期限。

行政机关在行政执法活动中，应当依法行政，对违反行政管理秩序的行为，在查清事实的基础上正确适用法律，履行法定程序，依法作出行政处罚决定。《行政处罚法》中，规定了简易程序、一般程序、听证程序三种不同的处罚程序。除作出责令停产停业、吊销许可证或者执照、较大数额罚款等行政处罚应当告知当事人有要求举行听证的权利外，并未禁止行政机关在作出其他行政处罚时适用听证程序，应当属于行政机关行使自由裁量权的范畴。但行政机关行使自由裁量权，应当遵循公正、公开的原则。

海淀区人防办对某物业公司作出警告、罚款二万元的行政处罚决定，根据《北京市行政处罚听证程序实施办法》的规定，不属于数额较大的罚款，可以适用《行政处罚法》规定的一般程序。但海淀区人防办向某物业公司送达了听证告知书，明确告知当事人可以在3日内提出听证申请，意味着其自行选择适用听证程序，是其行使自由裁量权的结果。海淀区人防办对其自行选择适用的行政处罚程序，负有严格按照法律规定予以履行的义务。海淀区人防办在告知某物业公司听证权利的当日，在没有证据证明某物业公司表示放弃听证权利的情况下，即向其送达了行政处罚决定，违反了《行政处罚法》第四条规定的公正原则，本院不能支持。

综上，判决责令被告北京市海淀区人民防空办公室于本判决生效后30日内，对原告北京某物业管理有限公司的行为重新作出处理。

（2005年第4辑《人民法院案例选》）

第 64 条　听证程序

第六十四条　听证应当依照以下程序组织：

（一）当事人要求听证的，应当在行政机关告知后五日内提出；

（二）行政机关应当在举行听证的七日前，通知当事人及有关人员听证的时间、地点；

（三）除涉及国家秘密、商业秘密或者个人隐私依法予以保密外，听证公开举行；

（四）听证由行政机关指定的非本案调查人员主持；当事人认为主持人与本案有直接利害关系的，有权申请回避；

（五）当事人可以亲自参加听证，也可以委托一至二人代理；

（六）当事人及其代理人无正当理由拒不出席听证或者未经许可中途退出听证的，视为放弃听证权利，行政机关终止听证；

（七）举行听证时，调查人员提出当事人违法的事实、证据和行政处罚建议，当事人进行申辩和质证；

（八）听证应当制作笔录。笔录应当交当事人或者其代理人核对无误后签字或者盖章。当事人或者其代理人拒绝签字或者盖章的，由听证主持人在笔录中注明。

【立法说明】

全国人大常委会法制工作委员会副主任许安标 2020 年 6 月 28 日在第十三届全国人民代表大会常务委员会第二十次会议上所作的《关于〈中华人民共和国行政处罚法（修订草案）〉的说明》中指出，为推进严格规范公正文明执法，巩固行政执法公示制度、行政执法全过程记录制度、重大执法决定法制审核制度“三项制度”改革成果，进一步完善行政处罚程序，作以下修改：完善听证程序，扩大适用范围，适当延长申请期限，明确行政机关应当结合听证笔录作出决定。

【参考案例】

上诉人井陉县市场监督管理局与井陉某商店行政处罚案

上诉人（原审被告）：井陉县市场监督管理局。

被上诉人（原审原告）：井陉某商店。

二审法院认为：本案中，上诉人县市场监督管理局对被上诉人作出井市监处（2019）3003号行政处罚决定书，决定罚款65 000元，数额较大，被上诉人一审提交的2019年8月1日现场录像显示，上诉人县市场监督管理局于当日向被上诉人送达行政处罚决定书时才一并送达了听证告知书，违反了上述规定，剥夺了当事人陈述、申辩的权利，属于程序违法。

（案例索引：河北省石家庄市中级人民法院（2020）冀01行终123号行政判决书）

上诉人山东阳谷某汽车运输有限公司与沧县交通运输局运输管理站行政处罚案

上诉人（原审原告）：山东阳谷某汽车运输有限公司。

被上诉人（原审被告）：沧县交通运输局运输管理站。

本院认为：无论运管站对运输公司拟作出的罚款12 000元的处罚决定是否属于部门规章或地方性规章规定的较大数额的罚款，因运管站2013年9月27日告知了运输公司有权在收到违法行为通知书之日起三日内有要求听证的权利，在运输公司三日内不申请听证的情况下，运管站才能在三日后作出处罚决定。本案中，运管站当日作出处罚决定，不符合规定，属违反法定程序，应予撤销。

（案例索引：河北省沧州市中级人民法院（2014）沧行终字第30号）

第 65 条　听证笔录

第六十五条　听证结束后，行政机关应当根据听证笔录，依照本法第五十七条的规定，作出决定。

【立法说明】

2020 年 10 月 13 日全国人民代表大会宪法和法律委员会《关于〈中华人民共和国行政处罚法（修订草案）〉修改情况的汇报》中指出：有些常委会组成人员、部门、地方和专家学者提出，行政处罚法的重要内容是规范行政处罚程序，建议进一步完善相关程序。宪法和法律委员会经研究，建议作以下修改：完善听证程序，在听证范围中增加“降低资质等级”的行政处罚种类；明确听证结束后，行政机关应当根据听证笔录作出行政处罚决定。

【参考案例】

上诉人淮安某整形公司与淮安市淮阴区市场监督管理局行政处罚案

上诉人（一审原告）：淮安某整形公司。

被上诉人（一审被告）：淮安市淮阴区市场监督管理局。

二审法院认为，本案中，淮阴区市场监督管理局行政处罚程序明显违反上述法律、规章的规定，应予撤销。具体理由如下：

首先，本案行政处罚程序应按一般程序中的听证程序进行。被上诉人淮阴区市场监督管理局拟处罚的内容属于听证告知事项并告知了当事人具有申请听证的权利。上诉人某整形公司收到听证告知书后申请要求听证，被上诉人淮阴区市场监督管理局集体研究同意组织开展听证。基于行政机关的同意以及当事人对行政程序利益的信赖，本案行政处罚的听证程序并非可有可无，其处罚相关程序均应按照行政处罚一般程序中的听证程序进行。

其次，被上诉人淮阴区市场监督管理局听证前集体讨论处罚内容不具有合法性。按照上述法律、规章的规定，本案的行政处罚系应经行政机关负责人集体讨论决定，但其集体讨论决定应当在听证程序结束后而非听证程序前。本案听证程序前，行政机关进行集体讨论决定的处罚内容，侵害了当事人对听证程序的信赖，损害了其预期的合法性权益，将造成行政处罚听证程序的形同虚设，不具有程序的合法性、正当性。

最后，被上诉人淮阴区市场监督管理局听证结束后未进行集体讨论，其处罚程序明显违法。按照上述法律、规章的规定，淮阴区市场监督管理局应对案件调查终结报告、审核意见、当事人陈述和申辩意见或者听证报告等进行审查，并集体讨论决定行政处罚的具体内容。本案听证结束后形成的听证报告虽载明案件需要提请局集体讨论，但被上诉人淮阴区市场监督管理局在一审举证期限内并未提交证据证明听证结束后履行了集体讨论决定程序，其行政处罚程序构成违法。

至于上诉人是否有违法事实以及行政处罚是否合理的问题。上诉人某整形公司未经审查发布医疗广告，其广告内容含有虚假、引人误解的内容，其违法行为依法应受到惩罚。被上诉人淮阴区市场监督管理局应遵循行政处罚法确定的基本原则和制度，综合考虑当事人违法行为的性质、情节轻重以及社会危害程度，研究确定上诉人某整形公司是否具有从轻、减轻等处罚情节，在保持对同类型案件、同种违法行为处罚裁量幅度相对一致的情况下，确定行政处罚的种类、处罚幅度，以实现行政处罚的过罚相当，具有合理性，体现行政处罚惩罚和教育相结合的原则，树立行政处罚的公信力。

（案例索引：江苏省淮安市中级人民法院（2020）苏08行终127号行政判决书）

上诉人大连市金州区某修船厂与大连金普新区农业农村局行政处案

上诉人（一审原告）：大连市金州区某修船厂。

上诉人（一审被告）：大连金普新区农业农村局。

二审法院认为：本案的争议焦点为金普农业局的处罚决定是否合法。本案对某修船厂的罚款金额为 492.435 万元，应当告知某修船厂有要求听证的权利，并在听证结束后，才能依照《行政处罚法》第三十八条的规定作出行政处罚。根据金普农业局提供的证据，该局于 2018 年 3 月 28 日告知某修船厂听证的权利，并依某修船厂的申请于 2018 年 4 月 17 日举行听证，后又分别于 2018 年 4 月 28 日、5 月 15 日两次进行了质证，但是在告知听证权利之前的 2018 年 3 月 22 日即已进行案件讨论（会审），并于 2018 年 3 月 26 日进行处罚的审批，也就是说金普农业局在听证前即已经确定了处罚结果，其处罚决定并未考虑听证及质证的意见，金普农业局的行政行为违反了行政处罚法规定的先听证后处罚的法定程序，实际上是剥夺了当事人享有的听证权利，属于严重违反法定程序。根据金普农业局提供的案件讨论（会审）笔录，参加案件讨论（会审）的人员中属于单位负责人的仅有一名副局长，即是说该案并未经行政机关的负责人集体讨论决定，也属于程序严重违法。

（案例索引：辽宁省高级人民法院（2019）辽行终 1320 号行政判决书）

LH（中国）有限公司与平顶山市工商行政管理局湛河分局行政处罚案

原告：LH（中国）有限公司。

被告：平顶山市工商行政管理局湛河分局。

本院认为：根据《行政处罚法》规定，听证结束应当视为行政处罚调查终结，行政机关不能针对通过在听证程序中当事人提出的陈述和申辩意见而发现的证据不充分进行补充调查。行政处罚案件听证制度的立法本意是，在行政机关作出较大的行政处罚决定之前，通过召开听证会的形式，充分听取当事人的陈述和申辩意见，并认真进行复核。对于当事人提出的陈述和申辩意见成立的，行政机关应当予以采纳。如果允许行政机关运用听证程序来发现和完善自己的不足，进而为将要作出的行政处罚决定提供支持，就完全违背了行政处罚案件听证制度的立法本意，也不符合《行政处罚法》的立法目的；行政处罚程序的听证不同于行政许可程序的听证，行政处罚程序的听证是依申请而非依职权，在行政处罚程序中，当事人没有要求举行听证，行政机关不能主动举行听证。这就决定了行政处罚的听证不是调查程序，而是在调查终结后处罚决定作出之前的听取意见程序；本案在听证程序后调取的证据只是进一步证明了当事人的违法行为，并不对案件的事实认定发生本质上的变化因而没有补充调查的必要性。补充调查取得的新证据不能通过再次举行听证会进行举证和质证，从而成为认定事实的依据。综上所述，被告平顶山市工商行政管理局湛河分局在听证结束后，认为证据有瑕疵重新调取材料后又通知原告进行听证的行为没有相应的法律依据。

（案例索引：河南省平顶山市湛河区人民法院（2011）湛行初享第10号）

上诉人孟某与淮安市清江浦区卫生健康委员会行政处罚案

上诉人（原审原告）：孟某。

被上诉人（原审被告）：淮安市清江浦区卫生健康委员会。

二审法院认为：

本案案情复杂且系对重大违法行为给予重大处罚，行政处罚应经行政机关负责人集体讨论决定。按照上述法律的规定，行政机关举行听证的案件因情节复杂等原因需要集体讨论的，行政机关应在听证结束后集体讨论决定本案行政处罚的最终内容。被上诉人在行政处罚告知之前，虽经该委重大案件审查委员会讨论，但该讨论的内容系行政处罚告知前的集体讨论，而非集体讨论行政处罚的最终内容。行政处罚听证程序具有独立的程序价值，若将处罚告知前的集体讨论视为案件处罚的最终内容讨论，势必造成行政处罚听证程序成为走过场式的摆设，失去了听证程序的设定价值，不具有处罚程序的正当性、合法性。本案行政处罚听证笔录亦告知当事人，听证主持人将根据听证笔录撰写听证报告并报本委负责人集体讨论决定，行政处罚的当事人对此也有该程序的信赖与期待。被上诉人清江浦区卫健委在听证程序后未能通过行政机关负责人集体讨论决定处罚内容，其负责人的意见不能代替集体讨论的意见，听证人员的讨论意见亦不能代替集体讨论的意见，其作出处罚决定程序亦属违法，应予撤销。

综上，本案行政处罚应经集体讨论决定，其听证程序后未经集体讨论决定作出处罚，属于行政程序违法，应予撤销。

（案例索引：江苏省淮安市中级人民法院（2020）苏08行终160号行政判决书）

原告明光市某纯净水有限公司与明光市市场监督管理局行政处罚案

原告：明光市某纯净水有限公司。

被告：明光市市场监督管理局。

二审法院认为：

一、本案中，明光市市场监督管理局提供的检验报告未按照要求附有检验机构、检验人员的相关资质证明，该局庭后补充相关证明，原告公司对补充提供的检验机构、检验人员的相关证据的真实性、合法性、关联性均不认可，该公司认为该证据系行政处罚后补充提供的证据，应当无效。

二、明光市市场监督管理局于2019年11月12日向原告公司送达行政处罚听证告知书，2019年11月18日送达延期听证通知书，2019年11月24日举行听证，从延期通知之日起至举行听证之日止，期限未满七日，明光市市场监督管理局的听证程序不符合法律规定。本案中，明光市市场监督管理局于2019年8月7日出具案件调查终结报告、2019年10月10日局长办公会对原告公司涉嫌违法生产销售不合格纯净水进行讨论并形成决定，2019年11月22日举行听证，行政处罚程序违反法律规定。

三、明光市市场监督管理局的行政处罚罚没款数额是否正确的问题。明光市市场监督管理局没收原告公司违法所得额75元（1.5元/桶×50桶），计算错误，该批次桶装水共50桶，实际销售38桶、抽样购买7桶，其违法所得应当为67.50元（1.5元/桶×45桶）。

（案例索引：安徽省明光市人民法院（2020）皖1182行初2号行政判决书）

巴林左旗国土资源局与郭某行政处罚案

上诉人（原审被告）：巴林左旗国土资源局。

被上诉人（原审原告）：郭某。

二审法认为：上诉人在听证结束后并未对案件再次进行集体讨论，直接适用了听证之前的讨论结果，违反了法定程序，同时，上诉人举行听证时告知被上诉人处罚的事实、理由及依据和拟处罚意见与实际上诉人作出的处罚决定并不一致，而且2013年11月20日上诉人听证的拟处罚意见与2013年10月30日上诉人集体讨论时的意见仍不一致。综上，上诉人所作出的行政行为违反法定程序，应当予以撤销。

（案例索引：内蒙古自治区赤峰市中级人民法院（2014）赤行终字第53号行政判决书）

第66条　履行期限

第六十六条　行政处罚决定依法作出后，当事人应当在行政处罚决定书载明的期限内，予以履行。

当事人确有经济困难，需要延期或者分期缴纳罚款的，经当事人申请和行政机关批准，可以暂缓或者分期缴纳。

【司法性文件】

全国人大法工委对行政处罚加处罚款能否减免问题的意见

（法工办发〔2019〕82号）

国家市场监督管理总局办公厅：

你厅《关于商请明确对行政处罚加处罚款能否进行减免问题的函》（市监法函〔2019〕463号）收悉。经研究，提出以下意见，供参考：

行政强制法第四十二条第一款规定："实施行政强制执行，行政机关可以在不损害公共利益和他人合法权益的情况下，与当事人达成执行协议。执行协议可以约定分阶段履行；当事人采取补救措施的，可以减免加处的罚款或者滞纳金。"该规定中"实施行政强制执行"包括行政机关自行强制执行，也包括行政机关申请法院强制执行。人民法院受理行政强制执行申请后，行政机关不宜减免加处的罚款。

特此函复。

全国人大法工委

2019年4月1日

【参考案例】

内蒙古自治区食品药品监督管理局与内蒙古某商贸公司非诉执行案

复议申请人（原申请执行人）：内蒙古自治区食品药品监督管理局。

被申请人（原被执行人）：内蒙古某商贸公司。

法院认为：内蒙古自治区食品药品监督管理局作出《行政处罚决定书》适用法律正确，程序合法，主要证据充分。根据《行政处罚法》（2009年）第五十二条“当事人确有经济困难，需要延期或者分期缴纳罚款的，经当事人申请和行政机关批准，可以暂缓或者分期缴纳”的规定，内蒙古自治区食品药品监督管理局同意某公司延期到2016年9月底缴纳完毕罚没款符合法律规定。根据《最高人民法院关于适用〈中华人民共和国行政诉讼法〉的解释》第一百五十六条“没有强制执行权的行政机关申请人民法院强制执行其行政行为，应当自被执行人的法定起诉期限届满之日起三个月内提出。逾期申请的，除有正当理由外，人民法院不予受理”的规定，内蒙古自治区食品药品监督管理局同意某商贸公司延期缴纳罚没款，但某商贸公司在规定的期限2016年9月底前仍未缴纳完毕。2016年12月27日内蒙古自治区食品药品监督管理局向法院申请强制执行，虽然超过法律规定的申请执行期限，但属于有正当理由的情形。呼和浩特市赛罕区人民法院裁定对《行政处罚决定书》不准予强制执行，理由不当。

（案例索引：呼和浩特市中级人民法院（2017）内01行审复1号行政裁定书）

李某与德州市陵城区市场监督管理局行政处罚案

原告：李某。

被告：德州市陵城区市场监督管理局。

法院认为：被告负有市场监督管理的职责，对违法行为进行处罚是其权力。因其作出的原陵市监行处字（2018）1-11009号处罚决定畸重，明显不当，在听证后，与原告签订行政和解协议，该协议系双方真实意思表示，该和解协议未损害国家、集体利益，也未侵害其他人的合法权益，且不违反法律规定，原告请求确认协议有效，本院依法予以支持。

（案例索引：山东省德州市陵城区人民法院（2019）鲁1403行初57号行政判决书）

原告吉林市船营区某超市与吉林市市场监督管理局船营分局行政处罚案

原告：吉林市船营区某超市。

被告：吉林市市场监督管理局船营分局。

某超市于2020年1月22日在美团外卖自家超市上向消费者刘先生销售“飘安一次性口罩”10包，每包5元，价款50元。2020年2月1日，市场监督管理局船营分局接到对某超市销售“飘安一次性口罩”违法行为的举报，经甄别认定某超市销售的口罩为假冒医疗器械注册产品。某超市向消费者退还全部货款50元，并配合市场监督管理局船营分局调查该口罩供货商。2020年3月31日，市场监督管理局船营分局向某超市出具吉市市监船行处（2020）8号行政处罚决定书，对某超市处5万元罚款。

本案在审理过程中，经本院主持调解，当事人自愿达成如下协议：

一、原告吉林市船营区某超市今后不再销售“飘安一次性口罩”；

二、原告吉林市船营区某超市于本协议生效之日起30日内立即支付被告吉林市市场监督管理局船营分局行政处罚的罚款 8 000 元；

三、被告吉林市市场监督管理局船营分局出具的吉市市监船行处（2020）8 号行政处罚决定书的其他处罚不再执行。

（案例索引：吉林铁路运输法院（2020）吉 7102 行初 56 号行政调解书）

第67条 罚缴分离

第六十七条 作出罚款决定的行政机关应当与收缴罚款的机构分离。

除依照本法第六十八条、第六十九条的规定当场收缴的罚款外，作出行政处罚决定的行政机关及其执法人员不得自行收缴罚款。

当事人应当自收到行政处罚决定书之日起十五日内，到指定的银行或者通过电子支付系统缴纳罚款。银行应当收受罚款，并将罚款直接上缴国库。

【立法说明】

时任全国人大常委会秘书长曹志1996年3月12日在八届全国人大四次会议上所作的《关于〈中华人民共和国行政处罚法（草案）〉的说明》中指出：决定罚款的机关与收缴罚款的机构分离。草案规定，除本法规定的个别情况外，作出行政处罚决定的行政机关不得自行收缴罚款，由当事人在规定时间内，到指定的银行缴纳罚款。并规定，罚款必须全部上缴国库，任何行政机关或者个人不得以任何形式截留、私分，不能将行政经费拨款与上缴罚款多少相挂钩。实行这种制度，有利于解决乱罚款的问题，也有利于防止腐败现象。

【参考案例】

上诉人乳山市某干燥剂有限公司与乳山市市场监督管理局行政处罚案

上诉人（原审原告）：乳山市某干燥剂有限公司。

被上诉人（原审原告）：乳山市市场监督管理局。

二审法院认为：本案中，乳山市市场监督管理局在未下达乳市监行处字（2019）941号行政处罚决定书的情况下先行收取乳山市某干燥剂有限公司1万元罚款。被上诉人先行收取上诉人1万元罚款，违背法律规定，本院予以指正。但收缴罚款系行政处罚决定的执行行为，该执行行为违反法律规定并不影响被诉行政处罚行为的合法性。

（案例索引：山东省威海市中级人民法院（2020）鲁10行终116号行政判决书）

再审申请人雷某与伊通满族自治县公安局二道派出所治安处罚案

再审申请人（一审原告、二审上诉人）：雷某。

被申请人（一审被告、二审被上诉人）：伊通满族自治县公安局二道派出所。

再审法院认为：本案二道派出所有权依法作出案涉300元罚款的行政处罚决定。但根据《行政处罚法》（2017年）第四十六条、第四十七条、第四十八条及《治安管理处罚法》第一百零四条的规定，除法定情形外，作出行政处罚决定的行政机关及其执法人员不得自行收缴罚款。本案不属于法定例外情形，故二道派出所在对雷某作出行政处罚时当场收缴罚款违反了上述法律规定，程序违法，应予撤销。

（案例索引：吉林省高级人民法院（2020）吉行申306号行政裁定书）

原告邳州市某门窗厂与邳州市市场监督管理局行政处罚案

原告：邳州市某门窗厂。

被告：邳州市市场监督管理局。

2017年1月6日，被告邳州市市场监督管理局在对原告邳州市某门窗厂进行检查时，向原告送达《责令改正通知书》，责令原告立即停止违法行为，并对原告生产的涉案880樘门作出查封决定。

2017年1月9日，被告对原告前述生产成品门涉嫌伪造产地的行为进行立案处理。原告于2017年1月6日向被告账户汇款80 000元。2018年4月20日，被告将该笔款项退还给原告。

法院认为：本案中，被告于2017年1月9日对原告违法行为进行立案处理，于2018年5月24日作出涉案行政处罚决定，并未在规定的九十日内作出处理决定，且被告提交的证据并不能反映被告再次延长办案期限经过了有关会议集体讨论决定，故被告作出涉案行政处罚决定程序轻微违法。被告在作出行政处罚决定之前即收取原告缴纳的罚款亦不符合相关法律法规的规定。

（案例索引：徐州铁路运输法院（2018）苏8601行初828号行政判决书）

第 68 条　当场收缴

第六十八条　依照本法第五十一条的规定当场作出行政处罚决定，有下列情形之一，执法人员可以当场收缴罚款：

（一）依法给予一百元以下罚款的；

（二）不当场收缴事后难以执行的。

【立法说明】

全国人大常委会法制工作委员会副主任许安标 2020 年 6 月 28 日在第十三届全国人民代表大会常务委员会第二十次会议上所作的《关于〈中华人民共和国行政处罚法（修订草案）〉的说明》中指出，为保障行政处罚决定的依法履行，补充完善执行制度，作以下修改：适应行政执法实际需要，将行政机关当场收缴的罚款数额由二十元以下提高至一百元以下。

【参考案例】

郭某与阳城县公安局凤城派出所行政处罚案

原告：郭某。

被告：阳城县公安局凤城派出所。

第三人：王某。

本院认为：原告车上乘客是否被第三人叫走，没有证据证实，但双方因此发生纠纷，继而发生互殴，均存在过错。被告在第三人报案后，虽介入调查，对目击见证人进行询问，并根据收集的证据拟决定对原告予以行政处罚，但在处罚前告知过程中，对原告陈述的事实和申辩的理由没有进行复核，违反了《行政处罚法》(2009 年) 第三十二条之规定，同时也违反了《公安机关办理行政案件程序规定》第一百三十四条之规定，被告的行政行为违反法定程序。

被告在对原告予以行政处罚前，即收到原告预交罚款 500 元，且在原告收到行政处罚决定书之日（2015 年 4 月 24 日）起第 18 天（2015 年 5 月 12 日）才将该罚款交至指定银行（农行阳城支行），违反《行政处罚法》之规定，被告的行政行为违反法定程序。

（案例索引：山西省阳城县人民法院（2015）阳行初字第 11 号行政判决书）

第69条　边远地区的当场收缴

第六十九条　在边远、水上、交通不便地区，行政机关及其执法人员依照本法第五十一条、第五十七条的规定作出罚款决定后，当事人到指定的银行或者通过电子支付系统缴纳罚款确有困难，经当事人提出，行政机关及其执法人员可以当场收缴罚款。

【参考案例】

再审申请人宋某与天津市公安局东丽分局万新派出所治安管理处罚案

再审申请人（一审原告、二审上诉人）：宋某。

被申请人（一审被告、二审被上诉人）：天津市公安局东丽分局万新派出所。

再审法院认为，本案的争议焦点为被申请人万新派出所当场收缴再审申请人宋某罚款人民币500元的合法性问题。

一、被申请人对再审申请人的罚款是否符合当场收缴罚款的情形

“罚缴分离”是行政处罚法的一项基本原则，即作出罚款的机关与收缴罚款的机构应当分离，一般不允许自罚自收的现象存在。但行政执法中面临的情况千差万别，行政执法不仅需要考虑公正和廉洁，还需要考虑便民和处罚的有效执行等因素，所以《行政处罚法》和《治安管理处罚法》也规定了罚缴分离原则的例外情况，即某些情况下行政执法机关可以当场收缴罚款。公安机关在治安管理中应当严格依照《行政处罚法》《治安管理处罚法》的规定执行罚款决定。本案中，被

申请人万新派出所作出津公（万）行罚决字〔2013〕第007号行政处罚决定，对再审申请人宋某处以500元罚款，数额高于50元；再审申请人宋某有固定住所和固定职业，不属于不当场收缴事后难以执行的情形；处罚决定作出地天津市东丽区也并非交通不便，向银行缴纳罚款确有困难的地区，依照《治安管理处罚法》第一百零四条的规定，被申请人不得当场收缴罚款。《治安管理处罚法》第一百零六条规定："人民警察当场收缴罚款的，应当向被处罚人出具省、自治区、直辖市人民政府财政部门统一制发的罚款收据；不出具统一制发的罚款收据的，被处罚人有权拒绝缴纳罚款。"本案中被申请人当场收缴罚款后未开具省级财政部门统一制发的收据，也违反了《治安管理处罚法》第一百零六条的规定。

二、若再审申请人主动要求被申请人代为缴纳罚款，被申请人能否收取罚款

被申请人主张再审申请人主动将钱交给被申请人，请求被申请人代为缴纳，而被申请人也为了减轻再审申请人的负担，收缴罚款后转缴至银行，故被申请人的当场收缴行为并不违法。本院认为，罚缴分离原则是法律确定的一项基本原则，属于强行性规定，不符合当场收缴的条件，执法人员不得收缴罚款。罚缴分离原则主要维护的是执法的廉洁、公正及政府形象，但为了兼顾便民和处罚有效执行，法律也规定了几种当场收缴罚款的情形。也就是说符合当场收缴罚款的情形，法律更倾向于执法便民和保障处罚的有效执行；而必须罚缴分离的情形，法律更倾向于廉洁、公正及政府形象。本案涉案罚款决定不符合当场收缴罚款的条件，被申请人当场收缴罚款后转缴至银行，表面是执法为民，但深层次违背了罚缴分离制度的设计初衷，有可能影响执法公正。在这种情况下，即使再审申请人请求被申请人帮其代为缴纳罚款，被申请人也应当予以拒绝。

综上，本案中被申请人当场收缴再审申请人的罚款违反了《行政处罚法》和《治安管理处罚法》中关于"罚缴分离"的上述规定，两审法院判决驳回再审申请人的诉讼请求属于适用法律错误，应予纠正。

（案例索引：天津市高级人民法院（2018）津行再字1号行政判决书）

第 70 条　专用票据

第七十条　行政机关及其执法人员当场收缴罚款的，必须向当事人出具国务院财政部门或者省、自治区、直辖市人民政府财政部门统一制发的专用票据；不出具财政部门统一制发的专用票据的，当事人有权拒绝缴纳罚款。

【参考案例】

执法局罚款不给收据不通报，微信转账还能优惠

2019 年 9 月，烟台市民王先生打算在莱西市的一个商场里开一家奶茶店。租下店铺准备开业之前，王先生把招聘茶饮师的广告贴在了商场门口。而这张招聘广告，给他惹来了麻烦。

9 月 17 日，王先生接到了自称是莱西市综合行政执法局水集中队的电话，王先生在商场门口贴广告违反了城市容貌条例需缴纳罚款。

根据《青岛市城市市容和环境卫生管理条例》第二十九条的规定：任何单位和个人不得擅自张挂、张贴宣传品。违反规定的，责令改正；拒不改正的，处五百元以上二千元以下罚款；情节严重的，处二千元以上一万元以下罚款。

没有责令改正，直接罚款。王先生来到执法局后，一位工作人员表示，看王先生这么配合，就罚最低档 500 元。当王先生用微信缴纳罚款时，工作人员却拿出自己的手机让王先生扫码，还悄悄对王先生说："这样我就罚你 400 元，这个事千万不能说出去。"转账后，没有任何收据和通报，直接让王先生走人。

在莱西市综合行政执法局水集中队，当记者要求查询王先生的罚款记录时，

一位工作人员匆忙将记者带出了办公室。在办公楼门口，这位工作人员向记者承认，是他对王先生罚的款，之所以不能声张是为了让王先生少罚点：如果那么多人知道的话，我还得把他再叫回来，只能再罚他。因为这个事我给他宽限了。

罚款既不备案，也不开收据，还能随意打折？记者将情况反映给了莱西市司法局。司法局工作人员回复，这事儿不归司法局管，您有异议应该去他们单位投诉，我们跟人家都是平级的。

针对莱西市司法局回复的“这事儿不归司法局管”，山东省司法厅厅长予以否认。去年机构改革之后，行政执法监督的职能已经划到了省司法厅，司法部门可以对全省的行政执法工作进行执法监督。

“罚款能打折，不开收据，也没有行政处罚决定书”，针对莱西市综合行政执法局水集中队工作人员的这种行为，青岛市司法局表示，程序是绝对有问题的。

（2019 年 10 月 31 日山东广播电视台《问政山东》第 34 期）

第 71 条　罚款交付

第七十一条　执法人员当场收缴的罚款，应当自收缴罚款之日起二日内，交至行政机关；在水上当场收缴的罚款，应当自抵岸之日起二日内交至行政机关；行政机关应当在二日内将罚款缴付指定的银行。

【参考案例】

原告张某与怀仁市市场监督管理局行政确认案

原告：张某。

被告：怀仁市市场监督管理局。

法院认为：被告怀仁市市场监督管理局履行了立案、调查、告知、决定等法定程序，程序合法。《行政处罚法》（2017 年）第四十六条规定，作出罚款决定的行政机关应当与收缴罚款的机构分离。行政处罚罚款实施罚款决定与罚款收缴分离，是为了加强对罚款收缴活动的监督，保证罚款及时上缴国库，防止行政机关、组织或者个人进行截留、私分或者变相私分。本案中，行政处罚相对人张某愿意主动履行罚款，并表示去向代收银行缴纳罚款确有困难，主动委托怀仁市市场监督管理局工作人员代为缴纳罚款，在 2019 年 6 月 13 日 23 时至当天 24 时期间，分 3 次向被告怀仁市市场监督管理局云中所工作人员庞某转账 20 000 元，委托其代为缴纳罚款，被告怀仁市市场监督管理局云中所工作人员在收到罚款的次日上午即将该笔罚款全额缴至代收机构中国农业银行怀仁县支行被告怀仁市市场监督管理局罚款专属账户上，并于 2019 年 6 月 14 日上午通知原告张某之子前往被告怀仁市市场监督管理局云中所取走了罚没款收据。被告怀仁市市场监督管理局云中所工作人员庞某并未将该笔罚没款截留或者私分，而是及时地转交给了代收机构，其行为并不能导致被告怀仁市市场监督管理局作出的行政处罚决定违法，被告怀仁市市场监督管理局亦无义务向原告张某返还其所缴纳的20 000元罚没款。

（案例索引：山西省朔州市朔城区人民法院（2019）晋0602行初69号行政判决书）

第72条　执行措施

第七十二条　当事人逾期不履行行政处罚决定的，作出行政处罚决定的行政机关可以采取下列措施：

（一）到期不缴纳罚款的，每日按罚款数额的百分之三加处罚款，加处罚款的数额不得超出罚款的数额；

（二）根据法律规定，将查封、扣押的财物拍卖、依法处理或者将冻结的存款、汇款划拨抵缴罚款；

（三）根据法律规定，采取其他行政强制执行方式；

（四）依照《中华人民共和国行政强制法》的规定申请人民法院强制执行。

行政机关批准延期、分期缴纳罚款的，申请人民法院强制执行的期限，自暂缓或者分期缴纳罚款期限结束之日起计算。

【立法说明】

全国人大常委会法制工作委员会副主任许安标2020年6月28日在第十三届全国人民代表大会常务委员会第二十次会议上所作的《关于〈中华人民共和国行政处罚法（修订草案）〉的说明》中指出，为保障行政处罚决定的依法履行，补充完善执行制度，作以下修改：与行政强制法相衔接，完善行政处罚的强制执行程序，规定当事人逾期不履行行政处罚决定的，行政机关可以根据法律规定实施行政强制执行。明确行政机关批准延期、分期缴纳罚款的，申请人民法院强制执行的期限，自暂缓或者分期缴纳罚款期限结束之日起计算。

2021年1月22日全国人民代表大会宪法和法律委员会《关于〈中华人民共和国行政处罚法（修订草案三次审议稿）〉修改意见的报告》中指出：有的常委委

员、列席人员建议完善集体讨论制度，明确逾期不缴纳罚款而加处罚款数额的上限。宪法和法律委员会经研究，建议作以下修改：增加规定加处罚款的数额不得超出罚款的数额。

【司法性文件】

最高人民法院关于行政机关申请法院强制执行行政处罚决定时效问题的答复

李某：

您提出的“行政机关对违法相对人作出行政处罚（罚款）后，当事人不履行处罚决定，行政机关应该采取何种程序执行罚款，在什么时候可以申请法院强制执行”等问题，涉及非诉强制执行的依据、程序和申请期限等法律规定。经研究，答复如下：

非诉强制执行涉及行政强制和法院执行等重要法律程序，应严格遵守《中华人民共和国行政强制法》和《中华人民共和国行政诉讼法》等法律规定的条件、程序和期限。

关于非诉强制执行的依据。《中华人民共和国行政强制法》第十三条规定：“行政强制执行由法律设定。法律没有规定行政机关强制执行的，作出行政决定的行政机关应当申请人民法院强制执行”。《中华人民共和国行政诉讼法》第九十七条规定：“公民、法人或者其他组织对行政行为在法定期限内不提起诉讼又不履行的，行政机关可以申请人民法院强制执行，或者依法强制执行”。上述规定对公民、法人或其他组织不履行未提起过行政诉讼的行政行为，规定了两种强制执行途径。一是有法律、法规授权的行政机关可以依法强制执行；二是没有法律、法规授权的行政机关可在法定期限内申请人民法院强制执行。您咨询的内容，属于第二种情况。

关于非诉强制执行程序和申请期限。《中华人民共和国行政强制法》第五十三条规定，当事人在法定期限内不申请行政复议或者提起行政诉讼，又不履行行政决定的，没有行政强制执行权的行政机关可以自期限届满之日起三个月内，申请人民法院强制执行。2018 年《最高人民法院关于适用〈中华人民共和国行政诉讼法〉的解释》第一百五十六条规定："没有强制执行权的行政机关申请人民法院强制执行其行政行为，应当自被执行人的法定起诉期限届满之日起三个月内提出。逾期申请的，除有正当理由外，人民法院不予受理。"法律之所以规定了较长的申请期限，是考虑到非诉强制执行对行政相对人权益影响大，需要通过司法的执行审查或充分保障当事人救济权利的期限利益，以最大限度地防止行政强制权的滥用。

此复。

最高人民法院研究室

2019 年 9 月 10 日

最高人民法院关于"裁执分离"后行政机关组织实施的行为是否具有可诉性问题的批复

（〔2017〕最高法行他 550 号）

浙江省高级人民法院：

你院《关于"裁执分离"后行政机关组织实施的行为是否具有可诉性问题的请示》（浙高法〔2017〕165 号）收悉。经研究，答复如下：

人民法院受理行政机关申请执行其他行政行为的案件，对行政行为的合法性进行审查。人民法院依法作出准予执行裁定的，行政机关就其申请并经法院审查准予执行的行政决定所实施的行政强制行为，仍属于行政行为。该行为是否可诉，应根据当事人的诉讼请求及理由作出区分处理：

一、人民法院作出准予执行裁定后，公民、法人或其他组织又就行政机关申请执行的行政行为提起诉讼或者行政赔偿诉讼的，人民法院不予受理。

二、被执行人及利害关系人仅以行政机关据以执行的行政行为（决定）本身违法为由主张行政机关实施的行政强制执行行为违法提起行政诉讼或者行政赔偿诉讼的，人民法院不予受理。

三、被执行人及利害关系人以行政机关实施的强制执行行为存在违反法定程序，与人民法院作出的准予执行裁定确定的范围、对象不符等特定情形，给其造成损失为由提起行政诉讼或行政赔偿诉讼的，人民法院应当依法受理。

此复。

最高人民法院

2018 年 3 月 7 日

【参考案例】

申请执行人孟州市市场监督管理局与郝某非诉执行案

申请执行人：孟州市市场监督管理局。

被执行人：郝某。

本院认为：孟州市市场监督管理局作出的（孟）市监食药罚字〔2019〕113 号行政处罚决定书，未依法送达相关法律文书，处罚决定书未生效。故裁定不准予强制执行申请执行人孟州市市场监督管理局作出的（孟）市监食药罚字〔2019〕113 号行政处罚决定书。

（案例索引：河南省孟州市人民法院（2020）豫 0883 行审 113 号行政裁定书）

南通市通州区市场监督管理局与通州区兴仁镇某超市非诉执行案

复议申请人（原申请执行人）：南通市通州区市场监督管理局。

被申请人（原被执行人）：通州区兴仁镇某超市。

法院认为：《最高人民法院关于适用〈中华人民共和国行政诉讼法〉的解释》第一百五十六条规定，没有强制执行权的行政机关申请人民法院强制执行其行政行为，应当自被执行人的法定起诉期限届满之日起三个月内提出，逾期申请的，除有正当理由外，人民法院不予受理。之所以设定行政机关提出申请的期限，是为了督促行政机关及时启动执行程序，促进涉及公共利益的行政行为的实现，彰显行政机关合法行政行为的法律权威，增强行政机关工作人员的法治理念和效能意识。行政机关申请法院强制执行其行政决定是出于公共利益，与民事案件当事人申请法院执行是处分自己私利不同，故行政机关应在一个不变的期间内向法院申请强制执行，该申请期限不存在中止和中断一说。

对逾期申请执行的正当理由，虽然最高人民法院的司法解释未予明确，但根据《行政诉讼法》第四十八条的规定，公民、法人或者其他组织因不可抗力或者其他不属于其自身的原因耽误起诉期限的，被耽误的时间不计算在起诉期限内。公民、法人或者其他组织因前款规定以外的其他特殊情况耽误起诉期限的，在障碍消除后10日内可以申请延长期限，是否准许由人民法院决定。该条所列起诉期限不计入和起诉期限延长的情形，可以作为人民法院判断申请执行期限的依据，即行政机关未能在三个月内提交强制执行申请的正当理由，主要表现为不可抗力以及实践中出现的需要采用公告方式送达催告书而无法在法定期限内申请等情形。

本案中，复议申请人在被申请人未按生效行政处罚决定规定的15日期限内履行义务后，应被申请人要求将履行期限延长一年。虽然复议申请人依照《行政处罚法》的规定，有权决定被申请人延期履行义务，但其应当在不超出申请执行期限的情况下酌定准予延长的履行期限，否则既降低了行政效率，也不利于公共利益的维护。如果人民法院认可了复议申请人这种任意延长被申请人履行期限行为的合法性，那么，法定申请执行期限的规定将会被人为架空而形同虚设。因此，复议申请人因延长被申请人履行期限而导致超期申请执行系其自身原因所致，不属于耽误申请执行期限的正当理由，其以与被申请人就履行期限达成协议而主张申请执行期限重新计算的理由，是对法律规定的错误理解，本院依法不予采信。

（案例索引：江苏省南通市中级人民法院（2019）苏06行审复1号行政裁定书）

复议申请人盐山县市场监督管理局与马某非诉执行案

复议申请人（原申请执行人）：盐山县市场监督管理局。

被申请人（原被执行人）：马某。

法院认为：第一，本案中，盐山市场监督管理局作出2号处罚决定后，经马某申请，又于作出2号分期缴纳罚款通知，符合以上规定，该通知重新调整了马某缴纳罚没款的期限和方式，将一次性缴纳变更为分三次缴清。最高人民法院关于《适用〈中华人民共和国行政诉讼法〉的解释》第一百五十六条规定：没有强制执行权的行政机关申请人民法院强制执行其行政行为，应当自被执行人的法定起诉期限届满之日起三个月内提出。但对于行政行为规定了分期履行期限的，行政机关申请人民法院强制执行的期限如何计算，行政诉讼法及相关司法解释未有明确规定。《行政诉讼法》第一百零一条规定："人民法院审理行政案件，关于期间、送达、财产保全、开庭审理、调解、中止诉讼、终结诉讼、简易程序、执行等，以及人民检察院对行政案件受理、审理、裁判、执行的监督，本法没有规定的，适用《民事诉讼法》的相关规定。"《民事诉讼法》第二百三十九条规定，法律文书规定分期履行的，申请执行的期间从规定的每次履行期间的最后一日起计算。据此，对于被执行人之义务为分期履行的，若其法定期限已经届满，行政机关申请人民法院执行的期限应从被执行人第一次不能履行义务开始计算，并不得超过三个月。本案中，盐山市场监督管理局送达2号处罚决定的时间为2017年8月15日，马某对该处罚决定的法定起诉期限至2018年2月15日已经届满，因其未能按照2号分期缴纳罚款通知的规定在缴纳第二笔罚款，盐山市场监督管理局对本案的申请执行期限开始起算。因此，该局申请执行并未超过法定期限。

（案例索引：河北省沧州市中级人民法院（2019）冀09行审复1号行政裁定书）

申请执行人镇江市生态环境局与丹阳某塑业有限公司非诉执行案

申请执行人：镇江市生态环境局。

被执行人：丹阳某塑业有限公司。

本院认为：原丹阳市环境保护局作出的行政处罚决定证据确凿，适用法律正确，符合法定程序。被执行人收到该行政处罚决定后在法定期限内未申请行政复议，也未提起诉讼，经催告后仍不自觉履行该行政处罚决定，申请执行人向本院申请强制执行罚款5 010元，符合法律规定。至于每日按罚款数额的3%加处罚款，因未另行制作加处罚款决定书，也未告知行政复议权或诉权，故对申请执行的加处罚款部分，不准予执行。

（案例索引：江苏省丹阳市人民法院（2019）苏1181行审246号行政裁定书）

申请执行人西峡县市场监督管理局与南阳市某物业管理有限公司非诉执行案

申请执行人：西峡县市场监督管理局。

被执行人：南阳市某物业管理有限公司。

2020年7月20日市场监督管理局对某物业管理有限公司作出西市监价罚字〔2020〕48号《行政处罚决定书》：1. 责令改正；2. 罚款3万元。市场监督管理局提供的《授权委托书》中载明某公司委托姚某办理市场监督管理局对价格政策执行情况监督检查事项，该委托书尾部无法定代表人签名，加盖的是“南阳市某物业管理有限公司财务专用章”。市场监督管理局送达《询问通知书》《限期提供材料通知书》《责令改正通知书》《行政处罚告知书》《行政处罚决定书》《行政处罚决定履行催告书》的《送达回证》中，均是姚某签收，加盖“南阳市某物业管理有限公司财务专用章”。该公司法定代表人靳某称自2020年5月1日起该公司不再对西峡县某小区进行物业管理，且并未委托他人办理行政处罚相关事项。对上述事实市场监督管理局并未核实。

法院认为，市场监督管理局所作行政处罚认定事实不清，处罚程序不符合法律规定，其作出的西市监价罚字〔2020〕48号《行政处罚决定书》不符合法律规定的强制执行条件，该行政行为依法不准予执行。

（案例索引：河南省西峡县人民法院（2021）豫1323行审5号行政裁定书）

何某玩忽职守罪案

公诉机关：天台县人民检察院。

被告人：何某，系原天台县食品药品监督管理局餐饮科副科长（主持工作）。

2013 年 5 月，天台县某公司酒店有限公司餐饮许可证过期未延续。2013 年 5 月 4 日，天台县食品药品监督管理局对某公司进行立案查处，由被告人何某负责办理。2013 年 7 月 24 日，食品药品监督管理局对某公司作出行政处罚，没收违法所得人民币 294 533 元，罚款人民币 1 472 665 元，共计人民币 1 767 198 元。同日，被告人何某将该行政处罚决定书送达某公司签收。2013 年 8 月 1 日，某公司向食品药品监督管理局申请要求将人民币 1 767 198 元罚没款分期缴付，并提交了书面申请报告，食品药品监督管理局同意某公司的申请要求。2013 年 8 月 1 日，某公司向食品药品监督管理局缴付了罚款人民币 367 198 元，其余人民币 1 400 000 元在履行期满后一直未履行缴付。2014 年 4 月 24 日该案向法院申请强制执行的期限届满，被告人何某也没有在法定期限内将该案移送法院申请强制执行，造成国家损失人民币 1 400 000 元。案发后，2014 年 7 月 9 日，某公司向天台县人民检察院缴纳了罚没款人民币 1 400 000 元。

法院判决被告人何某犯玩忽职守罪，免予刑事处罚。

（案例索引：浙江省天台县人民法院（2014）天台刑初字第 508 号刑事判决书）

第73条　执行的例外

第七十三条　当事人对行政处罚决定不服，申请行政复议或者提起行政诉讼的，行政处罚不停止执行，法律另有规定的除外。

当事人对限制人身自由的行政处罚决定不服，申请行政复议或者提起行政诉讼的，可以向作出决定的机关提出暂缓执行申请。符合法律规定情形的，应当暂缓执行。

当事人申请行政复议或者提起行政诉讼的，加处罚款的数额在行政复议或者行政诉讼期间不予计算。

【立法说明】

全国人大常委会法制工作委员会副主任许安标2020年6月28日在第十三届全国人民代表大会常务委员会第二十次会议上所作的《关于〈中华人民共和国行政处罚法（修订草案）〉的说明》中指出，为保障行政处罚决定的依法履行，补充完善执行制度，作以下修改：明确当事人申请行政复议或者提起行政诉讼的，加处罚款的数额在行政复议或者行政诉讼期间不予计算。

全国人民代表大会宪法和法律委员会2021年1月20日《关于〈中华人民共和国行政处罚法（修订草案）〉审议结果的报告》指出：有的常委委员、代表、地方、专家学者和社会公众建议进一步完善行政处罚程序，健全行政处罚执行制度。宪法和法律委员会经研究，建议作以下修改：增加规定当事人对限制人身自由的行政处罚决定不服，申请行政复议或者提起行政诉讼的，可以向作出决定的机关提出暂缓执行申请。符合法律规定情形的，应当暂缓执行。

【司法性文件】

最高人民法院行政审判庭关于行政处罚的加处罚款在诉讼期间应否计算问题的答复

（〔2005〕行他字第 29 号）

云南省高级人民法院：

你院云高法报〔2005〕第 115 号《云南省高级人民法院关于在行政案件执行中如何适用行政诉讼法第四十四条的请示》收悉。经研究，答复如下：

根据《中华人民共和国行政诉讼法》的有关规定，对于不履行行政处罚决定所加处罚款属于执行罚，在诉讼期间不应计算。

此复。

最高人民法院

2007 年 4 月 27 日

【参考案例】

上诉人龙里县人民政府与刘某行政强制案

上诉人（一审被告）：龙里县人民政府。

被上诉人（一审原告）：刘某。

二审法院认为：本案争议的焦点是龙里县人民政府实施的强制拆除行为是否违法。根据《行政强制法》第四十四条的规定，对违法的建筑物、构筑物、设施等需要强制拆除的，应当由行政机关予以公告，限期当事人自行拆除。当事人在法定期限内不申请行政复议或者提起行政诉讼，又不拆除的，行政机关可以依法强制拆除。本案中，龙里县人民政府未待刘某申请行政复议和提起行政诉讼的法定期限届满即做出强制拆除违法建筑的决定，进而对刘某修建的房屋实施强制拆除，严重侵害了刘某对行政行为不服的救济权利，违反法定程序。由于刘某房屋已经被强制拆除，龙里县人民政府的行政行为不具有可撤销的内容，应当确认违法。

（案例索引：贵州省高级人民法院（2017）黔行终605号行政判决书）

上诉人刘某与庆元县公安局行政处罚案

上诉人（原审原告）：刘某。

被上诉人（原审被告）：庆元县公安局。

二审法院认为：上诉人刘某等12人认为被上诉人刘某某盗伐坟林，违反了村规民约，将其家的生猪宰杀，并将猪肉平均分给全村39户村民，其目的是教育村民遵守村规民约，虽上诉人行为过激，但被上诉人庆元县公安局未考虑上诉人的行为是执行村规民约所引起这一客观事实，而认定上诉人的行为是哄抢私人财物，显然定性不当。上诉人杀猪散众的行为不具备"非法占有为目的"的要件。上诉人已缴纳了保证金，但被上诉人庆元县公安局仍将上诉人执行拘留的行为是违法的，应依法赔偿其违法执行拘留期间的损失。

（案例索引：浙江省丽水市中级人民法院（2001）丽中行终字第38号行政判决书）

申请执行人潍坊市环境保护局与潍坊某混凝土有限公司非诉执行案

申请执行人：潍坊市环境保护局。

被执行人：潍坊某混凝土有限公司。

潍坊高新区人民法院经审查认为：本案争议焦点为，行政机关作出行政处罚决定后，行政相对人对该处罚决定不服提起行政诉讼后，当事人是否可以停止履行缴纳罚款义务。本案中，被执行人潍坊某混凝土有限公司收到申请执行人潍坊市环境保护局作出的行政处罚决定后，依法申请复议并提起行政诉讼，在法定的起诉期限及诉讼期间，被执行人潍坊某混凝土有限公司没有缴纳罚款的义务。在被执行人提起行政诉讼的情况下，行政处罚决定中“十五日内”缴纳罚款的期限限制应顺延至被执行人收到行政终审判决后的“十五日内”缴纳罚款。被执行人在收到法院作出的行政终审判决后的第四天即缴纳了罚款 100 000 元，依法不具有缴纳加处罚款的义务。申请执行人潍坊市环境保护局申请本院强制执行逾期加处罚款 10 万元，于法无据，不予准许。故裁定对潍坊市环境保护局于 2014 年 12 月 16 日作出的潍环罚字〔2014〕第 GX015 号行政处罚决定的逾期加处罚款 10 万元，不准予强制执行。

（案例索引：山东省潍坊高新技术产业开发区人民法院（2016）鲁 0791 行审 13 号行政裁定书）

申请执行人镇江市生态环境局与丹阳市丹北镇某钢渣电磁筛选厂非诉执行案

申请执行人：镇江市生态环境局。

被执行人：丹阳市丹北镇某钢渣电磁筛选厂。

本院认为：原丹阳市环境保护局作出的行政处罚决定证据确凿，适用法律正确，符合法定程序。被执行人收到该行政处罚决定后在法定期限内未申请行政复议，也未提起诉讼，经催告后仍不自觉履行该行政处罚决定，申请执行人向本院申请强制执行罚款 25 万元，符合法律规定。至于每日按罚款数额的 3%加处罚款，因未另行制作加处罚款决定书，也未告知行政复议权或诉权，故对申请执行的加处罚款部分，不准予执行。

（案例索引：江苏省丹阳市人民法院（2019）苏 1181 行审 247 号行政裁定书）

厦门某物业有限公司与厦门市集美区安全生产监督管理局行政处罚案

原告：厦门某物业有限公司。

被告：厦门市集美区安全生产监督管理局。

本案争议的焦点为：1.行政处罚的加处罚款在复议、诉讼期间是否应当计算；2.原告于2015年11月10日的转账行为是否构成履行处罚决定的行为。

法院认为：关于第一个问题，最高人民法院（2005）行他字第29号《关于行政处罚的加处罚款在诉讼期间应否计算问题的答复》规定，根据《行政诉讼法》的有关规定，对于不履行行政处罚决定所加处的罚款属于执行罚，在诉讼期间不应计算。根据以上规定，对于不履行行政处罚决定所加处的罚款在行政复议和行政诉讼期间不应当计算。本案中，被告于2014年11月12日作出行政处罚决定后，原告不服，在法定期限内提起复议、诉讼，至2015年11月5日终审判决生效，在此期间不应计算加处罚款。在终审判决生效后，原告仍不履行缴纳罚款的义务，被告可按法律规定对原告每日按罚款数额的3%计算加处罚款。

关于第二个问题，原告于2015年11月10日按照被告处罚决定书上提供的账号通过银行转账120 000元，11月11日该款被退回，但是被退回的原因并不在原告，故原告11月10日缴款的行为应视为原告已履行处罚决定的行为，被告不应当向原告收取11月10日之后的加处罚款。

综上，被告向原告收取行政复议、诉讼期间和2015年11月10日原告缴款之后的加处罚款违反法律规定，应予撤销，被告应返还原告不当收取的加处罚款。

（2018年第1辑《人民法院案例选》）

第 74 条　罚没财物的处理

第七十四条　除依法应当予以销毁的物品外，依法没收的非法财物必须按照国家规定公开拍卖或者按照国家有关规定处理。

罚款、没收的违法所得或者没收非法财物拍卖的款项，必须全部上缴国库，任何行政机关或者个人不得以任何形式截留、私分或者变相私分。

罚款、没收的违法所得或者没收非法财物拍卖的款项，不得同作出行政处罚决定的行政机关及其工作人员的考核、考评直接或者变相挂钩。除依法应当退还、退赔的外，财政部门不得以任何形式向作出行政处罚决定的行政机关返还罚款、没收的违法所得或者没收非法财物拍卖的款项。

【立法说明】

全国人大常委会法制工作委员会副主任许安标 2020 年 6 月 28 日在第十三届全国人民代表大会常务委员会第二十次会议上所作的《关于〈中华人民共和国行政处罚法（修订草案）〉的说明》中指出，为贯彻落实行政执法责任制和责任追究制度，强化对行政处罚行为的监督，作以下修改：一是增加规定罚款、没收违法所得或者没收非法财物拍卖的款项，不得同作出行政处罚决定的行政机关及其工作人员的考核、考评直接或者变相挂钩。二是增加规定县级以上人民政府应当定期组织开展行政执法评议、考核，加强对行政处罚的监督检查，规范和保障行政处罚的实施。

【参考案例】

张某与盐城市响水工商行政管理局行政处罚案

原告：张某。

被告：盐城市响水工商行政管理局。

响水县人民法院审理认为：被告盐城市响水工商行政管理局应依法在法律、法规明确授权的范围内履行监督查处职责。我国《产品质量法》在第二条明确该法只调整生产和销售两个环节的产品质量问题。对仓储、运输过程中发生和发现的产品质量问题应不包括在内，因为在仓储、运输当中发生和发现的产品质量问题，与消费者不发生直接关系。被告将原告正在运输途中的自行车以销售不合格自行车为由适用《产品质量法》的规定全部扣留，适用该法第十三条第二款进行定性，适用该法第四十九条作出处罚，显然属适用法律错误、超越职权；被告在没有证据对原告所持有的证明其所购自行车产品质量合格的证件予以否定的情况下，于检查现场作出扣留措施并擅自抽样委托淮安市产品质量监督检验所采用GB 3565—93 为依据重新检测，违反了执法机关具体行政行为必须在查清事实的基础才能作出的原则。被告片面理解“既然有国家标准就不能适用行业标准”是不客观的，因为GB 3565—93 仅开列技术条款，没有验收、判别规则，缺少可操作性，淮安市产品质量监督检验所的检验报告只对被告所送样品负责。被告单方对样品的抽取程序和样品的抽取数量均不符合相关要求。《产品质量法》规定的“没收违法生产、销售的产品”目的是防止不符合保障人体健康和人身、财产安全的国家标准、行业标准的产品进入流通领域，给消费者造成不必要的损失，现被告在处罚决定书送达原告仅几个小时（此时该处罚决定尚未具备生效法律文书的法定条件，其所涉的处罚物品依法不得处分），即将自认为危及人身、财产安全应予以没收的自行车，在未经任何必要的加工以消除对人体健康、安全有隐患等因素时，又通过拍卖的形式，使得不允许原告直接进入市场销售的自行车，由其委托拍卖公司公开拍卖而直接进入市场（该拍卖过程违反拍卖须提前七日作公告等法定程序，该拍卖行为应认定是无效行为），此行为只能是用事实证明原告所购运的自行车是合格产品，该处罚没有达到规范整顿市场秩序和教育公民守法经营的目的。综上，被告在法律没有授权，没有足够证据证明原告购运的自行车危及人身、财产安全时，将原告正在运输途中的自行车以销售不合格自行车予以扣留、重检、没收并予以拍卖的行为，是适用法律错误和超越职权、滥用职权的行为。

（案例索引：江苏省响水县人民法院（2002）响行初字第10号行政判决书）

王某徇私枉法案

公诉机关：杞县人民检察院。

被告人：王某，原任开封市公安局顺河分局刑事侦查大队长。

2019年7月31日，吸毒人员张某和周某见面时，被开封市公安局顺河分局的巡防队员和社会人员控制并带至开封市公安局顺河分局。被告人王某为完成案件任务指标，自己担任的刑警大队长职务不因此而被免职，就安排社会人员从家里拿来两小包毒品，自己拿出200元现金作为张某、周某交易的毒品和毒资，同时在顺河公安分局刑侦大队办案区垃圾桶里找出两个尿检结果成阴性的尿检板作为张某和周某的验尿结果。随后被告人王某安排副大队长办理该案，张某和周某按照王某的安排做了虚假供述。最终开封市公安局顺河分局于2019年7月31日对张某以涉嫌贩卖毒品犯罪立案侦查并刑事拘留。2019年8月14日对张某宣布执行逮捕，2019年9月15日对张某移送审查起诉。

法院认为：被告人王某身为司法工作人员徇私枉法，对明知是无罪的人受到追诉，其行为已构成徇私枉法罪，依法应予惩处。判决被告人王某犯徇私枉法罪，免予刑事处罚。

（案例索引：河南省杞县人民法院（2020）豫0221刑初73号刑事判决书）

第75条　监督检查

第七十五条　行政机关应当建立健全对行政处罚的监督制度。县级以上人民政府应当定期组织开展行政执法评议、考核，加强对行政处罚的监督检查，规范和保障行政处罚的实施。

行政机关实施行政处罚应当接受社会监督。公民、法人或者其他组织对行政机关实施行政处罚的行为，有权申诉或者检举；行政机关应当认真审查，发现有错误的，应当主动改正。

【立法说明】

全国人大常委会法制工作委员会副主任许安标2020年6月28日在第十三届全国人民代表大会常务委员会第二十次会议上所作的《关于〈中华人民共和国行政处罚法（修订草案）〉的说明》中指出，为贯彻落实行政执法责任制和责任追究制度，强化对行政处罚行为的监督，作以下修改：增加规定县级以上人民政府应当定期组织开展行政执法评议、考核，加强对行政处罚的监督检查，规范和保障行政处罚的实施。

【参考案例】

贵州省毕节市公安局警情通报

近日，《贵州女子微信群骂社区支书“草包支书”，被毕节警方跨市铐走行拘》的文章在网上引发关注，现将有关情况通报如下：

2020年11月4日，毕节市公安局七星关分局对任某作出拘留3日的行政处罚决定，被处罚人任某于2020年12月14日向我局提起行政复议。

经复议查明，任某在微信群侮辱他人的行为存在，七星关分局洪山派出所受案后多次通知任某到派出所配合处理，任某拒绝配合，七星关分局洪山派出所遂进行异地传唤。经审查，该传唤程序违法，依法撤销七星关分局对任某作出的行政处罚决定，并责令七星关分局依法处理后续相关事宜。

毕节市公安局

2021年1月26日

再审申请人甘某与枣庄市国土资源局行政处罚案

再审申请人（一审原告、二审上诉人）：甘某。

被申请人（一审被告、二审被上诉人）：枣庄市国土资源局。

再审法院认为：枣庄国土局针对甘某的举报，对其邻居孟某非法占用土地修建房屋作出处罚决定，但因处罚对象及违法占用面积均有错误，而自行撤销处罚决定。后经过重新调查、勘验，重新作出了对原审第三人孟某之妻田某“退还非法占用土地，自行拆除房屋”的处罚决定。其行为属于上述条款规定的“发现行政处罚有错误的，应当主动改正”的纠错行为。

（案例索引：山东省高级人民法院（2017）鲁行申237号行政裁定书）

申请再审人孙某与北京市昌平区应急管理局行政处罚案

再审申请人（一审原告，二审上诉人）：孙某。

再审被申请人（一审被告，二审被上诉人）：北京市昌平区应急管理局。

再审法院认为：关于被诉处罚决定作出期限的起算点。《行政处罚法》（2017年）第五十四条第二款规定，公民、法人或者其他组织对行政机关作出的行政处罚，有权申诉或者检举；行政机关应当认真审查，发现行政处罚有错误的，应当主动改正。根据该条规定，行政机关有对行政处罚决定自行纠错的职责。而关于行政机关自行纠错后重新进行调查并作出处罚决定的期限，从督促行政机关自行纠错、主动化解争议的角度，处理期限应从其主动纠错后重新开始起算。本案中，昌平区应急管理局于2015年12月6日立案，2016年10月13日作出011-3号处罚决定，2017年8月11日作出1号撤销决定，因011-3号处罚决定有误，撤销该处罚决定，自此处罚程序期限应重新计算。

（案例索引：北京市高级人民法院（2019）京行申430号行政裁定书）

第 76 条　上级监督

第七十六条　行政机关实施行政处罚，有下列情形之一，由上级行政机关或者有关机关责令改正，对直接负责的主管人员和其他直接责任人员依法给予处分：

（一）没有法定的行政处罚依据的；

（二）擅自改变行政处罚种类、幅度的；

（三）违反法定的行政处罚程序的；

（四）违反本法第二十条关于委托处罚的规定的；

（五）执法人员未取得执法证件的。

行政机关对符合立案标准的案件不及时立案的，依照前款规定予以处理。

【立法说明】

2021 年 1 月 22 日全国人民代表大会宪法和法律委员会《关于〈中华人民共和国行政处罚法（修订草案三次审议稿）〉修改意见的报告》中指出：有的常委委员提出，实践中有案不移、有案不立等不作为问题较为突出，应当结合相关法律、行政法规规定，完善法律责任。宪法和法律委员会经研究，建议对依法应当移交追究刑事责任而不移交的，或者依法应当予以制止和处罚的违法行为不予制止、处罚的，加大追责力度，作相应规定。

【参考案例】

宁夏中卫市某工程运输有限公司与中卫市工商行政管理局行政处罚案

再审申请人（一审原告、二审上诉人）：宁夏中卫市某工程运输有限公司。

再审被申请人（一审被告、二审被上诉人）：宁夏回族自治区中卫市工商行政管理局（以下简称工商局）。

最高人民法院认为，80号决定撤销33号决定的理由是，该公司“虚报注册资本，取得公司登记”的违法行为已经达到“情节严重”的程度，而33号决定仅将上述行为看作一般违法，未认定“情节严重”，导致处理畸轻。

按照《行政处罚法》（2009年）第四条关于“设定和实施行政处罚必须以事实为依据，与违法行为的事实、性质、情节及社会危害程度相当”的规定，工商部门在行使处罚裁量权时，应当综合、全面地考虑案件的主体、客体、主观、客观及社会危害性等具体情况进行裁量，不能偏执一端，片面考虑某一情节而对当事人作出行政处罚。就本案而言，中卫市工商局在就该公司“虚报注册资本”的违法程度作出判断时，至少应当综合权衡以下两个具体情节：一是违法数额。二是社会危害性。

如果单独考虑违法数额，则该公司虚报部分的注册资本为900万元，数额较大且在注册资本中占比高达90%，按照有关规定，认定该公司“虚报注册资本，情节严重”，似并无不妥。而如果单独考虑社会危害性，即仅考虑该公司责任能力的不足是否产生了损害后果以及损害后果的大小，是否造成了他人利益或者公共利益严重受损，则从本案情况看，该公司无论自2000年成立以来还是自变更登记以来，除虚报注册资本外，并无其他违法记录，且其未因责任能力不足而影响纳税等法定义务的履行，亦未因此使其他市场主体的利益受损。依照《国家工商行政管理总局关于工商行政管理机关正确行使行政处罚自由裁量权的指导意见》关于“违法行为社会危害性较小或者尚未产生社会危害后果”应当从轻处理之规定，认定该公司“虚报注册资本”尚不构成“情节严重”，似亦于法有据。上述两个情节相互冲突，重要性彼此相当。对此，中卫市工商局在首次判断当中具有较大的裁量空间，无论强调违法数额之重而认为该公司违法构成“情节严重”，还是强调社会危害性之轻而认为该公司的行为系一般违法，均在合理范围之内。

行政机关基于裁量权作出的行政行为只要在合理范围内，按照法安定性和信赖保护的要求，就不得轻易改变，尤其是不得做不利于相对人的改变。否则改变后的行政行为构成滥用职权或者明显不当。在33号决定中，中卫市工商局所作该公司虚报注册资本系一般违法之认定，综合权衡了违法数额和社会危害性等因素，裁量基本合理，本院予以认可。

在33号决定送达生效后，该公司立即按要求补齐了注册资本并足额缴纳了罚款。针对此种情形，中卫市工商局其后所作的80号决定，只强调违法数额，不考虑社会危害性较小之情节，认为该公司虚报注册资本构成“情节严重”，33号决定处理畸轻，显然有失偏颇。80号决定不考虑33号决定的合法性、合理性要素且该公司已主动履行了相关义务等事实，出尔反尔、反复无常，撤销了33号决定，代之以更为不利于该公司的处理方式即撤销增加注册资本的变更登记，不仅违反信赖保护原则，亦不利于维护法律的安定性以及行政管理秩序的稳定性，被诉行政行为构成权力滥用、存在明显不当。虽然中卫市政府对中卫市工商局作出的行政处罚有权监督，但这种监督权亦应受到法律约束。本案中，中卫市政府组织专题研究并形成的《会议纪要》中，虽有责成中卫市工商局撤销33号决定并吊销该公司营业执照的内容，但该内容本身亦存在明显不当，不能作为80号决定的权源基础。中卫市工商局以其奉命行事为由否认80号决定违法之理由不能成立，本院不予支持。另外，在中卫市工商局作出被诉行政行为及其后诉讼过程中，该公司多次强调其曾投入实物作为公司注册资本，该事实主张关系到该公司虚报数额大小之认定，双方对此存有争议。而从现有案卷材料及中卫市工商局之抗辩理由看，该局并未对此进行充分深入的查证，更多强调票据本身造假，这在一定程度亦造成被诉行政行为的证据不够充分。

综上，中卫市工商局作出的80号决定，存在行使职权的随意性与明显不当，且主要证据不足。

（案例索引：最高人民法院（2014）行提字第14号行政判决书）

陈某滥用职权罪案

公诉机关：福建省龙岩市人民检察院。

被告人：陈某，曾任原龙岩市质量技术监督局纪检组长、副局长、局长、局行政案件审理委员会主任委员。

经审理查明：

（一）违反规定处理福建某化工有限公司未取得工业产品生产许可证生产环氧氯丙烷行政处罚案

2013 年 9 月 24 日，龙岩市质量技术监督局稽查支队检查发现某化工有限公司涉嫌无证生产危险化学品环氧氯丙烷。同年 10 月 14 日该局决定立案查处，同月 28 日，市质量技术监督局稽查支队调查终结，认定某公司自 2013 年 7 月以来累计生产环氧氯丙烷 573.93 吨，已销售 391.13 吨，库存 182.8 吨（予以查封），平均销售价格 9 375 元/吨，货值总金额 538.059 375 万元。

2013 年 11 月 14 日，被告人陈某作为市质量技术监督局局长、局行政案件审理委员会主任委员，主持召开该案第一次案审会，讨论决定给予该公司行政处罚：1. 责令停止生产；2. 没收违法生产的产品；3. 处违法生产产品货值金额等值的罚款。某公司在市质量技术监督局告知拟行政处罚意见后，提出听证申请，该公司董事长林某多次向被告人陈某请托说情，并通过政府部门向市质量技术监督局提出免予行政处罚的建议。2014 年 4 月 1 日，被告人陈某主持召开第二次案审会，在该公司无法定减轻处罚情节，将政府部门建议对该公司免予行政处罚、该公司产品抽样检测合格、事后取得工业产品生产许可证等从轻处罚情节当作减轻处罚情节，决定将该案的行政处罚变更为：1. 责令停止生产；2. 没收违法生产的产品；3. 处 20 万元罚款。2014 年 4 月 17 日，在没有新的事实和证据的情况下，被告人陈某决定召开第三次案审会，在该公司无法定减轻处罚情节，部分案审会委员提出减轻处罚无法律依据的情况下，再次决定将该案的行政处罚变更为：1. 责令停止生产（无证）；2. 处 15 万元罚款。陈某审批了该行政处罚决定书，该公司缴纳了罚款 15 万元，5 月 20 日陈某签批该案结案。被告人陈某作为市质量技术监督局局长、案审会主任委员不按规定对违规企业决定行政处罚，而是超越职权，对应予没收的违法生产的产品未予没收，对应处违法生产产品货值金额 2 倍以上 3 倍以下罚款无法律依据减轻处罚只罚款 15 万元，给国家造成重大损失。

（二）违反规定擅自销毁行政执法案件档案

2011 年年初，时任市质量技术监督局局长的被告人陈某为了逃避和应对有关部门可能对其所经办或管辖的行政执法案件的监督调查，违反《档案法》等相关规定，指令该局法规科负责制定销毁往年行政执法案件档案的规定。2011 年 5 月 18 日，经陈某决定，市质量技术监督局出台《龙岩市质量技术监督行政执法案卷材料立卷归档管理办法》（龙质监〔2011〕110 号）并抄送给全市各县（市）质监局、直属分局，要求下属单位参照市局的管理办法制定相应规定。该管理办法将行政执法案件档案材料本应为永久的保管期限擅自规定为 3 年，并规定办公室应当定期（每年一次）对超期案卷进行清理，拟定销毁清单，报局长批准后予以销毁。

根据龙质监〔2011〕110 号文件的规定，市质量技术监督局组织对本局的行政执法案件档案清理造册。2011 年 8 月 17 日，经被告人陈某审批同意，市质量技术监督局对整理出来的 1996 年、1997 年、2000 年至 2007 年的行政执法案件档案材料共计 855 卷（含未结案件材料 45 卷）未经鉴定即焚烧销毁。新罗、永定、长汀、漳平质监部门根据龙质监〔2011〕110 号文件规定，违法擅自销毁了 1 276 卷行政执法案件档案材料。两级质监部门共计销毁应永久保管的国有档案 2 131 卷。

2012 年 6 月，原福建省质量技术监督局专门发文制止了市质量技术监督局擅自销毁档案的违法行为。2014 年 8 月，原福建省质量技术监督局对包括龙岩在内的 5 个设区市质量技术监督局擅自销毁档案进行通报批评。2019 年 4 月 12 日，龙岩市监察委员会为调查群众举报有关被告人陈某在查办“地条钢”行政处罚案中违纪违法问题，依法向龙岩市市场监督管理局调取 34 份相关行政执法案件档案材料，因被销毁已无法提供，直接影响监察调查等公务活动正常进行。

法院判决：被告人陈某犯滥用职权罪，判处有期徒刑 4 年；犯受贿罪，判处有期徒刑 1 年 3 个月，并处罚金人民币 10 万元；决定执行有期徒刑 4 年 6 个月，并处罚金人民币 10 万元。

（案例索引：福建省龙岩市中级人民法院（2019）闽 08 刑初 32 号刑事判决书）

第77条　拒绝处罚权

第七十七条　行政机关对当事人进行处罚不使用罚款、没收财物单据或者使用非法定部门制发的罚款、没收财物单据的，当事人有权拒绝，并有权予以检举，由上级行政机关或者有关机关对使用的非法单据予以收缴销毁，对直接负责的主管人员和其他直接责任人员依法给予处分。

【参阅案例】

罚款票据不盖公章不写日期，违规执法人员被通报批评

2013年1月16日本报刊登《罚款票据不盖公章不写日期》一文，报道丰城市运管局执法人员对出租车驾驶员一事违规处罚开出的罚款票据未盖公章和填写日期后，丰城市运管局召开会议，明确了相关责任人的责任，对该事件当事人进行了通报批评。

21日，记者获知，此事也引起了丰城市财政局的高度重视。该市非税收入管理局局长带领人员对丰城运管局财政罚没票据管理和使用情况进行了督查，并提出了严格要求。丰城运管局表示，今后一定会加强对于罚没票据的管理和使用。

（2013年1月16日《信息日报》）

第78条　财政监督

第七十八条　行政机关违反本法第六十七条的规定自行收缴罚款的，财政部门违反本法第七十四条的规定向行政机关返还罚款、没收的违法所得或者拍卖款项的，由上级行政机关或者有关机关责令改正，对直接负责的主管人员和其他直接责任人员依法给予处分。

【参阅案例】

吉林省公主岭市公安局将10%罚款返还干警

日前，吉林省公主岭一警员向媒体投诉当地公安局乱收费。记者就其反映的问题进行了调查。

记者调查得知，2006年2月，公主岭市公安局施行绩效考评制。该局还规定：把罚款的10%作为奖金返还给个人，20%返还给执行罚款的基层单位；将罚款数额与绩效考评挂钩，实行末位淘汰。这一考评方案要求，机关工作人员也要完成罚款任务，每月交1 500元罚款，才能得到375元补贴。

高额奖励加末位淘汰引发了干警的罚款比赛，给该局带来了可观的收入。去年该局罚没收入1 600多万元，其中交警罚款1 100多万元。该市财政部门将罚没收入全额返还给了公安局，该局直接拿出110多万元作为罚款奖金发放给了一线干警，拿出220多万元给了各交警中队作为工作经费。

在公主岭市采访时，公主岭市委主要领导给记者打来电话说："公安局推行的绩效考评制度，核心是加强管理、提高办案效率，还是值得肯定的，至于罚款只是其中很小的一部分内容。"可是这"很小的一部分内容"，却对干警尤其是交警产生了很大误导。

（2007年3月21日《新京报》）

第79条　私分罚没财物

第七十九条　行政机关截留、私分或者变相私分罚款、没收的违法所得或者财物的，由财政部门或者有关机关予以追缴，对直接负责的主管人员和其他直接责任人员依法给予处分；情节严重构成犯罪的，依法追究刑事责任。

【参考案例】

董某犯私分罚没财物罪案

抗诉机关：河北省武安市人民检察院。

原审被告人：董某，曾分管大同镇计划生育工作。

法院认为，原审被告人董某作为武安市大同镇计划生育工作直接负责的主管人员，违反国家有关规定，将应当上缴财政的计生罚款和社会抚养费截留坐支，并以大同镇计划生育工作站的名义以奖金、补助和福利的形式私分给个人，数额较大，其行为均已构成私分罚没财物罪。

（案例索引：河北省邯郸市中级人民法院（2018）冀04刑终458号刑事裁定书）

再审申请人张某与佳木斯市公安局前进公安分局治安处罚案

再审申请人（一审原告、二审上诉人）：张某。

被申请人（一审被告、二审被上诉人）：佳木斯市公安局前进公安分局。

再审法院认为：本案被诉行政行为是前进公安分局所作佳前公（治）行罚决字〔2015〕284号行政处罚决定，争议焦点为张某的行为是否构成敲诈勒索。敲诈勒索是以非法占有为目的，对被害人使用恐吓、威胁、要挟的方法，非法占用被害人公某财物的行为。数额较大时，构成犯罪。其中的“威胁”“要挟”，是指通过对被害人及其亲属精神上的强制，使其心理上产生恐惧和压力，被迫交出财物。本案中，案涉车辆违章行为系伪造变造号牌，依据《道路交通安全法》规定，对此种违章行为，应处十五日以下拘留，并处二千元以上五千元以下罚款。前进公安分局认定时任辅警的张某在查处违章车辆时未按程序进行处罚，以扣车为由私自收取驾驶员王某人民币800元，构成敲诈勒索。从相关询问内容看，张某是在与王某、姜某一同去处理违章车辆的途中，王某主动与张某商量“少罚点”，王某给张某800元钱，并不是因为其内心产生恐惧，而是为了逃避处罚。张某收受钱财的行为，虽有非法占有的目的，侵犯了王某的财产权利，但其并非以实施威胁或者要挟的方法勒索财物，不符合前述敲诈勒索的本质特征，故前进公安分局认定张某的行为构成敲诈勒索，属适用法律不当。

综上，张某的再审申请理由及请求成立，本院予以支持。原审判决认定事实不清，适用法律错误，应予纠正。

（案例索引：黑龙江省高级人民法院（2019）黑行再16号行政判决书）

第80条　保管责任

第八十条　行政机关使用或者损毁查封、扣押的财物，对当事人造成损失的，应当依法予以赔偿，对直接负责的主管人员和其他直接责任人员依法给予处分。

【参考案例】

黄梅县某建材物资总公司与石市公安局扣押财产及侵犯企业财产权案

上诉人（原审被告）：湖北省黄石市公安局。

被上诉人（原审原告）：湖北省黄梅县某建材物资总公司。

最高人民法院认为：上诉人黄石市公安局以张某涉嫌诈骗被收容审查，需进行刑事侦查为名，扣押了被上诉人所购钢材，其行为无论从事实上或者法律上，均不属于刑事诉讼法所规定的侦查措施。上诉人在对张某收容审查的同时，以同一事实和理由扣押被上诉人财产，被上诉人对扣押财产不服依法提起行政诉讼。上诉人明知所扣钢材既非赃物，亦非可用以证明所称嫌疑人有罪或无罪的证据，而是被上诉人的合法财产，与其所办案件无关，却继续扣押，拒不返还，并一手操纵被上诉人与无任何经济关系的瑞安生资公司签订经济合同，用被上诉人合法财产为他人还债，违反了《刑事诉讼法》关于“对于扣押的物品、文件、邮件、电报，经查明确实与案件无关的，应当迅速退还原主或者原邮电机关”和公安部

《关于公安机关不得非法越权干预经济纠纷案件处理的通知》第二条“对经济纠纷问题，应由有关企事业及其行政主管部门、仲裁机关和人民法院依法处理，公安机关不要去干预，更不允许以查处诈骗等经济犯罪为名，以收审、扣押人质等非法手段去插手经济纠纷问题”的规定；由此给被上诉人造成的经济损失，应当承担赔偿责任。

（1996 年第 1 期《最高人民法院公报》）

王某与中牟县交通局行政赔偿纠纷案

原告：王某。

被告：河南省中牟县交通局。

原告王某是开封市金属回收公司下岗工人，在中牟县东漳乡小店村开办一个养猪场。2001 年 9 月 27 日上午，王某借用小店村村民张某、王某虎、王某田的小四轮拖拉机，装载 31 头生猪，准备到开封贸易实业公司所设的收猪点销售。路上，遇被告县交通局的工作人员查车。经检查，县交通县的工作人员以没有缴纳养路费为由，向张某、王某虎、王某田 3 人送达了《暂扣车辆凭证》，然后将装生猪的 3 辆两轮拖斗摘下放在仓寨乡黑寨村村南，驾驶 3 台小四轮主车离去。卸下的两轮拖斗失去车头支撑后，成 45 度角倾斜。拖斗内的生猪站立不住，往一侧挤压，当场因挤压受热死亡两头。王某通过仓寨乡党庄村马书杰的帮助，才将剩下的 29 头生猪转移到收猪车上。29 头生猪运抵开封时，又死亡 13 头。王某将 13 头死猪以每头 30 元的价格，卖给了开封市个体工商户刘某。

中牟县人民法院认为：

准备暂扣的小四轮拖拉机，正处在为原告王某运送生猪的途中。无论暂扣车辆的决定是否合法，被告县交通局的工作人员准备执行这个决定时，都应该知道：在炎热的天气下，运输途中的生猪不宜受到挤压，更不宜在路上久留。不管这生猪归谁所有，只有及时妥善处置后再行扣车，才能保证不因扣车而使该财产遭受损失。然而，县交通局工作人员不考虑该财产的安全，甚至在王某请求将生猪运抵目的地后再扣车时也置之不理，把两轮拖斗卸下后就驾主车离去。县交通局工作人员在执行暂扣车辆决定时的这种行政行为，不符合合理、适当的要求，是滥用职权。

（2003 年第 3 期《最高人民法院公报》）

上诉人惠州市某国际洋酒连锁有限公司与惠州市惠城区市场监督管理局行政赔偿案

上诉人（原审原告）：惠州市某国际洋酒连锁有限公司。

上诉人（原审被告）：惠州市惠城区市场监督管理局。

二审法院认为：

一、本案中，上诉人惠州市惠城区市场监督管理局作出的惠城工商处字（2012）422 号行政处罚决定，因在事实认定和法律适用方面存在错误，已被本院于 2015 年 12 月 18 日作出的（2015）惠中法行终字第 17 号生效行政判决撤销。涉案行政处罚决定作出之前，上诉人惠州市惠城区市场监督管理局已经扣押上诉人惠州市某国际洋酒连锁有限公司存放在仓库的葡萄酒 1 348 箱合计 10 470 瓶，对于上述葡萄酒被扣押而无法销售产生的各项损失，上诉人惠州市惠城区市场监督管理局应当予以赔偿。

二、本案中，上诉人惠州市惠城区市场监督管理局本应在本院作出的（2015）惠中法行终字第 17 号行政判决生效后，立即解除行政强制措施，及时将被扣押的葡萄酒返还给上诉人惠州市某国际洋酒连锁有限公司，并依法赔偿由此造成的损失，但其在上诉人惠州市某国际洋酒连锁有限公司提出行政赔偿申请后，仍然作出不予赔偿决定，且未根据上述法律规定返还被扣押的葡萄酒。因此，对于葡萄酒被扣押而无法销售产生的资金被占用的利息损失，上诉人惠州市惠城区市场监督管理局应当予以赔偿。

（案例索引：广东省惠州市中级人民法院（2017）粤 13 行终 283 号行政赔偿判决书）

第 81 条 违法的责任

第八十一条 行政机关违法实施检查措施或者执行措施，给公民人身或者财产造成损害、给法人或者其他组织造成损失的，应当依法予以赔偿，对直接负责的主管人员和其他直接责任人员依法给予处分；情节严重构成犯罪的，依法追究刑事责任。

【参考案例】

张某与磐安县公安局限制人身自由、扣押财产行政案

原告：张某。

被告：浙江省磐安县公安局。

1987 年 11 月 28 日，原告张某开办的东阳市湖溪某煤块粉碎厂与磐安县燃料公司签订了加工煤粉协议书。1989 年 4 月，磐安县燃料公司提出将原煤单价提高到每吨 60 元，张某不允，双方发生争议，导致部分货款未能结清。1992 年 12 月 24 日，磐安县公安局派员到义乌，以义乌市城中派出所调查暂住人口为名，将张某骗出家门，强行将其拉上警车，押送到磐安县安文派出所。当晚 10 时许，磐安县公安局向张某出示拘传证，令其签字。张某签上“陈局长说我诈骗，我不签”字样。同年 12 月 28 日，磐安县公安局将事先写好的张某欠磐安县燃料公司赃款 382 560.14 元的字条，令张某签字后，即派员到义乌市，强行拉走张某承包厂里的原煤 2 031.38 吨。同年 1 月 4 日，磐安县公安局又令张某签署了尚欠磐安县燃料公司 8 357 元现金的欠条后，被取保释放。

张某向法院提起诉讼后，4月20日，磐安县公安局派员到义乌市逮捕张某，并把逮捕证时间提前到4月13日。张某闻讯外逃。1993年6月21日，磐安县检察院在上级检察院指令下，作出撤销逮捕张某的决定书。理由是该案属于经济纠纷，不构成犯罪。

义乌市人民法院认为：张某与磐安县燃料公司的纠纷属经济合同纠纷，不属诈骗犯罪，事实清楚，证据确实、充分。公安部《关于公安机关不得非法越权干预经济纠纷案件处理的通知》第一条指出："工作中，要注意划清经济犯罪与经济纠纷的界限，决不能把经济纠纷当作诈骗等经济犯罪来处理。一时难以划清的，要慎重从事，经过请示报告，研究清楚后再依法恰当处理，切不可轻易采取限制人身自由的强制措施，以致造成被动和难以挽回的后果。"该通知第二条指出："对经济纠纷问题，应由有关企事业及其行政主管部门、仲裁机关和人民法院依法处理，公安机关不要去干预，更不允许以查处诈骗等经济犯罪为名，以收审、扣押人质等非法手段去插手经济纠纷问题。"磐安县公安局不顾公安部的通知精神，越权干预经济纠纷，以刑事侦查为名，限制原告张某的人身自由，扣押其财产，侵犯了张某人身权利和合法权益，属《行政诉讼法》规定"超越职权"的行为。

（1994年第4期《最高人民法院公报》）

祁县某纤维厂诉祁县人民政府行政赔偿案

原告：祁县某纤维厂。

被告：祁县人民政府。

晋中市中级人民法院二审认为：国家机关及其工作人员违法行使职权侵犯公民、法人和其他组织的合法权益造成损害的，受害人有取得国家赔偿的权利。但赔偿的前提必须是合法权益遭到损害。本案中，祁县某纤维厂在未取得安全生产许可证的情况下，以生产化学纤维材料为名，实际生产危险化学品二硫化碳，其行为违反国家禁止性法规，因而不存在合法利益；从另一角度看，上诉人要求赔偿的生产二硫化碳的设备、存货等直接损失与其核准登记的生产销售化学纤维产品无关，因而也不能认定为祁县某纤维厂的损失。综上，被上诉人祁县人民政府整体淘汰关闭祁县某纤维厂的行政行为虽已被生效判决撤销，但并不能因此当然地认定上诉人行为和利益的合法性，故其赔偿请求法院依法不能支持。

（2011 年第 4 期《最高人民法院公报》）

原告刘某与北京市公安局西城分局福绥境派出所履行法定职责案

原告：刘某。

被告：北京市公安局西城分局福绥境派出所。

法院认为：行政机关工作人员在执行职务时因故意或者重大过失侵犯公民合法权益造成损害的，承担部分或者全部的赔偿费用，由有关行政机关依法给予行政处分，依照刑法规定，构成犯罪的，还应当承担刑事责任。因此，行政机关工作人员执行职务时的侵权行为，不属于《治安管理处罚法》规定的违反治安管理的行为，不应当给予治安管理处罚。本案中，刘某要求对其报警事项予以处理，但该事项不属于公安机关的行政管理职责，故刘某的起诉缺乏事实根据，依法应予驳回。

（案例索引：北京市西城区人民法院（2019）京 0102 行初 697 号行政裁定书）

第 82 条　以罚代刑

第八十二条　行政机关对应当依法移交司法机关追究刑事责任的案件不移交，以行政处罚代替刑事处罚，由上级行政机关或者有关机关责令改正，对直接负责的主管人员和其他直接责任人员依法给予处分；情节严重构成犯罪的，依法追究刑事责任。

【立法说明】

2021 年 1 月 22 日全国人民代表大会宪法和法律委员会《关于〈中华人民共和国行政处罚法（修订草案三次审议稿）〉修改意见的报告》中指出：有的常委委员提出，实践中有案不移、有案不立等不作为问题较为突出，应当结合相关法律、行政法规规定，完善法律责任。宪法和法律委员会经研究，建议对依法应当移交追究刑事责任而不移交的，或者依法应当予以制止和处罚的违法行为不予制止、处罚的，加大追责力度，作相应规定。

【参考案例】

胡某、郑某徇私舞弊不移交刑事案件案

被告人：胡某，原系天津市工商行政管理局河西分局公平交易科科长。

被告人：郑某，原系天津市工商行政管理局河西分局公平交易科科员。

被告人胡某在担任天津市工商行政管理局河西分局公平交易科科长期间，于 2006 年 1 月 11 日上午，带领被告人郑某等该科工作人员对群众举报的天津某发

展有限公司涉嫌非法传销问题进行现场检查，当场扣押财务报表及宣传资料若干，并于当日询问该公司法定代表人李某，李某承认其公司营业额为 114 万余元（与所扣押财务报表上数额一致），后由被告人郑某具体负责办理该案。2006 年 3 月 16 日，被告人胡某、郑某在案件调查终结报告及处罚决定书中，认定某公司的行为属于非法传销行为，却隐瞒该案涉及经营数额巨大的事实，为牟取小集体罚款提成的利益，提出行政罚款的处罚意见。被告人胡某在局长办公会上汇报该案时亦隐瞒涉及经营数额巨大的事实。2006 年 4 月 11 日，工商河西分局同意被告人胡某、郑某的处理意见，对当事人作出“责令停止违法行为，罚款 50 万元”的行政处罚，后李某分数次将 50 万元罚款交给工商河西分局。被告人胡某、郑某所在的公平交易科因此案得到 2.5 万元罚款提成。

李某在分期缴纳工商罚款期间，又成立河西、和平、南开分公司，由王某担任河西分公司负责人，继续进行变相传销活动，并造成被害人华某等人经济损失共计 40 余万元人民币。公安机关接被害人举报后，查明李某进行传销活动非法经营数额共计 2 277 万余元人民币（工商查处时为 1 600 多万元）。天津市河西区人民检察院在审查起诉被告人李某、王某非法经营案过程中，办案人员发现胡某、郑某涉嫌徇私舞弊不移交被告人李某、王某非法经营刑事案件的犯罪线索。

2010 年 9 月 14 日，河西区人民法院作出一审判决，认为被告人胡某、郑某身为工商行政执法人员，在明知查处的非法传销行为涉及经营数额巨大，依法应当移交公安机关追究刑事责任的情况下，为牟取小集体利益，隐瞒不报违法事实涉及的金额，以罚代刑，不移交公安机关处理，致使犯罪嫌疑人在行政处罚期间，继续进行违法犯罪活动，情节严重，二被告人负有不可推卸的责任，其行为均已构成徇私舞弊不移交刑事案件罪，且系共同犯罪。判决被告人胡某、郑某犯徇私舞弊不移交刑事案件罪。

（最高人民检察院指导案例第 7 号）

莫某与金秀瑶族自治县农业农村局行政处罚案

原告：莫某。

被告：金秀瑶族自治县农业农村局。

法院认为：原告在禁渔期内携带电鱼机等捕渔工具到本县 4A 级景区水域内进行捕捞水产品，情节严重，涉嫌构成非法捕捞水产品罪。被告金某瑶族自治县农业农村局对原告非法捕捞水产品行为实施行政处罚，该处罚行为明显不当，本院有必要撤销被告金某瑶族自治县农业农村局作出的桂金农［渔业］罚（2019）1 号行政处罚决定，由被告按照法律的规定对案件重新作出处理。

（案例索引：金秀瑶族自治县人民法院（2019）桂 1324 行初 11 号行政判决书）

黄某等 3 人徇私舞弊不移交刑事案件案

原公诉机关：湖南省新化县人民检察院。

上诉人（原审被告人）：黄某，案发前系双峰县林业局林业执法稽查大队副大队长。

上诉人（原审被告人）：谢某荣，案发前任双峰县林业局林业执法稽查大队负责人。

上诉人（原审被告人）：谢某辉，案发前任双峰县林业局党委委员、副局长。

2013 年 6 月至 2015 年 4 月，被告人黄某、谢某荣、谢某辉对光耀砖厂一采矿区、二采矿区先后 3 次进行林业行政执法检查，在检查时接受了谢某等人的吃请和香烟，为完成林业局分配的经济目标任务，以罚代刑，在明知谢某等 4 人在行政检查时非法占用农用地已达刑事立案标准的情况下，仍仅作出林业行政处罚，3 次均未依法移送森林公安机关刑事立案，导致光耀砖厂非法占用、破坏林地的面积一直在扩大。

判决：一、被告人谢某荣犯徇私舞弊不移交刑事案件罪，判处有期徒刑一年六个月；二、被告人谢某辉犯徇私舞弊不移交刑事案件罪，判处有期徒刑一年四个月；三、被告人黄某犯徇私舞弊不移交刑事案件罪，判处有期徒刑一年四个月。

（案例索引：湖南省娄底市中级人民法院（2019）湘13刑终594号刑事裁定书）

第 83 条　失职责任

第八十三条　行政机关对应当予以制止和处罚的违法行为不予制止、处罚，致使公民、法人或者其他组织的合法权益、公共利益和社会秩序遭受损害的，对直接负责的主管人员和其他直接责任人员依法给予处分；情节严重构成犯罪的，依法追究刑事责任。

【参考案例】

罗某诉吉安市物价局物价行政处理案

（指导案例 77 号，最高人民法院审判委员会讨论通过，2016 年 12 月 28 日发布）

2012 年 5 月 28 日，原告罗某向被告吉安市物价局邮寄一份申诉举报函，对吉安某公司向原告收取首次办理手机卡卡费 20 元进行举报，要求被告责令吉安某公司退还非法收取原告的手机卡卡费 20 元，依法查处并没收所有电信用户首次办理手机卡被收取的卡费，依法奖励原告和书面答复原告相关处理结果。2012 年 5 月 31 日，被告收到原告的申诉举报函。2012 年 7 月 3 日，被告作出《关于对罗某 2012 年 5 月 28 日〈申诉书〉办理情况的答复》，并向原告邮寄送达。答复内容为："2012 年 5 月 31 日我局收到您反映吉安某公司新办手机卡用户收取 20 元手机卡卡费的申诉书后，我局非常重视，及时进行调查，经调查核实，江西省通管局和江西省发改委联合下发的《关于江西电信全业务套餐资费优化方案的批复》（赣通局〔2012〕14 号）规定，UIM 卡收费上限标准为入网 50 元/张，补卡、换卡 30 元/张。我局非常感谢您对物价工作的支持和帮助。”原告收到被告的答复后，以被告的答复违法为由诉至法院。

江西省吉安市吉州区人民法院于 2012 年 11 月 1 日作出（2012）吉行初字第 13 号判决：撤销吉安市物价局《关于对罗某 2012 年 5 月 28 日〈申诉书〉办理情况的答复》，限其在十五日内重新作出书面答复。

法院生效裁判认为：

关于吉安市物价局举报答复行为的可诉性问题。本案中，吉安市物价局依法应对罗某举报的吉安市某公司收取卡费行为是否违法进行调查认定，并告知调查结果，但其作出的举报答复将《关于江西电信全业务套餐资费优化方案的批复》中规定的 UIM 卡收费上限标准进行了罗列，未载明对举报事项的处理结果。此种以告知《批复》有关内容代替告知举报调查结果行为，未能依法履行保护举报人财产权的法定职责，本身就是对罗某通过正当举报途径寻求救济的权利的一种侵犯，不属于司法解释中规定的“对公民、法人或者其他组织权利义务不产生实际影响的行为”的范围，具有可诉性，属于人民法院行政诉讼的受案范围。

关于罗某的原告资格问题。本案中，罗某虽然要求吉安市物价局“依法查处并没收所有电信用户首次办理手机卡被收取的卡费”，但仍是基于认为吉安某公司收取卡费行为侵害其自身合法权益，向吉安市物价局进行举报，并持有收取费用的发票作为证据。因此，罗某与举报处理行为具有法律上的利害关系，具有行政诉讼原告主体资格，依法可以提起行政诉讼。

关于举报答复合法性的问题。本案中吉安市物价局作为价格主管部门，依法具有受理价格违法行为举报，并对价格是否违法进行审查，提出分类处理意见的法定职责。罗某在申诉举报函中明确列举了三项举报请求，且要求吉安市物价局在查处结束后书面告知罗某处理结果，该答复未依法载明吉安市物价局对被举报事项的处理结果，违反了《价格违法行为举报规定》第十四条的规定，不具有合法性，应予以纠正。

原告张某与郑州市金水区食品药品监督管理局不履行法定职责案

原告：张某。

被告：郑州市金水区食品药品监督管理局。

法院认为：本案是一起因医疗美容纠纷引起投诉举报，进而对投诉举报事项处理不服引起争讼的行政争议案件。原告认为美容手术中被施以全麻，怀疑麻醉药品有安全质量问题，来源违法要求被告全面查处。而被告经调查认为现场未发现麻醉药品，其手术使用的药物经查也符合规定，没有违法行为，故对投诉举报事项不予立案。原告对不予立案答复不服，提起诉讼。

双方争执的焦点是被告关于没有违法事实的结论是否成立。被告认为已对手术使用的利多卡因进行了深入调查，药品质量、进药渠道均没有问题，故认定没有违法事实发生，不予立案。而原告认为被告没有进行全面的检查、调查，答复不合法。本院认为，从现场调查和证据看，手术时用于麻醉的药物为盐酸利多卡因注射液（局麻），及安定针地西泮。被告虽对盐酸利多卡因注射液质量、进货渠道等进行了深入调查，确定符合规定，但未对手术中使用的安定针地西泮进行相应的调查。对事实的调查不够全面。虽然投诉人投诉的是麻醉药物，地西泮属于精神药品，不在投诉范围，但不能要求投诉人必须具有专业的医学知识，行政机关的工作系基于行政管理职责展开，应当对手术涉及的用于麻醉的药品进行全面的调查，在此基础上得出全面、客观、公正的结论。

（案例索引：河南省郑州市管城回族区人民法院（2019）豫0104行初26号行政判决书）

吉林省白山市人民检察院诉白山市江源区卫生和计划生育局、白山市江源区某中医院环境公益诉讼案

（指导案例 136 号，最高人民法院审判委员会讨论通过，2019 年 12 月 26 日发布）

白山市江源区某中医院新建综合楼时，未建设符合环保要求的污水处理设施即投入使用。吉林省白山市人民检察院发现该线索后，进行了调查。调查发现白山市江源区某中医院通过渗井、渗坑排放医疗污水。经对其排放的医疗污水及渗井周边土壤取样检验，化学需氧量、五日生化需氧量、悬浮物、总余氯等均超过国家标准。还发现白山市江源区卫生和计划生育局在白山市江源区某中医院未提交环评合格报告的情况下，对其《医疗机构职业许可证》校验为合格，且对其违法排放医疗污水的行为未及时制止，存在违法行为。

白山市中级人民法院于 2016 年 7 月 15 日以(2016)吉 06 行初 4 号行政判决，确认被告白山市江源区卫生和计划生育局于 2015 年 5 月 18 日对第三人白山市江源区某中医院《医疗机构执业许可证》校验合格的行政行为违法；责令被告白山市江源区卫生和计划生育局履行监管职责，监督第三人白山市江源区某中医院在 3 个月内完成医疗污水处理设施的整改。同日，白山市中级人民法院作出（2016）吉 06 民初 19 号民事判决，判令被告白山市江源区某中医院立即停止违法排放医疗污水。

法院生效裁判认为：白山市江源区卫生和计划生育局在白山市江源区某中医院未提交环评合格报告的情况下，对其《医疗机构职业许可证》校验为合格，违反上述规定，该校验行为违法。白山市江源区某中医院违法排放医疗污水，导致周边地下水及土壤存在重大污染风险。白山市江源区卫生和计划生育局作为卫生行政主管部门，未及时制止，其怠于履行监管职责的行为违法。白山市江源区某中医院通过渗井、渗坑违法排放医疗污水，且污水处理设施建设完工及环评验收需要一定的时间，故白山市江源区卫生和计划生育局应当继续履行监管职责，督促白山市江源区某中医院污水处理工程及时完工，达到环评要求并投入使用，符

合规定的校验医疗机构执业许可证的条件。

岳某等3人食品监管渎职案

原公诉机关：山东省聊城市东昌府区人民检察院。

上诉人（原审被告人）：岳某，原莘县市场监督管理局大张家镇市场监督管理所所长。

上诉人（原审被告人）：范某，原莘县市场监督管理局大张家镇市场监督管理所科员。

原审被告人：孔某，原莘县食品药品监督管理局大张家镇食品药品监督管理所负责人。

2012年至2015年11月，被告人岳某、范某在莘县工商行政管理局第六经检中队工作期间，被告人孔某在任莘县工商行政管理局第六经检中队科员和莘县食品药品监督局大张镇食药所负责人期间，在明知莘县大张明泉饮料加工厂负责人李某无照经营的情况下，违反《食品安全法》《国务院关于加强食品等产品安全监督管理的特别规定》《无照经营查处取缔办法》等法律法规规定，徇私舞弊，滥用职权，多次对李某实施罚款，未依法取缔该加工厂，致使50余万元的假冒汇源果汁流向市场，危害食品安全，造成严重后果。

法院以食品监管渎职罪，均判处被告人岳某、范某、孔某有期徒刑7个月，缓刑1年。

（案例索引：山东省聊城市中级人民法院（2017）鲁15刑终10号刑事裁定书）

第 84 条　属地原则

第八十四条　外国人、无国籍人、外国组织在中华人民共和国领域内有违法行为，应当给予行政处罚的，适用本法，法律另有规定的除外。

【立法说明】

全国人大常委会法制工作委员会副主任许安标 2020 年 6 月 28 日在第十三届全国人民代表大会常务委员会第二十次会议上所作的《关于〈中华人民共和国行政处罚法（修订草案）〉的说明》中指出，经过多年的执法实践，行政处罚的适用规则不断发展完善，在总结实践经验基础上，作以下补充完善：进一步明确适用范围，外国人、无国籍人、外国组织在中华人民共和国领域内有违法行为，应当给予行政处罚的，适用本法，法律另有规定的除外。

【司法性文件】

问：行政处罚法关于行政处罚的规定是否适用外国人？（劳动部 1996 年 12 月 25 日）

答：行政处罚法关于行政处罚的规定，适用于中华人民共和国境内的外国人、外国组织、无国籍人，法律另有规定的除外。（全国人大常委会法制工作委员会 1997 年 1 月 3 日）

【参考案例】

上诉人孙某与北京市公安局朝阳分局治安处罚案

上诉人（一审原告）：孙某。

被上诉人（一审被告）：北京市公安局朝阳分局。

2018 年 6 月 3 日，孙某在朝阳区三里屯太古里南区被查获，该人签证有效期至 2017 年 10 月 30 日，后在华非法居留。

二审法院认为：根据《出境入境管理法》第七十条的规定，本章规定的行政处罚，除本章另有规定外，由县级以上地方人民政府公安机关或者出入境边防检查机关决定；其中警告或者五千元以下罚款，可以由县级以上地方人民政府公安机关出入境管理机构决定。原《公安机关办理行政案件程序规定》第九条规定，行政案件由违法行为地的公安机关管辖。本案中，孙某在北京市朝阳区三里屯太古里南区被查获，朝阳公安分局作为县级以上地方人民政府公安机关，对违反出境入境管理的行为具有进行调查处理并作出行政处罚的法定职责。

（案例索引：北京市高级人民法院（2019）京行终 2302 号行政判决书）

第85条　工作日

第八十五条　本法中“二日”“三日”“五日”“七日”的规定是指工作日，不含法定节假日。

【司法性文件】

最高人民法院关于行政机关在星期六实施强制拆除是否违反《中华人民共和国行政强制法》第四十三条第一款规定的请示的答复

（〔2016〕最高法行他81号）

安徽省高级人民法院：

你院《关于孙邦柱诉房屋强制拆除一案如何适用〈中华人民共和国行政强制法〉第四十三条第一款的请示》收悉。经研究，答复如下：

依照《中华人民共和国行政强制法》第四十三条第一款及第六十九条的规定，行政机关不得在星期六实施强制拆除，但情况紧急的除外。

此复。

最高人民法院

2017年12月20日

【参考案例】

沈某与北京市朝阳区人民政府行政复议案

原告：沈某。

被告：北京市朝阳区人民政府。

法院认为：本案中，原告针对朝阳分局在调查案件中未拍摄现场照片的行为提起行政复议，该行为系行政机关办理案件中收集证据的调查行为，不是针对原告举报案件作出的终局性行政行为，未对原告的权利、义务进行设立、变更或消灭，即未对原告的权利义务产生影响，故被告认定原告申请的行政复议事项不符合行政复议范围。

依据《行政复议法》规定，行政复议机关作出不予受理决定的期间应当自行政复议机关收到行政复议申请的时间计算五个工作日，而不是从行政复议机关负责法制工作的机构收到之日起计算。本案中朝阳区政府系行政复议机关，原告邮寄的行政复议申请到达朝阳区政府的时间3月9日应当作为收到之日，3月9日为期间开始时间不予计算，至3月16日五个工作日届满（其中3月14日、15日为周六、周日）。现被告于3月17日作出《决定书》显然超出法定期限。

综上，被告对原告行政复议申请作出不予受理的证据充分、符合相关法律规定，但其未在法定期限内作出，应属程序轻微违法，法院确认被告作出《决定书》的行为违法，鉴于该行为未对原告权利产生实际影响，故不撤销被诉《决定书》。

（2018年第4辑《人民法院案例选》）

再审申请人辽宁省大连市城市管理行政执法局与大连某轴承仪器厂有限责任公司强制拆除案

再审申请人：辽宁省大连市城市管理行政执法局。

被申请人：大连某轴承仪器厂有限责任公司。

最高人民法院认为：《行政强制法》第四十三条并未明确规定公休日禁止行政强制执行，但究其立法目的是防止行政强制执行过于扰民，保障当事人正常的生活休息权利，故行政强制执行一般应当在正常工作时间进行。根据国务院《全国年节及纪念日放假办法》的规定，法定节假日不包含公休日，但对于法定节假日与公休日连休形成小长假的情形，行政机关在此期间实施行政强制执行，不仅侵害当事人的休息权，亦违反行政强制法的立法本意，属程序违法，应予禁止。本案当时的情况是，2013 年 4 月 4 日是清明节，4 月 5 日、6 日为公休日（7 日公休日调至 5 日），与 4 月 4 日清明节连休形成小长假。因此，大连城管执法局 2013 年 4 月 5 日至 9 日在清明节放假期间对大连某轴承仪器厂旧厂房改扩建工程实施强制拆除，且非情况紧急的情形，违反行政强制法的规定，程序违法。

（案例索引：最高人民法院（2017）最高法行申 6988 号行政裁定书）

再审申请人浮梁县某砖厂与江西省浮梁县人民政府房屋行政强制案

再审申请人（一审原告、二审上诉人）：浮梁县某砖厂。

被申请人（一审被告、二审被上诉人）：江西省浮梁县人民政府。

最高人民法院认为：

关于行政处罚决定方面。一般而言，在强拆行为的审查中，对于作为强制拆除依据的行政处罚决定，应审查其是否存在明显违法的情形。根据原审查明的事实，再审申请人确未取得厂区内厂房、钢棚等建筑物、构筑物的建设工程规划许可证。再审申请人对于被诉行政处罚决定并未提起行政复议或行政诉讼，且在行政处罚决定限定的期限内未自行拆除违法建筑。被申请人陶瓷工业园城市综合管理局依照《行政强制法》予以了公告和催告，再审申请人仍未拆除。被申请人陶瓷工业园城市综合管理局在公告期满后强制拆除，并无不当。

关于强制拆除程序方面。根据《行政强制法》第四十三条第一款的规定，行政机关不得在夜间或者法定节假日实施行政强制执行，但是情况紧急的除外。本案中，在案证据可以证明，被申请人陶瓷工业园城市综合管理局因考虑到涉案厂房系建设在道路旁，基于交通、安全等方面因素，于 2017 年 4 月 6 日早上 4 点对再审申请人的违法建筑物、构筑物实施了强制拆除。二审法院对该执法程序予以指正，但鉴于拆除区域并非生活居住用房且为了减少对交通的影响，该执法程序虽有不当，但仅基于此提起再审并无必要。

（案例索引：最高人民法院（2020）最高法行申873号行政裁定书）

陆某明、陆某强妨害公务案

原公诉机关：贵州省桐梓县人民检察院。

原审上诉人（原审被告人）：陆某明。

原审上诉人（原审被告人）：陆某强。

再审法院认为：贵州省桐梓县公安局为处理治安案件，于1998年11月9日凌晨1时许，由公安干警肖某等4人持98第0461号传唤证，到陆某明住宅外，要求陆某明开门接受传唤，该传唤证上载明“传唤居住在桐梓县娄山关镇城郊村三组的公民陆某明于1998年11月9日前来本局接受讯问”。陆某明以有事白天来为由，拒绝开门，并告知其子陆某强“如果他们强行冲进来就自卫”。随后赶到的贵州省桐梓县公安局副局长张某决定强制传唤陆某明。在公安干警撬开陆某明家卷帘门的过程中，陆某明及家人在楼上用砖头掷击公安干警，公安消防队用高压水枪喷向阳台上的陆某明及其家人。卷帘门被撬开后，公安干警上楼带走了陆某明、其二儿子陆某某、大儿媳妇陈某某。在此过程中，民警刘某称被陆某明家人打伤。与此同时，另外几名民警搭梯子上到陆某明家三楼平台，民警钱某、付某被在平台上手持木棒的陆某强打伤。

贵州省桐梓县公安局传唤陆某明于1998年11月9日到该局接受讯问，1998年11月9日凌晨1时许，公安民警到陆某明的住宅执行传唤时，陆某明称天亮后接受传唤并未超过指定时间，不能认定其拒绝传唤或逃避传唤。在此过程中，桐梓县公安局对陆某明采取的强制传唤的方式，其强度超过了必要的限度。在此情况下，以妨害公务罪对陆某明、陆某强定罪量刑实属适用法律不当。终审宣告：陆某明、陆某强无罪。

（案例索引：云南省高级人民法院（2016）云刑再3号刑事判决书）

第86条　施行日期

第八十六条　本法自2021年7月15日起施行。

【立法说明】

《行政处罚法》1996年3月17日第八届全国人民代表大会第四次会议通过，根据2009年8月27日第十一届全国人民代表大会常务委员会第十次会议《关于修改部分法律的决定》第一次修正，根据2017年9月1日第十二届全国人民代表大会常务委员会第二十九次会议《关于修改〈中华人民共和国法官法〉等八部法律的决定》第二次修正，2021年1月22日第十三届全国人民代表大会常务委员会第二十五次会议修订。

全国人大常委会法制工作委员会副主任许安标2020年6月28日在第十三届全国人民代表大会常务委员会第二十次会议上所作的《关于〈中华人民共和国行政处罚法（修订草案）〉的说明》中指出：

行政处罚是行政机关有效实施行政管理，保障法律、法规贯彻施行的重要手段。现行行政处罚法于1996年由第八届全国人大第四次会议通过，2009年和2017年先后两次作了个别条文修改，对行政处罚的种类、设定和实施作了基本规定。该法颁布施行以来，对增强行政机关及其工作人员依法行政理念，依法惩处各类行政违法行为，推动解决乱处罚问题，保护公民、法人和其他组织合法权益发挥了重要作用，积累了宝贵经验，同时，执法实践中也提出了一些新的问题。

党的十八大以来，以习近平同志为核心的党中央推进全面依法治国，深化行政执法体制改革，建立权责统一、权威高效的行政执法体制；完善行政执法程序，坚持严格规范公正文明执法。为贯彻落实党中央重大改革决策部署，推进国家治理体系和治理能力现代化，加强法治政府建设，完善行政处罚制度，解决执法实践中遇到的突出问题，有必要修改行政处罚法。

2021 年 1 月 22 日全国人民代表大会宪法和法律委员会《关于〈中华人民共和国行政处罚法（修订草案三次审议稿）〉修改意见的报告》中指出：在常委会审议中，有些常委会组成人员建议有关方面抓紧制定配套规定，及时开展法规、规章和其他规范性文件清理工作，加强法律宣传和指导，强化行政执法人财物保障。

宪法和法律委员会经研究认为，上述意见涉及的问题，有的已在相关法律中作出规定，有的可在制定相关法律时作出规定，有的需要在配套规定中进一步细化，建议有关方面认真研究落实，抓紧完善配套规定，及时开展清理工作，做好法律宣传，加强行政执法保障，切实做好法律的贯彻实施。经与有关部门研究，建议将修订后的行政处罚法的施行时间确定为 2021 年 7 月 15 日。

附：

中华人民共和国行政处罚法

（1996年3月17日第八届全国人民代表大会第四次会议通过　根据2009年8月27日第十一届全国人民代表大会常务委员会第十次会议《关于修改部分法律的决定》第一次修正　根据2017年9月1日第十二届全国人民代表大会常务委员会第二十九次会议《关于修改〈中华人民共和国法官法〉等八部法律的决定》第二次修正　2021年1月22日第十三届全国人民代表大会常务委员会第二十五次会议修订）

第一章　总　则

第一条　为了规范行政处罚的设定和实施，保障和监督行政机关有效实施行政管理，维护公共利益和社会秩序，保护公民、法人或者其他组织的合法权益，根据宪法，制定本法。

第二条　行政处罚是指行政机关依法对违反行政管理秩序的公民、法人或者其他组织，以减损权益或者增加义务的方式予以惩戒的行为。

第三条　行政处罚的设定和实施，适用本法。

第四条　公民、法人或者其他组织违反行政管理秩序的行为，应当给予行政处罚的，依照本法由法律、法规、规章规定，并由行政机关依照本法规定的程序实施。

第五条　行政处罚遵循公正、公开的原则。

设定和实施行政处罚必须以事实为依据，与违法行为的事实、性质、情节以及社会危害程度相当。

对违法行为给予行政处罚的规定必须公布；未经公布的，不得作为行政处罚的依据。

第六条 实施行政处罚，纠正违法行为，应当坚持处罚与教育相结合，教育公民、法人或者其他组织自觉守法。

第七条 公民、法人或者其他组织对行政机关所给予的行政处罚，享有陈述权、申辩权；对行政处罚不服的，有权依法申请行政复议或者提起行政诉讼。

公民、法人或者其他组织因行政机关违法给予行政处罚受到损害的，有权依法提出赔偿要求。

第八条 公民、法人或者其他组织因违法行为受到行政处罚，其违法行为对他人造成损害的，应当依法承担民事责任。

违法行为构成犯罪，应当依法追究刑事责任的，不得以行政处罚代替刑事处罚。

第二章 行政处罚的种类和设定

第九条 行政处罚的种类：

（一）警告、通报批评；

（二）罚款、没收违法所得、没收非法财物；

（三）暂扣许可证件、降低资质等级、吊销许可证件；

（四）限制开展生产经营活动、责令停产停业、责令关闭、限制从业；

（五）行政拘留；

（六）法律、行政法规规定的其他行政处罚。

第十条 法律可以设定各种行政处罚。

限制人身自由的行政处罚，只能由法律设定。

第十一条 行政法规可以设定除限制人身自由以外的行政处罚。

法律对违法行为已经作出行政处罚规定，行政法规需要作出具体规定的，必须在法律规定的给予行政处罚的行为、种类和幅度的范围内规定。

法律对违法行为未作出行政处罚规定，行政法规为实施法律，可以补充设定行政处罚。拟补充设定行政处罚的，应当通过听证会、论证会等形式广泛听取意见，并向制定机关作出书面说明。行政法规报送备案时，应当说明补充设定行政处罚的情况。

第十二条 地方性法规可以设定除限制人身自由、吊销营业执照以外的行政处罚。

法律、行政法规对违法行为已经作出行政处罚规定，地方性法规需要作出具体规定的，必须在法律、行政法规规定的给予行政处罚的行为、种类和幅度的范围内规定。

法律、行政法规对违法行为未作出行政处罚规定，地方性法规为实施法律、行政法规，可以补充设定行政处罚。拟补充设定行政处罚的，应当通过听证会、论证会等形式广泛听取意见，并向制定机关作出书面说明。地方性法规报送备案时，应当说明补充设定行政处罚的情况。

第十三条 国务院部门规章可以在法律、行政法规规定的给予行政处罚的行为、种类和幅度的范围内作出具体规定。

尚未制定法律、行政法规的，国务院部门规章对违反行政管理秩序的行为，可以设定警告、通报批评或者一定数额罚款的行政处罚。罚款的限额由国务院规定。

第十四条 地方政府规章可以在法律、法规规定的给予行政处罚的行为、种类和幅度的范围内作出具体规定。

尚未制定法律、法规的，地方政府规章对违反行政管理秩序的行为，可以设定警告、通报批评或者一定数额罚款的行政处罚。罚款的限额由省、自治区、直辖市人民代表大会常务委员会规定。

第十五条 国务院部门和省、自治区、直辖市人民政府及其有关部门应当定期组织评估行政处罚的实施情况和必要性，对不适当的行政处罚事项及种类、罚款数额等，应当提出修改或者废止的建议。

第十六条 除法律、法规、规章外，其他规范性文件不得设定行政处罚。

第三章 行政处罚的实施机关

第十七条 行政处罚由具有行政处罚权的行政机关在法定职权范围内实施。

第十八条 国家在城市管理、市场监管、生态环境、文化市场、交通运输、应急管理、农业等领域推行建立综合行政执法制度，相对集中行政处罚权。

国务院或者省、自治区、直辖市人民政府可以决定一个行政机关行使有关行政机关的行政处罚权。

限制人身自由的行政处罚权只能由公安机关和法律规定的其他机关行使。

第十九条 法律、法规授权的具有管理公共事务职能的组织可以在法定授权范围内实施行政处罚。

第二十条 行政机关依照法律、法规、规章的规定，可以在其法定权限内书面委托符合本法第二十一条规定条件的组织实施行政处罚。行政机关不得委托其他组织或者个人实施行政处罚。

委托书应当载明委托的具体事项、权限、期限等内容。委托行政机关和受委托组织应当将委托书向社会公布。

委托行政机关对受委托组织实施行政处罚的行为应当负责监督，并对该行为的后果承担法律责任。

受委托组织在委托范围内，以委托行政机关名义实施行政处罚；不得再委托其他组织或者个人实施行政处罚。

第二十一条 受委托组织必须符合以下条件：

（一）依法成立并具有管理公共事务职能；

（二）有熟悉有关法律、法规、规章和业务并取得行政执法资格的工作人员；

（三）需要进行技术检查或者技术鉴定的，应当有条件组织进行相应的技术检查或者技术鉴定。

第四章 行政处罚的管辖和适用

第二十二条 行政处罚由违法行为发生地的行政机关管辖。法律、行政法规、部门规章另有规定的，从其规定。

第二十三条 行政处罚由县级以上地方人民政府具有行政处罚权的行政机关管辖。法律、行政法规另有规定的，从其规定。

第二十四条 省、自治区、直辖市根据当地实际情况，可以决定将基层管理迫切需要的县级人民政府部门的行政处罚权交由能够有效承接的乡镇人民政府、街道办事处行使，并定期组织评估。决定应当公布。

承接行政处罚权的乡镇人民政府、街道办事处应当加强执法能力建设，按照规定范围、依照法定程序实施行政处罚。

有关地方人民政府及其部门应当加强组织协调、业务指导、执法监督，建立健全行政处罚协调配合机制，完善评议、考核制度。

第二十五条 两个以上行政机关都有管辖权的，由最先立案的行政机关管辖。

对管辖发生争议的，应当协商解决，协商不成的，报请共同的上一级行政机关指定管辖；也可以直接由共同的上一级行政机关指定管辖。

第二十六条 行政机关因实施行政处罚的需要，可以向有关机关提出协助请求。协助事项属于被请求机关职权范围内的，应当依法予以协助。

第二十七条 违法行为涉嫌犯罪的，行政机关应当及时将案件移送司法机关，依法追究刑事责任。对依法不需要追究刑事责任或者免予刑事处罚，但应当给予行政处罚的，司法机关应当及时将案件移送有关行政机关。

行政处罚实施机关与司法机关之间应当加强协调配合，建立健全案件移送制度，加强证据材料移交、接收衔接，完善案件处理信息通报机制。

第二十八条 行政机关实施行政处罚时，应当责令当事人改正或者限期改正违法行为。

当事人有违法所得，除依法应当退赔的外，应当予以没收。违法所得是指实施违法行为所取得的款项。法律、行政法规、部门规章对违法所得的计算另有规定的，从其规定。

第二十九条 对当事人的同一个违法行为，不得给予两次以上罚款的行政处罚。同一个违法行为违反多个法律规范应当给予罚款处罚的，按照罚款数额高的规定处罚。

第三十条 不满十四周岁的未成年人有违法行为的，不予行政处罚，责令监护人加以管教；已满十四周岁不满十八周岁的未成年人有违法行为的，应当从轻或者减轻行政处罚。

第三十一条 精神病人、智力残疾人在不能辨认或者不能控制自己行为时有违法行为的，不予行政处罚，但应当责令其监护人严加看管和治疗。间歇性精神病人在精神正常时有违法行为的，应当给予行政处罚。尚未完全丧失辨认或者控制自己行为能力的精神病人、智力残疾人有违法行为的，可以从轻或者减轻行政处罚。

第三十二条 当事人有下列情形之一，应当从轻或者减轻行政处罚：

（一）主动消除或者减轻违法行为危害后果的；

（二）受他人胁迫或者诱骗实施违法行为的；

（三）主动供述行政机关尚未掌握的违法行为的；

（四）配合行政机关查处违法行为有立功表现的；

（五）法律、法规、规章规定其他应当从轻或者减轻行政处罚的。

第三十三条 违法行为轻微并及时改正，没有造成危害后果的，不予行政处罚。初次违法且危害后果轻微并及时改正的，可以不予行政处罚。

当事人有证据足以证明没有主观过错的，不予行政处罚。法律、行政法规另有规定的，从其规定。

对当事人的违法行为依法不予行政处罚的，行政机关应当对当事人进行教育。

第三十四条 行政机关可以依法制定行政处罚裁量基准，规范行使行政处罚裁量权。行政处罚裁量基准应当向社会公布。

第三十五条 违法行为构成犯罪，人民法院判处拘役或者有期徒刑时，行政机关已经给予当事人行政拘留的，应当依法折抵相应刑期。

违法行为构成犯罪，人民法院判处罚金时，行政机关已经给予当事人罚款的，应当折抵相应罚金；行政机关尚未给予当事人罚款的，不再给予罚款。

第三十六条 违法行为在二年内未被发现的，不再给予行政处罚；涉及公民生命健康安全、金融安全且有危害后果的，上述期限延长至五年。法律另有规定的除外。

前款规定的期限，从违法行为发生之日起计算；违法行为有连续或者继续状态的，从行为终了之日起计算。

第三十七条 实施行政处罚，适用违法行为发生时的法律、法规、规章的规定。但是，作出行政处罚决定时，法律、法规、规章已被修改或者废止，且新的规定处罚较轻或者不认为是违法的，适用新的规定。

第三十八条 行政处罚没有依据或者实施主体不具有行政主体资格的，行政处罚无效。

违反法定程序构成重大且明显违法的，行政处罚无效。

第五章 行政处罚的决定

第一节 一般规定

第三十九条 行政处罚的实施机关、立案依据、实施程序和救济渠道等信息应当公示。

第四十条 公民、法人或者其他组织违反行政管理秩序的行为，依法应当给予行政处罚的，行政机关必须查明事实；违法事实不清、证据不足的，不得给予行政处罚。

第四十一条 行政机关依照法律、行政法规规定利用电子技术监控设备收集、固定违法事实的，应当经过法制和技术审核，确保电子技术监控设备符合标准、设置合理、标志明显，设置地点应当向社会公布。

电子技术监控设备记录违法事实应当真实、清晰、完整、准确。行政机关应当审核记录内容是否符合要求；未经审核或者经审核不符合要求的，不得作为行政处罚的证据。

行政机关应当及时告知当事人违法事实，并采取信息化手段或者其他措施，为当事人查询、陈述和申辩提供便利。不得限制或者变相限制当事人享有的陈述权、申辩权。

第四十二条 行政处罚应当由具有行政执法资格的执法人员实施。执法人员不得少于两人，法律另有规定的除外。

执法人员应当文明执法，尊重和保护当事人合法权益。

第四十三条 执法人员与案件有直接利害关系或者有其他关系可能影响公正执法的，应当回避。

当事人认为执法人员与案件有直接利害关系或者有其他关系可能影响公正执法的，有权申请回避。

当事人提出回避申请的，行政机关应当依法审查，由行政机关负责人决定。决定作出之前，不停止调查。

第四十四条 行政机关在作出行政处罚决定之前，应当告知当事人拟作出的行政处罚内容及事实、理由、依据，并告知当事人依法享有的陈述、申辩、要求听证等权利。

第四十五条 当事人有权进行陈述和申辩。行政机关必须充分听取当事人的意见，对当事人提出的事实、理由和证据，应当进行复核；当事人提出的事实、理由或者证据成立的，行政机关应当采纳。

行政机关不得因当事人陈述、申辩而给予更重的处罚。

第四十六条 证据包括：

（一）书证；

（二）物证；

（三）视听资料；

（四）电子数据；

（五）证人证言；

（六）当事人的陈述；

（七）鉴定意见；

（八）勘验笔录、现场笔录。

证据必须经查证属实，方可作为认定案件事实的根据。

以非法手段取得的证据，不得作为认定案件事实的根据。

第四十七条 行政机关应当依法以文字、音像等形式，对行政处罚的启动、调查取证、审核、决定、送达、执行等进行全过程记录，归档保存。

第四十八条 具有一定社会影响的行政处罚决定应当依法公开。

公开的行政处罚决定被依法变更、撤销、确认违法或者确认无效的，行政机关应当在三日内撤回行政处罚决定信息并公开说明理由。

第四十九条 发生重大传染病疫情等突发事件，为了控制、减轻和消除突发事件引起的社会危害，行政机关对违反突发事件应对措施的行为，依法快速、从重处罚。

第五十条 行政机关及其工作人员对实施行政处罚过程中知悉的国家秘密、商业秘密或者个人隐私，应当依法予以保密。

第二节 简易程序

第五十一条 违法事实确凿并有法定依据，对公民处以二百元以下、对法人或者其他组织处以三千元以下罚款或者警告的行政处罚的，可以当场作出行政处罚决定。法律另有规定的，从其规定。

第五十二条 执法人员当场作出行政处罚决定的，应当向当事人出示执法证件，填写预定格式、编有号码的行政处罚决定书，并当场交付当事人。当事人拒绝签收的，应当在行政处罚决定书上注明。

前款规定的行政处罚决定书应当载明当事人的违法行为，行政处罚的种类和依据、罚款数额、时间、地点，申请行政复议、提起行政诉讼的途径和期限以及行政机关名称，并由执法人员签名或者盖章。

执法人员当场作出的行政处罚决定，应当报所属行政机关备案。

第五十三条 对当场作出的行政处罚决定，当事人应当依照本法第六十七条至第六十九条的规定履行。

第三节 普通程序

第五十四条 除本法第五十一条规定的可以当场作出的行政处罚外，行政机关发现公民、法人或者其他组织有依法应当给予行政处罚的行为的，必须全面、客观、公正地调查，收集有关证据；必要时，依照法律、法规的规定，可以进行检查。

符合立案标准的，行政机关应当及时立案。

第五十五条 执法人员在调查或者进行检查时，应当主动向当事人或者有关人员出示执法证件。当事人或者有关人员有权要求执法人员出示执法证件。执法人员不出示执法证件的，当事人或者有关人员有权拒绝接受调查或者检查。

当事人或者有关人员应当如实回答询问，并协助调查或者检查，不得拒绝或者阻挠。询问或者检查应当制作笔录。

第五十六条 行政机关在收集证据时，可以采取抽样取证的方法；在证据可能灭失或者以后难以取得的情况下，经行政机关负责人批准，可以先行登记保存，并应当在七日内及时作出处理决定，在此期间，当事人或者有关人员不得销毁或者转移证据。

第五十七条 调查终结，行政机关负责人应当对调查结果进行审查，根据不同情况，分别作出如下决定：

（一）确有应受行政处罚的违法行为的，根据情节轻重及具体情况，作出行政处罚决定；

（二）违法行为轻微，依法可以不予行政处罚的，不予行政处罚；

（三）违法事实不能成立的，不予行政处罚；

（四）违法行为涉嫌犯罪的，移送司法机关。

对情节复杂或者重大违法行为给予行政处罚，行政机关负责人应当集体讨论决定。

第五十八条 有下列情形之一，在行政机关负责人作出行政处罚的决定之前，应当由从事行政处罚决定法制审核的人员进行法制审核；未经法制审核或者审核未通过的，不得作出决定：

（一）涉及重大公共利益的；

（二）直接关系当事人或者第三人重大权益，经过听证程序的；

（三）案件情况疑难复杂、涉及多个法律关系的；

（四）法律、法规规定应当进行法制审核的其他情形。

行政机关中初次从事行政处罚决定法制审核的人员，应当通过国家统一法律职业资格考试取得法律职业资格。

第五十九条 行政机关依照本法第五十七条的规定给予行政处罚，应当制作行政处罚决定书。行政处罚决定书应当载明下列事项：

（一）当事人的姓名或者名称、地址；

（二）违反法律、法规、规章的事实和证据；

（三）行政处罚的种类和依据；

（四）行政处罚的履行方式和期限；

（五）申请行政复议、提起行政诉讼的途径和期限；

（六）作出行政处罚决定的行政机关名称和作出决定的日期。

行政处罚决定书必须盖有作出行政处罚决定的行政机关的印章。

第六十条 行政机关应当自行政处罚案件立案之日起九十日内作出行政处罚决定。法律、法规、规章另有规定的，从其规定。

第六十一条 行政处罚决定书应当在宣告后当场交付当事人；当事人不在场的，行政机关应当在七日内依照《中华人民共和国民事诉讼法》的有关规定，将行政处罚决定书送达当事人。

当事人同意并签订确认书的，行政机关可以采用传真、电子邮件等方式，将行政处罚决定书等送达当事人。

第六十二条 行政机关及其执法人员在作出行政处罚决定之前，未依照本法第四十四条、第四十五条的规定向当事人告知拟作出的行政处罚内容及事实、理由、依据，或者拒绝听取当事人的陈述、申辩，不得作出行政处罚决定；当事人明确放弃陈述或者申辩权利的除外。

第四节　听证程序

第六十三条　行政机关拟作出下列行政处罚决定，应当告知当事人有要求听证的权利，当事人要求听证的，行政机关应当组织听证：

（一）较大数额罚款；

（二）没收较大数额违法所得、没收较大价值非法财物；

（三）降低资质等级、吊销许可证件；

（四）责令停产停业、责令关闭、限制从业；

（五）其他较重的行政处罚；

（六）法律、法规、规章规定的其他情形。

当事人不承担行政机关组织听证的费用。

第六十四条　听证应当依照以下程序组织：

（一）当事人要求听证的，应当在行政机关告知后五日内提出；

（二）行政机关应当在举行听证的七日前，通知当事人及有关人员听证的时间、地点；

（三）除涉及国家秘密、商业秘密或者个人隐私依法予以保密外，听证公开举行；

（四）听证由行政机关指定的非本案调查人员主持；当事人认为主持人与本案有直接利害关系的，有权申请回避；

（五）当事人可以亲自参加听证，也可以委托一至二人代理；

（六）当事人及其代理人无正当理由拒不出席听证或者未经许可中途退出听证的，视为放弃听证权利，行政机关终止听证；

（七）举行听证时，调查人员提出当事人违法的事实、证据和行政处罚建议，当事人进行申辩和质证；

（八）听证应当制作笔录。笔录应当交当事人或者其代理人核对无误后签字或者盖章。当事人或者其代理人拒绝签字或者盖章的，由听证主持人在笔录中注明。

第六十五条　听证结束后，行政机关应当根据听证笔录，依照本法第五十七条的规定，作出决定。

第六章　行政处罚的执行

第六十六条　行政处罚决定依法作出后，当事人应当在行政处罚决定书载明的期限内，予以履行。

当事人确有经济困难，需要延期或者分期缴纳罚款的，经当事人申请和行政机关批准，可以暂缓或者分期缴纳。

第六十七条　作出罚款决定的行政机关应当与收缴罚款的机构分离。

除依照本法第六十八条、第六十九条的规定当场收缴的罚款外，作出行政处罚决定的行政机关及其执法人员不得自行收缴罚款。

当事人应当自收到行政处罚决定书之日起十五日内，到指定的银行或者通过电子支付系统缴纳罚款。银行应当收受罚款，并将罚款直接上缴国库。

第六十八条　依照本法第五十一条的规定当场作出行政处罚决定，有下列情形之一，执法人员可以当场收缴罚款：

（一）依法给予一百元以下罚款的；

（二）不当场收缴事后难以执行的。

第六十九条　在边远、水上、交通不便地区，行政机关及其执法人员依照本法第五十一条、第五十七条的规定作出罚款决定后，当事人到指定的银行或者通过电子支付系统缴纳罚款确有困难，经当事人提出，行政机关及其执法人员可以当场收缴罚款。

第七十条　行政机关及其执法人员当场收缴罚款的，必须向当事人出具国务院财政部门或者省、自治区、直辖市人民政府财政部门统一制发的专用票据；不出具财政部门统一制发的专用票据的，当事人有权拒绝缴纳罚款。

第七十一条　执法人员当场收缴的罚款，应当自收缴罚款之日起二日内，交至行政机关；在水上当场收缴的罚款，应当自抵岸之日起二日内交至行政机关；行政机关应当在二日内将罚款缴付指定的银行。

第七十二条　当事人逾期不履行行政处罚决定的，作出行政处罚决定的行政机关可以采取下列措施：

（一）到期不缴纳罚款的，每日按罚款数额的百分之三加处罚款，加处罚款的数额不得超出罚款的数额；

（二）根据法律规定，将查封、扣押的财物拍卖、依法处理或者将冻结的存款、汇款划拨抵缴罚款；

（三）根据法律规定，采取其他行政强制执行方式；

（四）依照《中华人民共和国行政强制法》的规定申请人民法院强制执行。

行政机关批准延期、分期缴纳罚款的，申请人民法院强制执行的期限，自暂缓或者分期缴纳罚款期限结束之日起计算。

第七十三条 当事人对行政处罚决定不服，申请行政复议或者提起行政诉讼的，行政处罚不停止执行，法律另有规定的除外。

当事人对限制人身自由的行政处罚决定不服，申请行政复议或者提起行政诉讼的，可以向作出决定的机关提出暂缓执行申请。符合法律规定情形的，应当暂缓执行。

当事人申请行政复议或者提起行政诉讼的，加处罚款的数额在行政复议或者行政诉讼期间不予计算。

第七十四条 除依法应当予以销毁的物品外，依法没收的非法财物必须按照国家规定公开拍卖或者按照国家有关规定处理。

罚款、没收的违法所得或者没收非法财物拍卖的款项，必须全部上缴国库，任何行政机关或者个人不得以任何形式截留、私分或者变相私分。

罚款、没收的违法所得或者没收非法财物拍卖的款项，不得同作出行政处罚决定的行政机关及其工作人员的考核、考评直接或者变相挂钩。除依法应当退还、退赔的外，财政部门不得以任何形式向作出行政处罚决定的行政机关返还罚款、没收的违法所得或者没收非法财物拍卖的款项。

第七十五条 行政机关应当建立健全对行政处罚的监督制度。县级以上人民政府应当定期组织开展行政执法评议、考核，加强对行政处罚的监督检查，规范和保障行政处罚的实施。

行政机关实施行政处罚应当接受社会监督。公民、法人或者其他组织对行政机关实施行政处罚的行为，有权申诉或者检举；行政机关应当认真审查，发现有错误的，应当主动改正。

第七章　法律责任

第七十六条　行政机关实施行政处罚，有下列情形之一，由上级行政机关或者有关机关责令改正，对直接负责的主管人员和其他直接责任人员依法给予处分：

（一）没有法定的行政处罚依据的；

（二）擅自改变行政处罚种类、幅度的；

（三）违反法定的行政处罚程序的；

（四）违反本法第二十条关于委托处罚的规定的；

（五）执法人员未取得执法证件的。

行政机关对符合立案标准的案件不及时立案的，依照前款规定予以处理。

第七十七条　行政机关对当事人进行处罚不使用罚款、没收财物单据或者使用非法定部门制发的罚款、没收财物单据的，当事人有权拒绝，并有权予以检举，由上级行政机关或者有关机关对使用的非法单据予以收缴销毁，对直接负责的主管人员和其他直接责任人员依法给予处分。

第七十八条　行政机关违反本法第六十七条的规定自行收缴罚款的，财政部门违反本法第七十四条的规定向行政机关返还罚款、没收的违法所得或者拍卖款项的，由上级行政机关或者有关机关责令改正，对直接负责的主管人员和其他直接责任人员依法给予处分。

第七十九条　行政机关截留、私分或者变相私分罚款、没收的违法所得或者财物的，由财政部门或者有关机关予以追缴，对直接负责的主管人员和其他直接责任人员依法给予处分；情节严重构成犯罪的，依法追究刑事责任。

执法人员利用职务上的便利，索取或者收受他人财物、将收缴罚款据为己有，构成犯罪的，依法追究刑事责任；情节轻微不构成犯罪的，依法给予处分。

第八十条　行政机关使用或者损毁查封、扣押的财物，对当事人造成损失的，应当依法予以赔偿，对直接负责的主管人员和其他直接责任人员依法给予处分。

第八十一条　行政机关违法实施检查措施或者执行措施，给公民人身或者财产造成损害、给法人或者其他组织造成损失的，应当依法予以赔偿，对直接负责的主管人员和其他直接责任人员依法给予处分；情节严重构成犯罪的，依法追究刑事责任。

第八十二条 行政机关对应当依法移交司法机关追究刑事责任的案件不移交，以行政处罚代替刑事处罚，由上级行政机关或者有关机关责令改正，对直接负责的主管人员和其他直接责任人员依法给予处分；情节严重构成犯罪的，依法追究刑事责任。

第八十三条 行政机关对应当予以制止和处罚的违法行为不予制止、处罚，致使公民、法人或者其他组织的合法权益、公共利益和社会秩序遭受损害的，对直接负责的主管人员和其他直接责任人员依法给予处分；情节严重构成犯罪的，依法追究刑事责任。

第八章　附　则

第八十四条 外国人、无国籍人、外国组织在中华人民共和国领域内有违法行为，应当给予行政处罚的，适用本法，法律另有规定的除外。

第八十五条 本法中“二日”“三日”“五日”“七日”的规定是指工作日，不含法定节假日。

第八十六条 本法自 2021 年 7 月 15 日起施行。